普通高等教育"十四五"系列教材
武汉大学规划核心教材

泥沙运动力学

曹志先 胡鹏 李薇 李季 合编

中国水利水电出版社
www.waterpub.com.cn
·北京·

内 容 提 要

　　本书全面系统地阐述了河流动力学的研究背景、应用领域、发展历程，泥沙的特性、沉速、起动、床面形态、推移质和悬移质运动，以及高含沙水流和异重流等。为了帮助读者学习和巩固，每章后均附有习题和阅读材料。

　　本书可作为高等院校水利工程相关专业本科生教材，还可供高等院校海洋科学与工程、自然地理、环境科学与工程等相关学科领域的教师、研究生和本科生以及水利、水运等行业的工程技术人员参考。

图书在版编目（ＣＩＰ）数据

　　泥沙运动力学 / 曹志先等合编. -- 北京：中国水利水电出版社，2021.8
　　普通高等教育"十四五"系列教材　武汉大学规划核心教材
　　ISBN 978-7-5170-9625-2

　　Ⅰ. ①泥… Ⅱ. ①曹… Ⅲ. ①泥沙运动－流体动力学－高等学校－教材 Ⅳ. ①TV142

中国版本图书馆CIP数据核字(2021)第108818号

书　　名	普通高等教育"十四五"系列教材 武汉大学规划核心教材 **泥沙运动力学** NISHA YUNDONG LIXUE
作　　者	曹志先　胡　鹏　李　薇　李　季　合编
出版发行	中国水利水电出版社 （北京市海淀区玉渊潭南路 1 号 D 座　100038） 网址：www.waterpub.com.cn E-mail：sales@waterpub.com.cn 电话：(010) 68367658（营销中心）
经　　售	北京科水图书销售中心（零售） 电话：(010) 88383994、63202643、68545874 全国各地新华书店和相关出版物销售网点
排　　版	中国水利水电出版社微机排版中心
印　　刷	清淞永业（天津）印刷有限公司
规　　格	184mm×260mm　16 开本　13.75 印张　335 千字
版　　次	2021 年 8 月第 1 版　2021 年 8 月第 1 次印刷
印　　数	0001—2000 册
定　　价	**42.00 元**

前　言

　　本书是为高等院校港口航道与海岸工程专业的泥沙运动力学课程编写的教材，其他水利类相关专业可根据实际情况对内容进行取舍。本书内容仅限于河流动力学的第一部分，即泥沙运动力学；河流动力学另一部分，即河床演变学，另行编写。

　　本书在内容安排上保留了传统教科书的体系。由于 20 世纪末以来河流动力学的研究成果不断涌现，理论框架不断完善，本书试图在把握总体知识体系的基础上推陈纳新。全书共 10 章，第 1 章概述了河流动力学的研究对象、方法、应用领域及发展历程等，从多方面说明了河流动力学所涉及的各种复杂问题。河流动力学是关于河道水流、泥沙与河床之间相互作用规律的科学，泥沙运动基本规律是其核心。因此本书第 2、第 3 章依次介绍了泥沙的基本特性和沉降速度，第 4～8 章介绍了明渠水流作用下的泥沙运动：第 4 章分别从起动流速和起动拖曳力的角度论述泥沙的起动条件；第 5 章论述床面形态的形成机理、判别准则以及动床阻力的计算；第 6～8 章分别论述了推移质运动、悬移质运动以及悬移质挟沙力。此外，在第 9、第 10 章分别对高含沙水流和异重流等进行了阐述。

　　在编写过程中，编者力求系统全面：既包含泥沙运动力学经典内容，也反映适合于本科层次教育的国内外最新科研成果；力求特色鲜明：基本概念与定性、定量分析相结合，基础理论与实际应用相结合，基础知识与创新思维并重、深度与广度合理平衡。本书强调河流动力学的基本概念，如饱和输沙与非饱和输沙以及平衡输沙与非平衡输沙等；尽量反映河流动力学近年来的新进展，特别是那些基本成熟、且适合于本科生的研究成果，如关于泥沙起动的冲量学说、明渠水流挟沙力公式的适用性等。另外，在高含沙水流一章，增补了黄河高含沙洪水传播特性；在异重流一章，简要介绍了近年国内外异重流数学模拟研究进展及其在黄河小浪底水库的应用等。

　　本书由曹志先负责组织编写，并执笔第1～4章；胡鹏执笔第5～7章；李薇执笔第8～9章；李季执笔第10章。

　　限于编者水平，书中错漏和不当之处在所难免，敬请读者批评指正。

编者

2021年3月

目 录

第1章 绪 论

自古以来河流两岸就是人类主要的繁衍生息之地。为了满足防洪、供水、灌溉、发电、航运、改善生态环境等生产和生活需求，人类不断地对江河进行治理和利用，力图实现人类与河流和谐相处。河流动力学（river dynamics）是关于河道水流、泥沙与河床之间相互作用规律的科学，也是关于冲积河流（alluvial rivers）形成与演化的科学。河流动力学的核心是河流过程（fluvial processes），即河道水流、泥沙运动与河床演变过程。河流动力学是水利工程领域的核心学科之一，对地球科学（自然地理学、地质学）、海岸工程、海洋工程、水环境和水生态学等诸多学科领域也有重要意义。

1.1 研究意义及对象

1.1.1 研究意义

人类和河流的关系可以追溯到人类文明的起源。河流在天然情况下以及在修建工程之后所发生的演变过程，经常会给人类活动带来深远影响。为了更好地与河流相处，在河流和流域的开发治理时需要做出符合自然规律的工程决策。这就必须要掌握河流动力学的理论知识。

河流动力学的主要任务就是研究冲积河流的泥沙输运规律及河道演变规律，具体包括：①水流结构：研究水流内部运动特征及运动要素的空间分布；②泥沙运动：研究泥沙冲刷、搬运和堆积的机理；③河床演变：研究河流的河床形态、演变规律以及人为干扰引起的再造床过程。

我国河流众多，流域面积 100km^2 以上的河流达 2.3 万多条，流域面积 1000km^2 以上的有 1500 多条。这些河流主要存在两个方面的问题：一是水资源时空分布极不均匀；二是挟沙量大，南方河流因径流量大而挟带的沙量大，但多数河流的含沙量相对较小；北方河流因水土流失严重，大量的泥沙被挟带到河流中，其水体含沙量大，为多沙河流，其中尤以黄河闻名于世界。泥沙可能造成河道和水库的淤积[1]，也可能造成水库下游等河段的冲刷[2,3]，给水利工程建设和使用带来诸多问题。与此同时，水利工程在一定程度上改变了天然河流的泥沙运动规律，给防洪、航运、沿岸工农业发展和人民生活带来了严重的影响。为此，河流动力学的研究也是我国国民经济与社会发展的要求。

近年来，随着全球性的气候变化、社会经济快速发展中的大规模强烈人类干预、频发的地震地质和水文气象灾害活动等影响，江河流域内的水沙运动特性发生了深刻变化，人们对流域内洪水等灾害的防治、生态系统的维护提出了更高的要求，河流动力学的研究更具综合性和挑战性。如何模拟预测水利工程建设引起的河床演变，加强现代新技术在河流观测及分析研究中的应用，着力解决水生态和水环境问题中涉及的泥沙问题，尽可能地降低因改变河流自然进程所带来的负面效应，这些成为江河治理及河流生态修复必须回答的重要工程难题。河流动力学中泥沙输移过程及其对地貌、生态环境等的影响研究，对支持重大水利水电工程和航运工程建设与运行以及防御极端水沙灾害、确保公共安全具有极其重要的意义。

1.1.2　研究对象

河流动力学是关于河道水流、泥沙与河床之间相互作用规律的科学，其研究对象是河道水流、泥沙运动与河床演变基本规律。河流是水流与河床在地球物理等自然因素及人类活动的影响下交互作用的产物[4]。河流具有储存水量、输运泥沙或污染物、为动植物提供栖息地等多种功能，在地球动态系统中河流的动力过程对地貌的形成和演化起着重要作用，同时也是维护良好生态系统的一个关键环节。20 世纪 70 年代，Schumm[5]基于流域产沙与河流输沙特性，提出将河流划分为三区的分区理论：河流沿其纵向可以分为侵蚀段（河源段）、输运段和沉积段，如图 1.1 所示。分区 1（河源段）水流湍急，比降大，河道下切形成 V 形河谷，常见急流和瀑布；分区 2（输运段）支流入汇，河道比降趋缓，河谷展宽，河流开始摆动；分区 3（沉积段）河道缓慢游荡，形成平坦、宽阔的河谷，河口处泥沙沉积形成三角洲，可能出现多个汊道分流入海。沿着河流的纵向，其水力要素、泥沙特性和边界约束都将发生很大的变化。在山区和高原地带，河流（包括支流、支沟）的主要动力过程是侵蚀和输运，在平原和河口则主要是沉积。山区河道沿程的地质、地貌、边界条件、水动力要素和泥沙输运过程显然与平原河道相应的各方面有很大区别，因此在河道演变规律上也表现出明显差异。

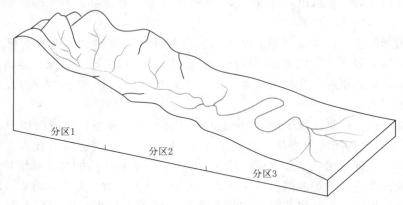

图 1.1　冲积河流纵向分区

冲积河流经过长时间的塑造，水流、泥沙和形态之间可能达到动态平衡。自然条件的改变和人类活动等则可能改变这样的动态平衡，其间存在自动调整机制，试图达到新的平衡状态。图 1.2 是 Lane[6]提出的影响河道冲淤的因素以及达到均衡的可能调整方向，他认为输沙率 Q_s、泥沙中值粒径 D_{50}、流量 Q 和河道比降 J 四个变量是影响河道冲淤平衡的主要因素。在冲淤平衡的河道中，这四个变量所应达到的平衡如下式所示：

$$Q_s D_{50} \propto QJ \tag{1.1}$$

如果其中一个变量增大或减小，平衡将被破坏，其余的变量将做出反应以重新建立平衡。例如，如果由于弯道发展或侵蚀基准面上升导致比降 J 减小，而同时流量 Q 不变，图 1.2 中的天平指针将向左偏转倾斜（河道发生淤积），只有来流输沙率 Q_s 减少或来沙粒径 D_{50} 变小后，才能使河道恢复河流冲淤平衡状态。

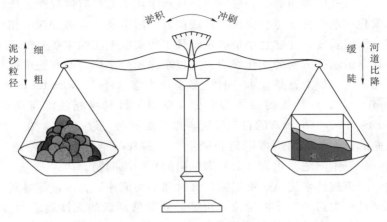

图 1.2　河道冲淤平衡中的影响因素示意图

　　实际上，自然河道水流、泥沙运动与河床演变之间的关系远比图 1.2 所显示的平衡关系更加复杂。研究河流过程实质上是研究泥沙的产生、搬运和沉积的过程[7]。如图 1.3 所示[8,9]，河流泥沙输运是一个非常复杂的现象。一方面，水流与泥沙之间、泥沙与河床之间均有双向的直接作用。水流直接决定了泥沙的运动形式和强度，而泥沙的存在也会对水流结构产生一定的影响；河床组成及形态直接影响泥沙运动，而泥沙输移往往是非平衡的，这就导致河床变形。从这一角度看，河流动力学也是关于冲积河流形成与演化的科学。另一方面，水流与河床之间还存在单向作用。水流只能通过影响泥沙输移间接使河床发生变形，并不能直接影响河床。而河床演变实质上是水流底边界变化，必然影响水流。泥沙在水流与河床的交互关系中起纽带作用[4,10]，使得关于泥沙运动基本规律的研究成为河流动力学的核心，这就是本书所关注的"泥沙运动力学"。

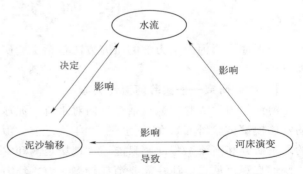

图 1.3　水流、泥沙、河床间的相互作用

　　河流动力学的研究对象远比明渠水力学更为复杂。河道水流挟带泥沙，称作挟沙水流（sediment‐laden flow），实质上是一类典型的流‐固两相流（fluid‐solid two‐phase flow）。同时，河道挟沙水流通常是湍流（也称作紊流，turbulent flow），水、沙两相的运动都具有显著的随机性和拟序性[4,11-13]。水沙两相之间的相互作用可能是强烈的，其底边界（河床）往往是可动的，这就使得河道挟沙水流比明渠单相湍流更加复杂。特别

地，时至今日，湍流依然是经典物理学最后一个尚待解决的问题，工程实践中不得不引入一定的经验，从而不可避免地导致河流动力学研究的不确定性。

从空间上论，河道挟沙水流是三维的（three - dimensional，3D）：沿三个空间方向都是变化的。至今，从三维视角研究、理解河道挟沙水流依然具有挑战性。所以，经常引入一定的近似，简化问题，便于工程应用。一般而言，河道挟沙水流的深度相对于水平方向的尺度（河宽、河段长度）往往是小量级量，且工程实践关注的主要是深度平均流速、含沙量等深度平均量沿水平方向的变化规律。通过水深积分平均，原本三维挟沙水流问题就简化为二维问题，这实质上就是浅水-泥沙-形态动力学（shallow water hydro - sediment - morphodynamics），它是传统的流体力学分支学科、针对单相浅水流动的浅水动力学（shallow water hydrodynamics）的自然发展，也更加复杂。近 20 年，在浅水-泥沙-形态动力学学科方向的研究与应用取得了显著进步[8]。另外一个近似是对河道挟沙水流进行断面积分平均，将三维问题简化为（沿河道纵向的）一维问题。

严格来说，河道挟沙水流是非恒定流，其时间平均流速、含沙量等时间平均量随时间是变化的。山洪是一类典型的非恒定流，可能导致非常活跃的泥沙运动[14]。另外，河道挟沙水流沿纵向是非均匀流，其断面平均流速、含沙量等断面平均量沿河道纵向（stre-amwisely，longitudinally）是变化的：在上游可能是急变的，而在中下游通常是渐变流。

传统的明渠单相水流具有自由水面——水流与大气之间的交界面，在界面上速度、压强、剪切应力等都是连续的。河道挟沙水流不仅具有自由水面，而且由于河床总是处于演变过程中，其底边界（河床）也是可动的，因而更加复杂。

1.2 研 究 方 法

一般而言，河流动力学的研究方法包括实验研究、数值模拟研究和理论研究等，简述如下。

1.2.1 实验研究——实验河流动力学

河流动力学实验研究包括在室内对水流、泥沙运动基本规律的试验研究和对具体河段的实体模型试验研究。在 20 世纪 70 年代以前，由于计算机技术的限制，许多河流动力学的理论研究和河流工程问题只能通过现场观测和室内试验解决。室内试验中水流运动和河床变形直观可见，但往往需要消耗较多人力、物力和时间。

长期以来，国内外学者建立了许多具有相当规模的实验室，开展了大量基础理论和工程应用方面的试验研究[2,15-17]。近年来随着现代光学、声学测试仪器的发展，研究者对湍流与泥沙颗粒运动进行精细观测，获取基础数据，进行统计分析与模拟研究，进而揭示湍流作用下泥沙运动的内在机制与规律。最近十年，代表性的进展之一是关于泥沙起动的临界条件研究。美国和新西兰的学者通过实验研究揭示：泥沙颗粒的起动不仅取决于作用力的大小，还与作用力的作用时间长短有关[18]。从而，定量描述泥沙起动的临界条件时，需要考虑作用在泥沙颗粒上的冲量。此外，英国、美国、意大利、印度等国学者应用激光扫描技术对非均匀沙运动以及泥沙运动不平衡导致的河床高程与组分的变化进行精细的观测，揭示了河床表层光滑度的变化规律，为研究阻力规律提供了新的观测数据资源。

　　实体模型试验，也称作物理模型试验。以原型为基础，根据水力相似原理，将原始地形按一定比例缩小，在实验室制作实体模型，对相应的水流、泥沙运动和河床演变进行试验，基于试验观测数据对其基本规律开展研究，这就是河流物理模拟。由于水力相似原理的局限性，难以保证实体模型与原型完全相似，且实体模型尺度受限于实验室空间，这都可能导致试验结果与实际情况存在偏差。但对于一些三维性较强的复杂问题，理论计算难度大，通过模型试验进行研究往往更为有效，河流物理模拟依然是主要的、甚至必不可少的研究手段[19]。自 20 世纪 50 年代以来，我国针对长江三峡、黄河小浪底等重大水利工程开展了大量实体模型试验研究[11]。英国沃林福德水力研究机构（HR Wallingford）在 2005 年投资建设了全新的、面积大约 11200m² 的弗劳德模型试验厅，以替代为英国和世界水力工程服务了 60 年的雷诺实验大楼。时至今日，已经形成了较为完善的河流物理模拟研究体系。

1.2.2　数值模拟研究——计算河流动力学

　　基于水力学、流体力学质量和动量守恒定律，建立河道水流、泥沙运动和河床演变的动力学模型，即控制方程组（一般为偏微分方程组，在特殊情况下简化为常微分方程组）；基于一定的半经验、半理论关系，估计控制方程组中的阻力项等；应用合适的（计算物理学、计算流体力学）数值计算方法，借助电子计算机（程序），对控制方程组进行数值计算，进而获得关于水流、泥沙和河床演变的、离散形式的数值解，这就是河流数值模拟。

　　20 世纪 50 年代，谢鉴衡等基于简化的河流水力学、泥沙运动力学和河床演变学原理，以及基本的数值计算方法，研究长江荆江河段裁弯取直工程的影响，这实质上是国内外河流数值模拟的先驱性工作[20]。20 世纪 80 年代末期，武汉大学在国内外率先开设本科层次"河流数值模拟"课程，谢鉴衡主编的《河流模拟》教材在 1990 年出版[11]，标志着我国初步建立起河流数值模拟的人才培养体系。

　　随着计算机技术的迅猛发展，河流数值模拟已经成为河流动力学研究和河流工程规划、设计与调控的主要手段之一，促成了河流动力学学科的分支学科——计算河流动力学的形成与发展，吴伟明教授撰写的专著 *Computational River Dynamics* 的出版是一个显著的标志[21]。对于大空间尺度、长时间历时的河流过程，数值模拟具有独特优势。

　　天然河流的流动和泥沙输运是三维的，理论上应使用三维数学模型进行模拟。但三维模型往往计算效率不高，在工程实践中普遍采用基于静水压强假设、通过断面、水深积分平均而建立的一维、二维数学模型（即：浅水-泥沙-形态动力学数学模型）来解决工程问题。目前，一维、二维泥沙数学模型已比较成熟，三维模型在一些具体工程中也得到了初步应用。一维数学模型广泛应用于模拟长河段、长时间河道水沙运动的沿程变化；二维和三维模型适用于弯曲、分汊河段上以及河流工程、涉水建筑物附近复杂水流条件下更具体的河床演变过程预测[21]。有关这方面已有大量的研究成果，国内外都已开发出了很多成熟的软件可供应用。近些年来，基于双层积分平均、有限体积数值计算方法、自适应网格技术和并行计算的浅水-泥沙-形态耦合二维数学模型[8,22-24]，从数量级上提高了计算效率，使得自然尺度复杂水沙动力学过程的精细数学模拟成为可能。基于 GIS 的数值模拟系统，将河流数值计算和结果直观显示相结合，为工程仿真计算和决策应用服务提供了发展方向。

河流数值模拟结果的可靠性取决于控制方程物理机制的完善程度、边界条件、所采用的经验性封闭模式和数值算法等方面。由于数学模型中往往采用某些经验公式来使控制方程组封闭，在应用于具体工程问题前应先结合理想条件下的解析解、现场观测资料以及试验资料对数学模型进行可靠性及准确性的验证。一般而言，河流数学模拟的不确定性不可完全避免[19]。

在实践中往往需要多种研究方法并举来解决工程技术难题。当研究河段不太长时，可以单独采用物理模型、数学模型，或者两者结合的方法来开展研究。当研究河段很长时，可以利用一维数学模型对整体河段进行模拟，其模拟结果为重点河段的二维、三维数值模拟以及物理模型研究提供边界条件。如在长江口深水航道整治工程中，长江口属丰水多沙、多级分汊、滩槽交错、潮流径流交互作用的巨型复杂河口，整治难度极大，整治工程的首要关键技术是科学论证深水航道的航槽定线和治理工程的总体布置方案。通过长期的勘测资料分析和物理模型、数学模型等深入的试验研究，在基本掌握水沙运动特点和河床演变规律的基础上，范期锦等[25]提出了"在长江口总体河势基本稳定的条件下，可以选择北槽先期进行工程治理"的科学论断，制定了"中水位整治、稳定分流口、采用宽间距双导堤加长丁坝群，结合疏浚工程"的总体治理方案，成功达到了预期整治目标。

1.2.3　理论研究

理论研究指利用物理学、力学、统计学等学科的基本原理和方法对河道水流泥沙运动和河床演变过程进行理论分析，求出问题的理论解或者解析解。为了对河床演变做出定量预测，不少研究工作者在寻求控制水沙运动及河床演变的基本方程式及各种具体问题的边界条件方面做出了卓有成效的理论探讨[4,13,26-28]。但是由于这些方程往往比较复杂，求它们的解析解在数学上存在难以克服的困难，而求它们的数值解在当时又缺乏高效的计算工具，难以实现。这种状况使得在相当长的时间内，需要提出诸多假设，对方程进行简化，从而求得方程的解析解（如理想条件下的溃坝洪水与泥沙运动的解析解[29]）。这种解析解可以用于验证数学模型的准确性，但在实际工程中其应用受到很大的限制。

1.3　应　用　领　域

人类为谋求生存与发展而对河流进行治理和利用，河流动力学在水资源开发利用、环境可持续性、公共安全等众多领域有广阔的应用价值。作为一门应用基础科学，对我国目前实施的长江经济带发展、黄河流域生态保护与高质量发展、"一带一路"倡议和防灾减灾等国家重大战略具有十分重要而现实的意义。

1.3.1　水利水电资源开发

在河流上兴建水利枢纽是目前水资源综合开发利用的主要方式。河流动力学的应用在水利枢纽的规划设计及运行调度过程中均起到至关重要的作用。

1. 规划设计

泥沙问题在大型水利枢纽各部分建筑物的规划设计中都是一个必须考虑的重要因素。大坝排沙底孔的设置需要充分考虑水库中泥沙的浓度及垂线分布；水闸、溢洪道等向下游宣泄大量清水，引起下游河床长距离的冲刷，不仅导致同流量下的水位降低，还可能对建筑物及河岸稳定性产生不利影响，甚至发生崩岸，在设计时需事先对冲刷深度做出预测，并对建筑物附近河段的水流和河床条件进行整治，以保证建筑物安全；通航建筑物和取水建筑物应尽量选在弯曲河道的凹岸以避免泥沙淤塞，必要时需要通过疏浚或河道整治工程来改善水流条件，减少泥沙淤积；输水建筑物与农田水利中的灌溉系统类似，需要采取措施避免泥沙在渠道严重淤积；发电设备在设计中需要避免粗沙卷入涡轮。

2. 运行调度

纵观国内外水利工程，在冲积河流上修建水库，水库泥沙淤积总是关键技术问题之一，甚至决定着工程的成败。水库建成运行后，泥沙问题依然是河流泥沙工程学科和工程界关注的核心问题之一。在水库运行管理期间，必须根据水库的具体情况，拟定水沙联合调度运用方式，利用泄流将大部分泥沙排出水库外，从而确保水库能长期保留一定的有效库容。在这方面，黄河三门峡水库的教训极其深刻，而小浪底水库的成功经验是十分宝贵的。

长期以来，国内外对水库水沙动力学的研究局限于单个水库。近半个多世纪，国内外开展了广泛、深入的水库泥沙基本规律研究与工程实践[1,22]。我国在水库水沙动力学研究方向已有长期的积累，在水库工程泥沙技术方面也有充分的实践经验，处于国际领先地位。

然而，我国水利水电资源开发利用的一个现实背景是，已经建成、即将建成大量的梯级水库群。在长江上游及其主要支流上，即将建成数十座高坝大库，形成庞大的梯级水库群。在黄河中游段，继小浪底水库之后，又一大型水利枢纽工程——古贤水库已经完成可行性研究，二级支流泾河上的东庄水库也已经开工建设。至今，关于梯级水库群水沙动力学的研究仍处于初始阶段。特别是，目前对其基本规律、调控方法以及（由人类活动变迁和全球气候变化所导致的）变化环境下梯级水库群水沙动力学过程的理解还远不清楚、完整，严重制约了流域尺度水沙资源的优化配置与高效利用。从国家重大需求、解决国家经济建设所面临的重大技术问题的角度看，研究梯级水库群水沙动力学过程具有非常广阔的应用前景，是实现江河流域尺度综合调度的核心科学问题之一。

1.3.2 水沙灾害风险管理

暴雨山洪、坝堤溃决、泥石流、堰塞湖等极端水沙灾害具有强非恒定、急变流、高强度输沙与强冲积变形的特点，直接威胁公共安全。其中，洪水是最常见的源于河流的自然灾害[30]。河道冲淤导致洪水频发和小水大灾是洪灾最突出的问题，例如，黄河泥沙成为几千年以来历代政府治国最关切的问题，渭河平原因为河道淤积"小水酿大灾"，经常发生洪涝灾害，仅 2003 年泥沙淤积导致的洪水就淹没了 102 万亩农田和 55 个村庄，致使56 万人受灾。在三峡工程建成前，长江上游暴雨形成的洪水，因中下游河道泄洪能力不足，且没有足够的拦蓄洪工程，防洪能力过低，经常造成中下游堤防溃决，洪水漫流成灾。尤其在荆江河段，河床因泥沙淤积不断抬高，使得长江在此成为一条悬河。仅 1931年和 1935 年长江就发生了两次死亡人数均达 14 万人的大洪水，对长江中下游造成极其严重的破坏。2003 年长江三峡水库开始蓄水，作为当今世界上最大的水利枢纽工程，它具有防洪、发电、改善航运等巨大的综合效益，其中防洪便是它的首要任务。三峡水库具有221.5 亿 m^3 的防洪库容，可使江汉平原地区最薄弱的荆江河段防洪标准从不到十年一遇提高到百年一遇以上，解决了荆江河段行洪的安全问题，同时对武汉市防洪及下游江湖治理起到重要作用。

高密度且急剧的泥沙输移则以泥石流的形式表现出来，往往造成毁灭性灾害。据不完全统计，我国有 2 万多条灾害性泥石流沟，特别是近年由于极端天气事件、地质灾害事件等频繁发生，大规模的泥沙灾害事件日益增多，如 2012 年"7·21"北京特大洪灾、2013 年"8·16"辽宁抚顺特大洪灾、四川汶川地震区震后连续 6 年的群发性特大泥石流与山洪灾害等，造成的人员伤亡和财产损失都极为严重，成为当前我国防灾减灾的主要内容之一。

极端暴雨诱使山洪暴发，导致山区河流突变失稳，引发堤防、桥梁水毁频发，危及城镇、农田、水利水电工程安全，其灾害损失和人员伤亡已成为我国自然灾害的一个主要类型。深化对山区河流水沙运动及河床演变规律的认识，加强水利和防灾减灾体系建设，研究开发暴雨、洪水、泥石流、堰塞湖等极端水沙灾害监测、预警和应急处置关键技术，对山区流域综合治理、流域水沙调控及河流生态系统恢复、流域经济社会发展等至关重要。

1.3.3　港口航道

港口、航道、船舶是水运的三大要素。水流、潮流、波流共同作用下的河床演变十分复杂（如长江口深水航道治理就面临极其复杂的形势）。来自河流的大量黏性细沙在河口淤积形成拦门沙，减少了航道水深。盐水入侵加重了黏性沙的沉降，同时也对水质产生一定的影响。因此，在河流上建设港口时，首先要对港址的选择进行充分论证。除了考虑经济需求、陆域和水深等条件外，还必须深入理解河道的冲淤变化，尽可能地选择河床稳定或冲淤变化不大的地方建港。

对内河通航河流来说，航道是其关键要素。在进行航道整治时，首先需要了解浅滩碍航情况及其产生原因，为此必须充分掌握河床的演变规律，在此基础上，拟定整治工程方案，以达到改善航道条件的目的。

引航道是船闸的重要组成部分，其布置是否得当直接影响船闸的通过能力。引航道口应布置在河床的稳定部位，流速、流态应满足正常航行的要求，保证在导航段和调顺段内为平静水区；在通航期内应有足够的水深和一定的平面形状和尺寸。

1.3.4　取水输水工程

为了满足工业、农业和城市供水等要求，需要在河道中设置引水口以引取水量，防止引水口及灌溉渠道泥沙淤积是重要问题。引水口设置之后，引水口附近及其上下游一定距离内的河道也会由于被分走一部分水沙而发生新的变化。为避免引水口出现严重淤积，在引水口布置时首先需要运用河流动力学的知识分析河床演变趋势。

从江河引水灌溉，虽然采取了各种防沙排沙措施，但终究有一部分泥沙进入渠道。我国北方气候比较干旱，灌溉需求更为迫切，但也正是在这个地区，河流的含沙量一般较高，引水灌溉的同时也引进了大量泥沙。华北平原本是黄河的冲积三角洲，地面比较平坦，渠道设计受到坡度的限制，挟沙能力一般不可能很大，如果不采取有效措施，水流中的泥沙会由于渠道挟沙能力不足而大量落淤，严重降低渠道的输沙能力。解决这一问题的措施主要有三个方面：①在紧接进水渠之后设置截沙槽、排沙道，及时排走进入渠道的泥沙；②在渠道中适当地点修建沉砂池，集中处理大部分泥沙；③提高渠道的挟沙能力，使泥沙能够顺利通过。

1.3.5 生态环境

大江大河上兴建的一大批水利工程在发挥着巨大防洪、发电、航运等效益的同时，也导致了严重的环境和生态问题。三峡水库蓄水后，库区水位提高，水流减缓，水体扩散能力减弱，库湾和支流污染物的滞留时间延长，在回水区、滞水区、河湾等局部水域富营养化突出，水华频繁发生[31,32]。2005—2006年初发生水华20多次，涉及10多条支流。因此，如何避免和修复水利工程所带来的环境生态问题，是水利工程运行管理阶段面临的严峻挑战。

泥沙作为河流系统中生源要素的输运载体，对河流生态系统具有不可代替的作用，是现阶段水利学科与生态学科交叉研究的特定对象。在流域面上，坡面产流挟带大量泥沙进入河道和湖泊，在江河中泥沙沉积及其再悬浮，带来河床的动态变化，改变了水生生物的栖息环境。近些年来，随着社会经济的快速发展，河流、湖泊和水库的水污染问题日益突出。工农业废水流入江河以后，各种污染物随流输移并扩散，固然会改变水质，但污染问题之所以复杂，还在于这些废水污染了江河中的泥沙，水体中的污染物与泥沙颗粒之间发生复杂的物理、化学和生物作用，使这些泥沙成为长期存在并不断积累的污染源。一方面，泥沙通过吸附、络合和沉淀等作用，将污染物固定在颗粒表面，从而改变污染物的迁移转化规律，影响水环境条件；另一方面，污染物的吸附等使得泥沙颗粒的表面特性发生改变，泥沙颗粒在水中和床面发生絮凝和成团作用，进而影响泥沙颗粒自身的输移特性，导致新的泥沙问题。当前河流健康问题已成为迫切需要解决的问题，而河道泥沙运动与水生态学的有机结合将为这一问题的科学解决提供有效途径。

此外，城市排水、铁路和公路建设、流域管理、水资源保护等也都与河流动力学研究有关。

1.4 发 展 历 程

1.4.1 古代

在长期防治水害、兴修水利的生产实践中，古代对河流运动变化规律逐步有所认识。大禹总结前人的经验，变堵为疏，使洪水和积涝归于河道流入大海，是一大进步。公元前251年蜀郡太守李冰主持修建都江堰工程，利用自然河势来控制分流分沙和引水排沙，是我国古代劳动人民治理河道、兴修水利的典范。公元前236年郑国主持修建了郑国渠，工程在高含沙水流远距离输送、引水降碱、浑水淤灌等河流动力学方面的关键技术和基础知识仍为今人所用。公元前214年在今广西兴安县境内修建的灵渠工程将长江水系的湘江和珠江水系的漓江连接起来，成为当时南北交通的要道；在局部坡陡流急的河段上另开渠道，使其成为蜿蜒曲折的航道以减缓流速，是灵活运用河流动力学基本知识于生产实践的典范[7]。

在河道整治方面，古代也取得过显著的成就。公元前69年，西汉的郭昌主持濮阳至临清间的黄河裁弯取直工程。施工三年，虽未成功，但作为有史记载的第一个人工裁弯工程，具有重要的实践意义。公元69年王景治理黄河，"筑堤自荥阳东至千乘海口千余里。景乃商度地势，凿山阜，破砥绩，直截沟涧，防遏冲要，疏决壅积，十里立一水门，令更相洞注，无复遗漏之患"(《后汉书·王景传》)。王景依靠数十万人的力量，在一年之内修了 500 多千米的黄河大堤和治河工程，又整治了汴渠渠道，黄河与汴渠分别得到控制。明代潘季驯在其代表作《河防一览》一书中记述了大量水流泥沙运动知识，他提出的"束水攻沙"治河方略正是建立在对河流动力学基本原理的深刻理解之上。

类似地，古代两河流域及埃及的水利工程也有较大的发展，人们修建了大量灌溉系统和防洪堤，保护农田免受洪水灾害，促进了城市的发展。有关冲刷和泥沙输移的论述最早见于古希腊医师 Hippocrates（约公元前 400 年）的著作中，他记录了同时代人按不同的沉降速度划分泥沙颗粒级配的研究工作，并描述了可用于证明其基本原理的仪器设备。

1.4.2 近现代

近代以来，人们对防洪、发电、航运、用水等有了更高的要求，对河流动力学的研究也逐步由定性发展到定量，对河流的治理从单纯依靠经验转变为在理论和科学试验指导下进行工作。

1628 年 Castelli 出版了《流体量测》，提出了沿用至今的水力学三定律。意大利物理学家 Guglielmini（1655—1710）以野外观测的成果为基础对河流平衡倾向性原理做出了详细描述。法国学者 Dubuat 在 1786 年出版了《水力学原理》第 2 版，该书被认为是第一本广泛论述动床水力学的专著。法国工程师 Dupuit（1804—1866）是第一个深入研究悬移质输沙的人，他测量了悬沙的垂线分布，并注意到流速沿程变化对输沙的影响。法国工程师 Duboys 于 1879 年提出拖曳力理论，后被广泛地应用于推移质运动的研究。1895 年 Kennedy 提出冲积河流的"均衡"理论，最早开展了河相关系的探讨。1899 年 Stokes 提出了著名的斯托克斯泥沙沉速公式，为泥沙沉降理论奠定了基础。19 世纪末 Fargue 第一个在室内用人为改变几何比尺和时间比尺的方法进行了动床河工模型试验研究，并按照他提出的河流整治原则对几条典型河流实现了成功治理。

自 20 世纪初，河流动力学研究发展迅速。1914 年，Gilbert 开创了泥沙输移水槽试验[33]，其成果至今仍被引用。O'Brien 和 Макавеев 分别于 1931 年和 1933 年将紊流扩散理论应用到悬移质运动的研究中。1936 年，Shields 开展了大量推移质运动水槽试验，利用量纲分析方法分析泥沙起动，提出了泥沙起动 Shields 图[34]，该图至今仍被广泛应用。Rouse 在 1938 年发表了泥沙紊动扩散理论的论文，建立了悬移质泥沙浓度分布公式[35]，被认为是河流动力学成为一门独立科学的标志。1948 年，Meyer-Peter 和 Muller 发表了推移质输沙率公式[36]，他们采用孤立因素的试验分析方法，自 20 世纪 30 年代开始进行了系统水槽试验，水槽试验资料和推移质输沙率公式至今仍在广泛使用。H. A. Einstein 开创了使用流体力学和概率统计相结合的方法研究泥沙运动的先河，并于 1942 年发表了著名的 Einstein 推移质输沙率公式[37]，1950 年提出床沙质函数[38]，第一次建立了在力学与统计学基础上的全沙挟沙力公式。总体上，20 世纪上半叶积累的大量泥沙研究，迎来了 20 世纪下半叶泥沙研究百家争鸣的时代。

维利卡诺夫根据能量平衡理论提出了悬移质重力理论。虽然许多研究者认为其基本假设需要进一步研究以确定其合理性，但它对推动泥沙理论的发展仍有不可忽视的作用。以张瑞瑾和谢鉴衡为代表的武汉水利电力学院泥沙研究学派，基于能量平衡的观点和悬移质制紊假说，建立明渠水流（悬移质）挟沙力公式[4]，在国内外应用都非常广泛。对于推移质运动，从研究方法看，大致包括以 Einstein 为代表的随机理论方法[37]、以 Bagnold 为代表的一般物理学方法[39]、以 Yalin 为代表的量纲分析方法[40]、以及以 Ackers 和 White 为代表的经验方法[41]。Bagnold 认为泥沙运动亦应遵循最基本的物理规律，他在 1954 年通过转筒试验首次确定了颗粒间离散力的存在；随后基于水流功率理论，导出了推移质及悬移质的输沙率公式。Engelund 和 Hansen[42] 在 Einstein 及 Bagnold 理论的基础上，做了一定的简化，得出了阻力公式和输沙率公式。目前，许多对比各家成果的研究者普遍认为，他们的公式较为符合实际资料。Van Rijn[43,44] 遵循 Bagnold 的理论研究推移质运动，得出推移质输沙率公式，并据此决定悬移质垂线分布的参考含沙量，从而求出悬移质输沙率。他的方法在欧美工程泥沙研究中受到广泛重视。窦国仁以统计理论为基本出发点，进行推移质运动的研究，在泥沙起动流速问题上也有开创性工作[45]。韩其为运用统计理论研究泥沙输移问题，建立了泥沙运动的统计理论[46]。河流物理模拟相似理论为河流动力学实验研究提供了理论基础。

　　与欧美发达国家相比，我国河流动力学基础理论研究有鲜明特色。非饱和输沙（俗称"非平衡输沙"，编者注）理论、高含沙水流理论、水沙两相流理论以及水沙耦合数学模拟理论等基础研究成果，都是我国对河流动力学学科发展的突出贡献。在非饱和输沙理论方面，窦国仁于 20 世纪 60 年代就发表了有关理论研究论文[47]，详细分析了其物理机理，并提出了初步的理论体系。后来，韩其为进一步系统研究了非饱和输沙问题，完善了概念和理论，开发出一维泥沙数学模型[48]。在高含沙水流理论方面，钱宁先生基于长期研究积累，提出了高含沙水流运动的理论框架，为国内外相关研究奠定了必要的基础[49,50]。在水沙两相流理论方面，王光谦、倪晋仁等提出了泥沙运动的动理学理论，得出悬沙沿垂线的浓度非单调分布、速度分布和速度概率密度分布函数，揭示了泥沙颗粒运动与清水湍流的不同特性[51]。20 世纪 50 年代，谢鉴衡等就开始应用简化的数学模型研究长江荆江河段裁弯取直工程的影响，是国内外河流数值模拟的先驱性工作[20]。在水沙耦合数学模拟理论方面，曹志先等提出了冲积河流过程多重时间尺度理论[52,53]，建立了普遍适用于强、弱冲积过程的浅水-泥沙-形态耦合动力学数学模型系统[8,54]，包括单层拟单相流模型、双层拟单相流模型、单层两相流模型及双层两相流模型，并成功应用于解析水库异重流、滑坡涌浪、堰塞湖形成与溃决、山洪泥石流、长江典型碍航水道滩槽演变等复杂水沙动力学过程、揭示其水沙床耦合作用机制[22-24,55,56]。

　　上述河流动力学发展历程如图 1.4 所示。

1.4.3 发展趋势

　　河流动力学是一门尚在发展、尚未充分成熟的学科。随着湍流、两相流、计算流体力学等基础科学领域的发展以及实验观测技术和计算机技术的不断进步，河流动力学的理论基础逐渐充实、丰富，河流模拟的基础理论和数值计算技术逐渐提升，工程泥沙问题可以得到更好的解决，并与自然地理和生态环境等多学科领域交叉、融合，相互促进，共同发展[57]。

　　1. 基本理论研究

　　传统的河流动力学研究对象是理想化条件下水流、泥沙与河床之间的相互作用，这就是恒定、均匀明渠水流作用下的泥沙运动与河床形态。不断吸收湍流、颗粒流等学科领域基础研究的新成果，应用现代量测（特别是非接触、无干扰的光学测试等）技术开展精细

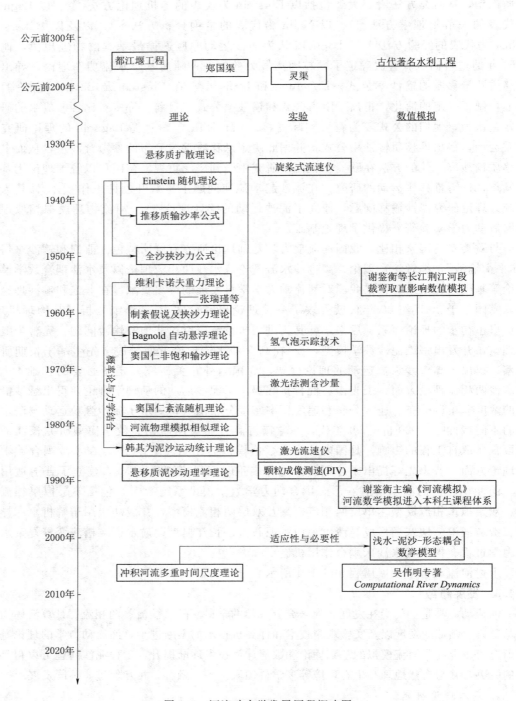

图 1.4　河流动力学发展历程概略图

的水沙动力学实验研究，应用高性能计算设施开展精细的数值模拟研究，进一步揭示湍流、泥沙颗粒与河床之间相互作用的行为与机制，发展具有更加健全物理基础的水沙两相流理论和动理学理论等，增进对水流、泥沙运动与河床形态基本规律的理解，是今后的发展方向。

2. 复杂河流过程

一般而言，河流过程是复杂多重约束下非恒定水流、非均匀泥沙的非平衡、非饱和输移与河床演变。特别地，泥沙运动可能是较弱的，也可能是非常活跃的（强输沙：如高含沙水流、泥石流等）；与此对应的河床演变可能是缓慢的或者急剧的，这就是弱冲积与强冲积河流过程，其显著标志是河床冲淤速率相对于水深变化速率的大小。解析、理解河流过程的时空变化属于计算河流动力学范畴。传统的计算河流动力学理论是基于弱输沙、河床冲淤相当缓慢等一系列基本假设而建立的，近似地适用于弱冲积河流过程。有些河流数学模型还涉及近似（分级）恒定流、饱和输沙等假设，其适用性就更加有限了。自21世纪初，建立了普遍适用于强、弱冲积河流的水流-泥沙-河床（水沙床）耦合数学模拟理论，扩展了河流数学模型的应用范围，提升了其可靠性。基于两相流动力学、计算流体力学等学科领域的进展和高性能数值计算技术，发展高性能水沙床耦合数学模型，结合大江大河重大工程实践（如梯级水库群水沙联合优化调控等）和水沙灾害（如山洪泥石流和堰塞湖灾害）防控等，增进对复杂多重约束下非恒定水流、非均匀泥沙的非平衡、非饱和输移与河床演变机制与规律的理解，也是河流动力学的发展方向。

3. 与水环境水生态学交叉融合

河流泥沙运动与河床演变可能显著地影响水环境与水生态演化。河流动力学与水环境水生态学交叉融合，建立新的学科分支——环境泥沙学，既有显著的科学意义，又有广阔的应用前景，也是重要的发展方向之一。

一般而言，细颗粒泥沙与重金属、有机污染物等关系密切。其一，水体中的悬移质泥沙和河床表层泥沙可以吸附重金属和有机污染物等；其二，在适当的水动力条件下，原本吸附于（水体中和河床表层）泥沙的污染物可能通过解吸过程，从吸附态转变为到溶解态；其三，水体中的泥沙与河床可能发生实质性交换（涉及泥沙沉降与床面侵蚀），进而使得泥沙运动与污染物输移之间的关系更加复杂，理解泥沙运动规律是揭示河流水环境演化的基础。

河流动力学与水环境学交叉融合，可为深入理解、控制藻类水华等水生态事件的发生提供理论基础。举例而言，修建大型水库显著地改变了河流水文水动力学条件，水库水流流速减小，污染物（如氮、磷等）迁移速度减缓、滞留时间相对于建库前延长。在光照充足、水温适宜的条件下，可能暴发藻类水华。藻类水华实质上是水生植物在合适的水动力、泥沙、水质以及气温、光照等条件下暴发式增长而形成的。藻的密度不同于水的密度，悬浮在水体中，可视作具有"生命"现象（生长或死亡）的"悬移质"，受水流流速、湍流扩散系数、含沙量（影响水体浑浊度）以及氮、磷、水温和光照强度等的影响。探索水流-泥沙-污染物-藻类耦合动力学机制，建立更加完善的藻类动力学模型理论，可望突破瓶颈，为水生态改善提供新的理论与技术。

河流动力学与水环境水生态学交叉融合还处于初级阶段。与此形成鲜明对照的是，大规模水利水电工程建设导致河流水生态与环境受到前所未有的影响，亟待有效的理论，为河流生态环境保护提供科学与技术支持。

1.5 本 书 内 容 简 介

一般而言，河流动力学包括"泥沙运动力学"和"河床演变学"两部分，而"实验河流动力学"和"计算河流动力学"则是其主要分支，是研究河流过程（fluvial processes）的主要手段。本书限于泥沙运动力学，为河床演变学和河流模拟（包括物理模拟和数学模拟）奠定基础。

本书共 10 章。第 1 章介绍河流动力学的研究对象、方法、应用领域及发展历程等。第 2 章介绍泥沙的基本特性，包括几何特性和重力特性等。第 3 章讲述泥沙的沉降速度。第 4～8 章介绍明渠水流作用下泥沙运动：第 4 章分别从起动流速和临界起动拖曳力的角度论述泥沙的起动条件；第 5 章阐述床面形态的形成机理、判别准则以及动床阻力的计算；第 6～8 章分别论述推移质运动、悬移质运动以及悬移质挟沙力。第 9 章简述高含沙水流。第 10 章阐述异重流。

编写本书的基本思想是：力求系统全面，既包含泥沙运动力学经典内容，也反映了适合于本科层次教育的国内外最新科研成果。力求特色鲜明，基本概念与定性、定量分析相结合、基础理论与实际应用相结合、基础知识与创新思维并重、深度与广度合理平衡。另外，本书每章内容后有专门设计的针对性训练与思考题，试图帮助读者加深理解、提升能力、扩展眼界。

练 习 与 思 考

1. 什么是河流动力学？其主要研究内容是什么？
2. 水流、泥沙、河床之间有怎样的相互作用？
3. 河流动力学与港口海岸及治河工程有什么关系？
4. 收集整理本章涉及的河流动力学术语和英文表达。
5. 课外阅读：有关河流动力学发展的文献资料。

参 考 文 献

[1] WEIRICH F H. Field evidence for hydraulic jumps in subaqueous sediment gravity flows [J]. Nature, 1988, 332 (6165): 626 - 629.

[2] DIETRICH W E, KIRCHNER J W, IKEDA H, et al. Sediment supply and the development of the coarse surface layer in gravel - bedded rivers [J]. Nature, 1989, 340 (6230): 215 - 217.

[3] JULIEN P Y. River mechanics [M]. Cambridge University Press, 2002.

[4] 张瑞瑾. 河流泥沙动力学 [M]. 2 版. 北京：中国水利水电出版社，1998.

[5] SCHUMM S A. The fluvial system [M]. New York: John Wiley & Sons, Ltd, 1977.

[6] LANE E W. The importance of fluvial morphology in hydraulic engineering [J]. Am. Soc. Civil Engineers, Proc, 1955, 81 (745): 1 - 17.

[7] 王兴奎，邵学军，王光谦，等. 河流动力学 [M]. 北京：科学出版社，2004.

［8］ CAO Z，XIA C，PENDER G，et al. Shallow water hydro - sediment - morphodynamic equations for fluvial processes ［J］. Journal of Hydraulic Engineering，2017，143 （5）：2517001.

［9］ QIAN H，CAO Z，LIU H，et al. Numerical modelling of alternate bar formation，development and sediment sorting in straight channels ［J］. Earth Surface Processes and Landforms，2017，42 （4）：555 - 574.

［10］ GOMEZ B. Bedload transport ［J］. Earth - Science Reviews，1991，31 （2）：89 - 132.

［11］ 谢鉴衡. 河流模拟 ［M］. 北京：水利电力出版社，1990.

［12］ DEY S. Fluvial Hydrodynamics：Hydrodynamic and Sediment Transport Phenomena ［M］. Berlin：Springer，2014.

［13］ GRAF W H. Hydraulics of sediment transport ［M］. New York：McGraw - Hill，1971.

［14］ LARONNE J B. Very high rates of bedload sediment transport by ephemeral desert rivers ［J］. Nature，1993，366 （6451）：148 - 150.

［15］ FREY P，CHURCH M. How river beds move ［J］. Science，2009，325 （5947）：1509 - 1510.

［16］ MURRAY A B，PAOLA C. A cellular model of braided rivers ［J］. Nature，1994，371 （6492）：54 - 57.

［17］ PAOLA C，PARKER G，SEAL R，et al. Downstream fining by selective deposition in a laboratory flume ［J］. Science，1992，258 （5089）：1757 - 1760.

［18］ DIPLAS P，DANCEY C L，CELIK A O，et al. The role of impulse on the initiation of particle movement under turbulent flow conditions ［J］. Science，2008，322 （5902）：717 - 720.

［19］ ORESKES N，SHRADER - FRECHETTE K，BELITZ K. Verification，validation，and confirmation of numerical models in the earth sciences ［J］. Science，1994，263 （5147）：641 - 646.

［20］ 谢鉴衡，魏良琰. 河流泥沙数学模型的回顾与展望 ［J］. 泥沙研究，1987，3：3 - 15.

［21］ WU W. Computational river dynamics ［M］. London：Taylor and Francis，2007.

［22］ CAO Z，LI J，PENDER G，et al. Whole - process modeling of reservoir turbidity currents by a double layer - averaged model ［J］. Journal of Hydraulic Engineering，2015，141 （2）：4014069.

［23］ HU P，LEI Y，HAN J，et al. Computationally efficient modeling of hydro - sediment - morphodynamic processes using a hybrid local time step/global maximum time step ［J］. Advances in Water Resources，2019，127：26 - 38.

［24］ LI J，CAO Z，LIU Q. Waves and sediment transport due to granular landslides impacting reservoirs ［J］. Water Resources Research，2019，55 （1）：495 - 518.

［25］ 范期锦，等. 长江口深水航道治理工程成套技术 ［R］. 上海：交通部长江口航道管理局，2006.

［26］ YANG C T. Sediment Transport Theory and Practice ［M］. New York：McGraw - Hill，1996.

［27］ YALIN M S，DA SILVA A F. Fluvial processes ［M］. IAHR Secretariat，2001.

［28］ WAINWRIGHT J，PARSONS A J，COOPER J R，et al. The concept of transport capacity in geomorphology ［J］. Reviews of Geophysics，2015，53 （4）：1155 - 1202.

［29］ NI Y，CAO Z，BORTHWICK A，et al. Approximate Solutions for Ideal Dam - Break Sediment - Laden Flows on Uniform Slopes ［J］. Water Resources Research，2018，54：2731 - 2748.

［30］ INSTITUTION OF CIVIL ENGINEERS. Learning to Live with Rivers. Final Report of the Institution of Civil Engineer's Presidential Commission to Review the Technical Aspects of Flood Risk Management in England and Wales ［R］. London：ICE，2001.

［31］ FANG H W，LAI H J，CHENG W，et al. Modeling sediment transport with an integrated view of the biofilm effects ［J］. Water Resources Research，2017，53 （9）：7536 - 7557.

［32］ HUANG L，FANG H，REIBLE D. Mathematical model for interactions and transport of phosphorus and sediment in the Three Gorges Reservoir ［J］. Water Research，2015，85：393 - 403.

[33] GILBERT G K. The transportation of debris by running water [M]. US Government Printing Office, 1914.

[34] SHIELDS A. Anwendung der ahnlichkeitmechanik und der turbulenzforschung auf die gescheibebewegung [D]. Berlin: der Preußischen Versuchsanstalt für Wasserbau und Schiffbau, 1936.

[35] ROUSE H. Experiments on the mechanics of sediment suspension: Proceedings Fifth International Congress for Applied Mechanics [C]. New York: John Wiley and Son, 1938.

[36] MEYER‐PETER E, MÜLLER R. Formulas for bed‐load transport: Proceedings of the International Association for Hydraulic Research, 2nd Meeting [C]. Stockholm, 1948.

[37] EINSTEIN H A. Formulas for the transport of bed sediment [J]. Transactions of the American Society of Civil Engineers, 1942, 107: 561 – 574.

[38] EINSTEIN H A. The bed‐load function for sediment transportation in open channel flows [M]. US Government Printing Office, 1950.

[39] BAGNOLD R A. An approach to the sediment transport problem from general physics [M]. US Government Printing Office, 1966.

[40] YALIN M S. Mechanics of sediment transport [M]. Oxford: Pergamon Press, 1972.

[41] ACKERS P, WHITE W R. Sediment transport: new approach and analysis [J]. Journal of the Hydraulics Division, 1973, 99 (hy11).

[42] ENGELUND F, HANSEN E. A monograph on sediment transport in alluvial streams [J]. Technical University of Denmark Ostervoldgade 10, Copenhagen K., 1967.

[43] VAN RIJN L C. Sediment transport, part Ⅱ: suspended load transport [J]. Journal of Hydraulic Engineering, 1984, 110 (11): 1613 – 1641.

[44] VAN RIJN L C. Sediment transport, part Ⅰ: bed load transport [J]. Journal of Hydraulic Engineering, 1984, 110 (10): 1431 – 1456.

[45] 窦国仁. 论泥沙起动流速 [J]. 水利学报, 1960, 4 (4): 46.

[46] 韩其为, 何明民. 泥沙运动统计理论 [M]. 北京: 科学出版社, 1984.

[47] 窦国仁. 潮汐水流中的悬沙运动及冲淤计算 [J]. 水利学报, 1963 (4).

[48] 韩其为. 非均匀悬移质不平衡输沙的研究 [J]. 科学通报, 1979, 17: 804 – 808.

[49] 钱宁, 万兆惠. 泥沙运动力学 [M]. 北京: 科学出版社, 1983.

[50] 钱宁. 高含沙水流运动 [M]. 北京: 清华大学出版社, 1989.

[51] 钟德钰, 王光谦, 吴保生. 泥沙运动的动理学理论 [M]. 北京: 科学出版社, 2015.

[52] CAO Z, HU P, PENDER G. Multiple time scales of fluvial processes with bed load sediment and implications for mathematical modeling [J]. Journal of Hydraulic Engineering, 2011, 137 (3): 267 – 276.

[53] CAO Z, LI Y, YUE Z. Multiple time scales of alluvial rivers carrying suspended sediment and their implications for mathematical modeling [J]. Advances in Water Resources, 2007, 30 (4): 715 – 729.

[54] CAO Z, PENDER G, WALLIS S, et al. Computational dam‐break hydraulics over erodible sediment bed [J]. Journal of Hydraulic Engineering, 2004, 130 (7): 689 – 703.

[55] LI J, CAO Z, CUI Y, et al. Barrier lake formation due to landslide impacting a river: A numerical study using a double layer‐averaged two‐phase flow model [J]. Applied Mathematical Modelling, 2020, 80: 574 – 601.

[56] LI J, CAO Z, HU K, et al. A depth‐averaged two‐phase model for debris flows over erodible beds [J]. Earth Surface Processes and Landforms, 2018, 43 (4): 817 – 839.

[57] KNIGHT D W. River hydraulics ‐ a view from midstream [J]. Journal of Hydraulic Research, 2013, 51 (1): 2 – 18.

第 2 章　泥　沙　特　性

河流泥沙输移规律与泥沙的特性密切相关。泥沙在流体中的运动状态，既取决于流体的性质和运动特点，又与泥沙颗粒的物理、化学性质密切相关，泥沙的存在还可能改变流体的性质和运动规律。因此，在研究河流泥沙输移规律之前，首先要了解泥沙的基本特性。泥沙颗粒由岩石风化、破碎而成，最终形成的颗粒在粒径大小、矿物成分、化学特性等方面差异很大，在天然河流中表现出沿河流纵向及垂向上的泥沙分布规律，同时冲积河流中的泥沙运动呈现不同的形式，这就涉及泥沙的运动模式，与之密切相关的还有泥沙属性。

2.1　泥沙的来源、矿物组成与分类

泥沙，是指在流体中运动或受水流、风力、波浪、冰川及重力作用移动后沉积下来的固体颗粒碎屑[1]，从流域中输运到河流里的泥沙中，既有粗大的卵砾石和沙粒，也有细小的黏土颗粒。这些泥沙主要源自土壤侵蚀过程中的风化作用。由于风化作用的强度、性质以及阶段不同，形成的产物在粒径、矿物成分等方面也各有特点。

2.1.1　泥沙的来源

土壤侵蚀和产沙是陆地表面普遍存在的一种自然现象。地表物质在雨滴、流水等外营力作用下分散和移动形成水蚀，同时还将被侵蚀的物质汇集到河流中，沿河流向下游运动，沿程发生沉积与推移，并最终到达流域出口，这个过程便构成流域土壤侵蚀和产沙。其中岩石和矿物在地表（或接近地表）环境中，受物理、化学和生物作用，发生体积破坏和化学成分变化的过程，称为风化作用。

1. 土壤侵蚀

土壤侵蚀按发生的性质，可分为水力侵蚀、重力侵蚀、泥石流侵蚀、风力侵蚀和人为侵蚀等类型。表 2.1 中列出了我国的黄土高原上土壤侵蚀的各种类型及其方式。

（1）水力侵蚀。水力侵蚀是指地表径流的侵蚀作用。地表径流根据流动方式可分为坡面漫流（亦称为面流、片流）和线状水流两种。水力侵蚀也相应地可分为面蚀和沟蚀两大类。在面流作用下，没有植被覆盖或覆盖较差的坡地上往往会发生层状、细沟状或鳞片状面蚀，使表土流失。沟蚀是由线状水流冲刷所形成的沟槽。由暂时性的线状水流冲刷地表土层或岩层形成的沟槽称为侵蚀沟，经常性的线状水流侵蚀则形成河谷。

（2）风力侵蚀。风力侵蚀是由风力作用引起的土壤侵蚀。在黄土区，除植被良好的地方以外，普遍有风蚀现象，只不过是程度上的差别。由于黄土颗粒较细，风蚀多以黄土随风飞扬的状态进行，因地面经常翻耕，所以很少见有风蚀痕迹。在风沙区，沙土颗粒比黄土颗粒大，风蚀的方式以跳动和跃动为主，产生了沙波、沙垄、沙丘等地貌。

（3）重力侵蚀。重力侵蚀是以重力作用为主引起的土壤侵蚀，主要以滑坡、崩塌、陷穴和山崩等方式进行，一般都发生在沟缘、沟壁或陡坡上。发生的原因主要是岩层干湿交替频繁，流水淘刷和地下水的浸透等，破坏了原来相对稳定的状态。

（4）融冻侵蚀。融冻侵蚀是由于土壤及其母质孔隙中或岩石裂缝中的水分在冻结时，体积膨胀，使裂隙随之加大、增多所导致整块土体或岩石发生碎裂，消融后其抗蚀稳定性大为降低，在重力作用下岩土顺坡向下方产生位移的现象。

表 2.1 　　　　　　　　　　黄土高原上土壤侵蚀的各种类型及其方式[2]

外动力性质	营力	类型	方式	侵蚀形态	典型分布
自然力	水	水力侵蚀	面状侵蚀	雨点坑、细沟	坡耕地
			线状侵蚀	浅沟、切沟、悬沟、冲沟	沟坡
			潜蚀	洞穴、串洞	塬边、峁边线附近
	风	风力侵蚀	吹蚀	风蚀坑、风蚀洼地	干旱区
			磨蚀	风蚀条痕、风蚀穴	平缓的基岩、准平原区
			蠕移	活动沙丘	沙地
	重力	重力侵蚀	面状侵蚀	泻溜、剥落体	裸露的陡坡
			块状侵蚀	滑坡体、崩塌、滑塌	谷坡、河岸
	融冻	融冻侵蚀	面状蠕移	条状泥流、斑状泥流	高寒区
人类活动	人力	人为侵蚀	挖掘运移	多种多样形态	人为不合理活动区

（5）人为侵蚀。人为侵蚀是指由人类不适当经济活动加剧的土壤侵蚀。

在上述几种侵蚀类型中，水力侵蚀在自然界普遍存在，也是最主要的侵蚀方式。

影响土壤侵蚀的主要因素有气候、地形、地质、土壤植被和人类活动等。气候因素包括降水、气温、风速等，降水是水力侵蚀的主要动力因素；年温差和日温差是引起土壤风化剥蚀和融冻侵蚀的主要因素；风是导致风力侵蚀的直接动力，风速的大小决定着风力侵蚀的强弱。地形主要通过坡度、坡长、坡面形状、海拔、相对高差、沟壑密度等对土壤侵蚀产生影响。地质因素主要指岩石性质和地质构造运动、地震等，岩石的风化性、坚硬性、透水性与沟蚀的发生和发展以及崩塌、滑坡、山洪、泥石流等侵蚀作用有着密切的关系；地壳抬升或下降引起侵蚀基准面的变化，从而导致侵蚀与堆积的变化；地震往往诱发大量滑坡、崩塌甚至泥石流的发生。土壤是侵蚀作用的主要对象，土壤特性决定其抗蚀和抗冲性能的差异。植被具有截留降水、涵养水源、减缓径流、固结土体、提高土壤抗蚀和抗冲性能等功能，能够起到很好的蓄水固土作用。植被如果遭到破坏，土壤侵蚀就会加剧。人类活动是导致土壤侵蚀的主导因素，主要表现为人类对自然植被的破坏活动，如滥伐森林、开垦陡坡、过度放牧及未采取有效的水土保护措施的开矿、采石、修路、建房及其他工程建设等。

2. 侵蚀模数

土壤侵蚀的数量可以用侵蚀模数来表示。侵蚀模数的定义为单位时间内单位面积上的土壤流失的数量，其常用单位是 $t/(km^2 \cdot a)$ 或 $m^3/(km^2 \cdot a)$，即每年每平方千米的土壤侵蚀量。也有用单位 t/km^2 或 m^3/km^2 表示一次降水过程每平方千米的土壤侵蚀量。土壤侵蚀模数是衡量某一区域土壤侵蚀强度的重要指标，也为不同区域侵蚀状况的定量比较提供了依据。同时，土壤侵蚀模数还能够反映某区域土壤利用的合理程度。根据土壤侵蚀模数，可以划分不同的土壤侵蚀强度级别。我国的土壤侵蚀强度分级见表2.2。

表 2.2　　　　　　土壤侵蚀强度分级（SL 190—2007《土壤侵蚀分类分级标准》）

级　别	平均侵蚀模数/[t/(km² · a)]	平均流失厚度/(mm/a)
微度侵蚀	<200,500,1000	<0.15,0.37,0.74
轻度侵蚀	(200,500,1000)~2500	(0.15,0.37,0.74)~1.9
中度侵蚀	2500~5000	1.9~3.7
强度侵蚀	5000~8000	3.7~5.9
极强度侵蚀	8000~15000	5.9~11.1
剧烈侵蚀	>15000	>11.1

土壤侵蚀模数可用以下几种方法得到：①测验法，通过径流场的长年野外观测记录得到，通常从小流域试验站以及流域把口站的观测资料中获取；②比较法，利用不同时期的地形图或地面标志进行重复测量，经过前后期的数量比较求得；③同位素 ^{137}Cs 法，该技术具有快速测量的特点；④利用遥感（RS）、地理信息系统（GIS）以及全球定位系统（GPS）计算法。利用 RS、GIS 及 GPS 进行土壤侵蚀模数计算，具有即时、便捷及高效等优点，是进行大范围土壤侵蚀模数估算的最主要方式。

需要指出的是，土壤侵蚀模数不同于流域输沙模数，前者是描述一个流域的土壤侵蚀强度；后者是描述流域的产沙数量。二者之间的换算关系为：输沙模数＝输移比×侵蚀模数。

3. 风化作用

岩石风化作为土壤侵蚀的一个重要环节，是泥沙产生最主要的来源。岩石风化包括物理、化学和生物作用三个方面。这三种作用一般同时发生，且相辅相成。一般说来，化学分解的重要性更高于物理作用及生物作用，特别是对于细颗粒泥沙，其主要是化学分解的产物。造成岩石物理风化的原因很多，主要包括减卸荷重、温度变化、霜冻、结晶体成长和人类活动的结果、磨蚀等；大气中的氧气、二氧化碳以及酸质随雨水降落地面渗透表层泥土与岩石相接触后，发生氧化、水化、加水分解以及溶解的作用，或有机质的生物化学作用使岩石发生化学分解。生物风化则是动物和植物的活动对岩石的破坏。岩石风化的速度取决于造成风化作用的活动力（温度、湿度等）与岩石抵抗风化能力（岩石本身的矿质组成、结构及在空气中的暴露面等）的对应关系。

2.1.2　泥沙的矿物组成

泥沙的矿物成分可以分为原生矿物和次生矿物两大类。原生矿物是指岩浆在冷凝过程中形成的矿物，如石英、长石、云母等。次生矿物是由原生矿物经过风化作用后形成的新矿物，如三氧化二铝、三氧化二铁、次生二氧化硅、黏土矿物以及碳酸盐等。次生矿物按其在水中的溶解程度可以分为易溶的、难溶的和不溶的，次生矿物的水溶性对泥沙颗粒的性质有极其重要的影响。黏土矿物的主要代表性矿物为高岭石、伊利石和蒙脱石，由于其亲水性不同，当其含量不同时泥沙就显示出不同的工程性质。

在风化的初期，以物理风化为主。物理风化作用使岩石在原地发生崩解，形成残留于原地的岩石碎屑，物理风化作用形成的岩石碎屑最小粒径可达 0.02mm，岩石中的原生矿物得以保存下来；但在化学风化的过程中，卤族元素（I、F、Cl、Br）和氯化物（KCl、NaCl）容易随水流失，而碳酸盐和硫酸盐难于溶解，以含钙矿物（方解石 $CaCO_3$、石膏 $CaSO_4$）等形式残留在风化层中，使 Ca 相对富集，故称这一阶段为钙质残留阶段或富钙阶段。化学风化作用的深入进行将使硅酸盐矿物晶体破坏，铝硅酸盐矿物分解出的另一部分硅和铝在地表结合形成各种黏土矿物，其化学通式为 $Al_2O_3 \cdot mSiO_2 \cdot nH_2O$，依地表水介质环境由弱碱性向酸性的变化，分别形成伊利石（水云母）、蒙脱石（胶岭石）与高岭石等黏土矿物。黏土矿物是很细小的扁平颗粒，表面具有极强的和水相互作用的能力。颗粒越细，比表面积越大，这种亲水的能力就越强，对泥沙的工程性质影响也越大。化学风化作用的最后阶段，硅酸盐全部分解，地表黏土矿物也可分解，可以迁移的元素均已析出。风化碎屑中主要形成大量铁、铝和 SiO_2 胶体矿物，以水铝石（$Al_2O_3 \cdot nH_2O$，铝土矿，或有 Fe、Mn 混入）、水赤铁矿（$Fe_2O_3 \cdot 3H_2O$）、褐铁矿（Fe_2O_3）、针铁矿等为主。这些矿物在地表条件下稳定，并大量残留在原地，使风化产物中铁、铝相对富集，形成富含高价铁的黏土，即红土。风化过程中，在微生物作用下也产生复杂的腐殖质矿物，此外还会有动物、植物残骸等有机物，如泥炭等。

据资料分析[3]，长江的悬移质泥沙是由轻矿物（比重小于 2.9）、重矿物（比重大于2.9）、岩屑和杂质四部分组成，其中轻矿物为泥沙组成的主体，以石英、长石为主；重矿物主要包括角闪石等，含量一般为 10%～20%；岩屑主要集中在大粒径级，并主要在长江上游干支流出现，含量为 10%～30%，中下游已基本消失；杂质以植物碎屑较多，还有少量工业废弃物。长江悬移质的黏土矿物中，伊利石占 70% 左右，绿泥石及高岭石各占约 10%，蒙脱石占 4% 左右。长江荆江段的床沙中，含有石英、长石、角闪石、方解石、黑云母、氧化铁、辉石及绿泥石等，其中石英占 79%～80%，长石占 5%～10%。

由于构成泥沙的矿物成分不同，泥沙的比重也不一样。如蒙脱石比重约 2.0，磁铁矿比重为 5.0 左右。但因泥沙中最主要的组成矿物是石英和长石，因此泥沙的比重一般都为2.60～2.70，通常取 2.65。重矿的分布范围一般局限在特定岩层中，因此在河流沙样中采集到某种重矿时，就表明上游流域中分布有与之相应的岩层，这种功能称为示源作用。泥沙中通常含有若干种重矿物，这些重矿物虽然含量不高，但比较稳定、硬度大，在河流中被输运时磨损较小，因此是较为理想的示源矿物。在河流上下游的各个断面收集沙样并分析其中的重矿成分，就可推知河流泥沙的来源以及流域内各个地区的相对产沙量。

硬度是表示矿物抵抗外界机械作用的能力。据对长江悬沙的分析，硬度不小于 7 的矿物占 50% 以上，主要成分是石英和长石；硬度不大于 2～3 的矿物占 15% 左右，主要成分是岩屑；硬度为 4～5 的矿物含量较少。长江悬沙中硬度不小于 5 的矿物约达 80%，而水轮机过流部件金属材料硬度一般不大于 5，这是过流金属部件受磨损的基本原因。

2.1.3　泥沙的分类

颗粒大小和矿物成分的不同，可以使泥沙具有不同的性质。例如颗粒粗大的卵石、砾石和砂，大多数为浑圆或棱角状的石英颗粒，具有较大的透水性，不具黏性；颗粒细小的黏粒，则是针状或片状的黏土矿物，具有黏性且透水性较低。为了描述方便，也为了实际工程应用中更加科学和简便，常常把泥沙颗粒在性质上表现出明显差异的分界粒径作为划分泥沙种类的依据。对粒组的划分，各个国家、甚至同一国家的各个部门有不同的规定。Udden[4]提出了用呈几何级数变化的粒径尺度作为分级标准，即用 1mm 作为基准尺度，在粒径减小的方向上尺度按 1/2 的比率递减，在粒径增加的方向上以 2 的倍数递增。Lane 等人[5]将这一粒径尺度略加修改后，定为美国地球物理协会的标准方法，如表 2.3 所列。该标准与温特沃思（Wentworth）分类法[6]较类似，在同一组中又分成了若干小组（在表 2.3 中未列出各小组），使分类定名更趋完整。我国现行的泥沙颗粒分类标准则遵循水利部颁布的 SL 42-2010《河流泥沙颗粒分析规程》（2010 年 4 月 29 日起实施），如表 2.4 所列。鉴于泥沙粒径变化幅度较大，克伦拜因（W. C. Krumbein）[7]建议用 ϕ（尺度）来表示泥沙粒径，即

$$\phi = -\psi = -\log_2 D \tag{2.1}$$

式中：D 为粒径，mm。

这样的表示方法可以适应广阔的泥沙粒径变化范围，便于引进统计方法来处理粒径资料。

表 2.3   国外的泥沙分类标准

粒组名称	粒径范围 D/mm	ψ	ϕ	一 般 特 性
黏粒	<0.002	<−9	>9	透水性很差，湿时有黏性、可塑性
粉砂	0.002～0.0625	−9～−4	4～9	透水性差，湿时稍有黏性
砂	0.0625～2	−4～1	−1～4	易透水，无黏性
砾石	2～64	1～6	−6～−1	透水性强，无黏性
卵石	64～256	6～8	−8～−6	透水性很强，无黏性
漂石	>256	>8	<−8	

表 2.4   国内的泥沙分类标准（SL 42—2010《河流泥沙颗粒分析规程》）   单位：mm

黏粒	粉砂	砂粒	砾石	卵石	漂石
<0.004	0.004～0.062	0.062～2.0	2.0～16.0	16.0～250.0	>250.0

2.2 泥 沙 的 几 何 特 性

河流中泥沙的形状各式各样。常见的砾石、卵石，外形比较圆滑常呈椭球状。砂类和粉土类泥沙外形不规则，尖角和棱线都比较明显。黏土类泥沙一般都是棱角分明，外形十分复杂。这使得在表达泥沙颗粒大小时面临两个问题：一个是泥沙颗粒的形状是不规则的；另一个是泥沙常常是由大小不等的颗粒组成的。为了克服泥沙颗粒在形状上的不规则性这个困难，针对不同的粒径范围引入相应的泥沙粒径的定义及测量方法，如表 2.5 所列；为了解决在一个沙样中所包含的泥沙颗粒粒径不等的问题，可以采用泥沙粒径分布和累积频率曲线的表达方式。

表 2.5   描述泥沙颗粒大小的各种粒径定义

粒径的定义或名称	测量方法	测量物理量
长度、宽度、厚度及其算术、几何或对数的平均值	目测,测径规或量规	卵石、中砾的大小
投影直径(与投影图像面积相等的圆的直径)	适当的标尺,千分尺	颗粒投影或放大图像的粒径
薄片直径(与薄片颗粒切面面积相等的圆的直径)	在放大的薄片图像中用上述方法测量	小颗粒横切面图像的粒径
筛分粒径(颗粒可以通过的最小筛孔孔径)	筛析法	横切面的最小面积
等重粒径(与颗粒的密度及重量相等的球体直径)	天平	重量
等容粒径(与颗粒的体积的球体直径)	体积计	体积
沉降粒径(与颗粒的密度相同、沉速相同的球体直径)	沉降筒、离心机、沉降天平等	沉速

2.2.1 泥沙粒径

常用的泥沙粒径定义有等容粒径、筛分粒径和沉降粒径。

等容粒径即与泥沙颗粒体积相等的球体的直径。假设某一颗泥沙颗粒的重量为 W，容重为 γ_s，体积为 V，则其等容粒径为

$$D_n = \left(\frac{6V}{\pi}\right)^{\frac{1}{3}} = \left(\frac{6W}{\pi\gamma_s}\right)^{\frac{1}{3}} \tag{2.2}$$

等容粒径的量纲为 [L]，常用单位为 mm，对较大的粒径也可用 cm 作单位。

对于形状不规则的泥沙颗粒，可以量测出其互相垂直的长、中、短轴，分别以 a、b、c 表示。泥沙的等容粒径也可用其长轴 a、中轴 b 以及短轴 c 的几何平均值 $\sqrt[3]{abc}$ 表示。这是基于可以把泥沙颗粒看成椭球体的基本假定，因椭球体的体积为 $\pi abc/6$，而球体的体积为 $\pi D^3/6$，令两者相等，可得与该泥沙颗粒体积相同的球体的直径为

$$D_n = \sqrt[3]{abc} \tag{2.3}$$

即椭球体泥沙颗粒的等容粒径为其长轴、中轴、短轴的几何平均值；就一般沙粒而言，可认为二者近似相等。对较粗天然沙粒的测量结果表明，沙粒的中轴长度，和其三轴的几何平均值接近而略大。这就为用沙粒的中轴长度来代替等容粒径提供了依据。在实际工作中，有时仅对单颗粒的卵石、砾石直接量得它的长轴、中轴、短轴三轴长度，再求其平均值，如果泥沙颗粒较细，不能用称重或求体积法确定等容粒径时，一般可以采用筛析法确定其粒径。筛分粒径就是沙粒刚好能够通过的与正方形筛孔边长相等的球体直径。关于筛号与孔径之间的关系，各国都有自己的标准。假设泥沙颗粒经过筛分后，最终停留在孔径为 D_1 的筛网上，此前通过了孔径为 D_2 的筛网，则可以采用两筛孔径的算术平均值($D_1 + D_2$)/2 或几何平均值 $\sqrt{D_1 D_2}$ 来表示该泥沙颗粒的大小，即筛分粒径。

对于粒径更小的细沙颗粒，难以用筛析法量测其大小时，通常采用水析沉降法。具体做法是首先测量出泥沙颗粒在静水中的沉速，然后按照球体粒径与沉速的关系式，求出与泥沙颗粒密度相同、沉速相等的球体直径，以此直径作为泥沙颗粒的沉降粒径。

由于上述三种粒径的定义、测量方法和计算方法有较大差异，因此在提及泥沙颗粒的粒径时必须说明该粒径的测量或计算方法，以保证概念的明确。

2.2.2 泥沙粒径分布与级配曲线

河流中的泥沙是由大小不等的颗粒所组成的，各种粒径泥沙颗粒的含量也不相等。泥沙粒径的分布情况和均匀度不但直接反映母岩的性质和泥沙所受到的水流分选作用的强弱，而且和泥沙搬运量的大小也有密切关系。泥沙颗粒的粒径分布可以用小于某一粒径的泥沙在泥沙总体中所占的重量比表示。其具体表示方法很多，在这里主要介绍利用级配曲线（累积频率曲线）来表示泥沙的组成特性的方法。

级配曲线是频率曲线的积分曲线，其做法是通过颗粒分析（包括筛分和水析），求出沙样中各种粒径泥沙的重量，算出小于各粒径的泥沙总重量，然后在半对数坐标纸上，以泥沙粒径 D 为横坐标（对数坐标轴），以小于该粒径的泥沙在全部沙样中所占的重量百分数 p 为纵坐标（普通坐标轴），绘出的 $D-p$ 关系曲线即为泥沙级配曲线，如图 2.1 所示。泥沙组成中粗细两端所占的成分虽然不多，但对于泥沙的性质却有一定的影响，如用一般坐标轴绘制泥沙分布的累积频率曲线，则在接近粒径两端的地区，曲线弯曲较急且趋向于垂直，要在图上辨认粗细两端的泥沙百分比几乎不可能。而采用对数坐标轴则能有效避免这一问题。

从泥沙级配曲线上，不但可以了解沙样中泥沙颗粒粒径的相对大小和变化范围，还可了解沙样组成的均匀

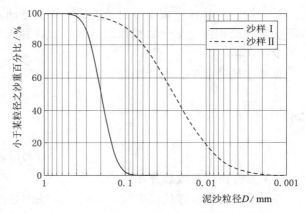

图 2.1 泥沙级配曲线

程度。如图 2.1 中曲线 Ⅰ 所表示的沙样中，粒径小于 0.195mm 的沙粒在整个沙样中所占的重量百分比为 48.67%。级配曲线图 2.1 中明显可以看出沙样 Ⅰ 颗粒较粗，沙样 Ⅱ 颗粒较细；曲线 Ⅰ 坡度较陡，表示沙样内颗粒组成比较均匀，粒径变化范围较小，曲线 Ⅱ 坡度较缓，表示沙样各组粒径泥沙的数量接近，泥沙组成很不均匀，粒径变化范围很大。

2.2.3 特征粒径

泥沙粒径分布除了用上述图形方式直观地表达外，还可以根据泥沙级配分析，用几个特征值定量地表达沙样的常用基本属性，如：①平均粒径，如均值、中值等；②分选性或标准偏差；③对称性；④尖度或峰态。这些特征参数的量值可以从泥沙级配数据中计算得到。常用的特征参数定义如下：

（1）D_{50}：中值粒径，即累积频率曲线上横坐标取值为 50% 时所对应的粒径值。换句话说，细于该粒径和粗于该粒径的泥沙颗粒各占 50% 的重量。在图 2.1 中曲线 Ⅰ 和曲线

Ⅱ上的中值粒径分别为 0.1973mm 及 0.0248mm。

（2）D_m：算术平均粒径，即各粒径组平均粒径的重量百分比加权平均值。将一个沙样按粒径大小分成若干组，定出每组的上下极限粒径 D_{max} 与 D_{min} 以及这一组泥沙在整个沙样品中所占的重量百分比 Δp_i，然后求出各组泥沙的平均粒径 $D_i=(D_{max}+D_{min})/2$，再用加权平均的方法求出整个沙样的算术平均粒径 D_m。如令分组的数目为 n，则沙样的算术平均粒径应为

$$D_m=\frac{1}{100}\sum_{i=1}^{n}D_i\Delta p_i \tag{2.4}$$

只有当粒径满足正态分布时，算术平均值才是均值的最好估计。

（3）D_{mg}：几何平均粒径，Krumbein[8]对天然泥沙的级配分析结果表明，泥沙粒径的对数值常常是接近于正态分布的（在对数正态概率纸上，累积频率曲线接近一条直线）。粒径取对数后进行平均运算，最终求得的平均粒径值称为几何平均粒径，计算式为

$$D_{mg}=\exp\Big(\frac{1}{100}\sum_{i=1}^{n}\ln D_i\Delta p_i\Big) \tag{2.5}$$

对于同一个沙样，由于分组的方式和数目不同，得出来的算术或几何平均粒径的数值也不一定完全相同。划分的粒径组越多，则计算成果越精确，但划分过多则计算烦琐，一般不少于 7 组。

算术平均粒径 D_m 与中值粒径 D_{50} 之间的关系，可近似用以下式子表示：

$$D_m=D_{50}e^{\sigma^2/2} \tag{2.6}$$

其中[9]

$$\sigma=\ln\sqrt{\frac{D_{84.1}}{D_{15.9}}} \tag{2.7}$$

式中：σ 为粒径取对数后分布的均方差。

D_m 反映的是沙样的代表粒径，而 σ 反映的是沙样粒径的变化范围大小。两者是工程上常用的泥沙粒径分布特征值。

考虑沙样完全满足对数正态分布或沙样为均匀沙的情况，此时其累积频率曲线在对数正态概率纸上将成为一条直线，有 $D_{50}=D_m$。一般沙样总是不严格满足对数正态分布的非均匀沙，即 σ 总大于 0，因此天然沙的平均粒径 D_m 常大于中值粒径 D_{50}。无论是中值粒径或是平均粒径，作为表达沙样的特征值来说，都只具有相对的意义。

沙样的均匀程度可用 σ 或其取对数前的主体部分 $\sqrt{D_{84.1}/D_{15.9}}$ 来衡量。工程上有时也用分选系数 S_0（或称非均匀系数）表示，其值为[10]

$$S_0=\sqrt{\frac{D_{75}}{D_{25}}} \tag{2.8}$$

式中：D_{75}、D_{25} 分别为对应于级配曲线上 $p=75\%$ 和 $p=25\%$ 的粒径。

若分选系数 $S_0=1$，则沙样非常均匀；S_0 越大于 1，则沙样越不均匀。

【例 2.1】 某沙样筛分粒径分布如表 2.6 所列，试求其级配曲线、中值粒径、算术平均粒径和几何平均粒径。

表 2.6   某沙样筛分粒径分布

i	1	2	3	4	5	6	7	8	9
$D_{b,i}/\text{mm}$	0.03125	0.0625	0.125	0.25	0.5	1	2	4	8
p_i	0.025	0.050	0.118	0.259	0.535	0.780	0.918	0.987	1

解：从表 2.6 中的粒径分布可以看出，比最小粒径组（0.03125mm）更细的泥沙所占的质量比重并不等于 0（2.5%）。在泥沙粒径级配分析时，若最小粒径对应的质量百分数不为 0，或者最大粒径对应的质量百分数不是 1 时，可以根据线性假设在对数坐标上对级配曲线进行外延以得到缺失的数值：

$$\psi_{b,0} = \log_2 D_{b,1} + \frac{\log_2 D_{b,1} - \log_2 D_{b,2}}{p_1 - p_2} \times (0 - p_2) = -6 \tag{2.9a}$$

$$D_{b,0} = 2^{\psi_{b,0}} = 0.0156 \tag{2.9b}$$

于是可以得到完整的粒径分布，如表 2.7 所列。

表 2.7   外延后的某沙样筛分粒径分布

i	0	1	2	3	4	5	6	7	8	9
$D_{b,i}/\text{mm}$	0.0156	0.03125	0.0625	0.125	0.25	0.5	1	2	4	8
$\psi_{b,i}$	−6	−5	−4	−3	−2	−1	0	1	2	3
p_i	0	0.025	0.050	0.118	0.259	0.535	0.780	0.918	0.987	1

以粒径为横坐标（对数坐标轴），以重量百分比为纵坐标（普通坐标轴），把表 2.7 中的数据点绘于图中，得到该沙样的级配曲线如图 2.2 所示。

要求得中值粒径 D_{50}，首先需要找到满足下式的某一粒径组的质量百分比：

$$p_i \leqslant 50\% \leqslant p_{i+1} \tag{2.10}$$

由表 2.7 及图 2.2 可知，上式中 $i=4$。然后插值可以得到相应的 ψ_{50} 和 D_{50}：

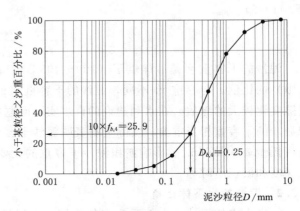

图 2.2　泥沙的级配曲线

$$\psi_{50} = \psi_{b,4} + \frac{\psi_{b,5} - \psi_{b,4}}{p_5 - p_4} \times (50\% - p_4) = -1.127 \tag{2.11a}$$

$$D_{50} = 2^{\psi_{50}} = 0.458 (\text{mm}) \tag{2.11b}$$

分别在普通坐标和对数坐标上对粒径分布加权平均，可以分别得到该沙样的算术平均粒径和几何平均粒径分别为

$$D_m = \sum_{i=1}^{n} \frac{D_i + D_{i-1}}{2}(p_i - p_{i-1}) = 0.814(\text{mm}) \tag{2.12}$$

$$\psi_{mg} = \sum_{i=1}^{n} \log_2\left(\frac{D_i + D_{i-1}}{2}\right)(p_i - p_{i-1}) = -1.087 \tag{2.13a}$$

$$D_{mg} = 2^{\psi_{mg}} = 0.4707(\text{mm}) \tag{2.13b}$$

本例中计算得到的几何平均粒径大于中值粒径，与前文中介绍的结论一致。

2.3 泥 沙 基 本 特 性

2.3.1 泥沙的容重与密度

泥沙的密度 ρ_s 为单位体积泥沙的质量，单位为 t/m^3、kg/m^3 或 g/cm^3；容重 γ_s 的定义是泥沙颗粒的实有重量与实有体积的比值（即排除孔隙率），单位为 kN/m^3 或 N/m^3。泥沙颗粒的相对密度是泥沙颗粒重量与同体积 $4℃$ 水的重量之比，此时水的密度为 1.0g/cm^3。由于构成泥沙颗粒的矿物成分不同，泥沙密度也略有差别。但天然河流中，泥沙密度变化范围不大，通常为 $2.55 \sim 2.75\text{t/m}^3$，实际工作中可采用其平均值 $\rho_s = 2.65\text{t/m}^3$ 或 $\gamma_s = 26\text{kN/m}^3$。

泥沙颗粒在水流中运动的时候，运动状态往往和泥沙的容重 γ_s 和水的容重 γ 的相对大小有关。在分析计算中常出现相对数值 $(\gamma_s - \gamma)/\gamma$，为了方便起见，常采用无量纲的有效容重（密度）系数 R（submerged specific gravity）来代表这个相对数值，一般取值为 1.65。在室内试验中通常采用较轻质的模型沙，如煤炭粉末（$R = 1.3 \sim 1.5$）和塑料沙（$R = 1 \sim 2$）等。

$$R = \frac{\gamma_s - \gamma}{\gamma} = \frac{\rho_s - \rho}{\rho} \tag{2.14}$$

泥沙的干容重 γ' 是沙样烘干（$100 \sim 105℃$）后的重量与原状沙样的整个体积（包括孔隙）的比值。与容重 γ_s 不同，泥沙的干容重 γ' 的变化幅度较大，这是由于泥沙颗粒间空隙变化较大的缘故。在水利建设的许多实际问题中，例如水库的淤积问题，正确估计淤积泥沙的干容重相当重要。实际资料表明泥沙干容重的最大值可达 16.66kN/m^3，而最小值可低于 2.94kN/m^3。影响淤积泥沙干容重的主要因素有泥沙颗粒粒径、均匀程度、淤积深度和淤积历时等。

2.3.2 泥沙的水下休止角

在静水中的泥沙，由于摩擦力的作用，可以堆积成一定角度的稳定倾斜面而不致塌落，此倾斜面与水平面的角度称为泥沙的水下休止角 θ_r（angle of repose）。如图 2.3 所示，泥沙颗粒的受力情况如下。

沿斜坡方向的重力分量为

$$\begin{aligned}F_{gt} &= \frac{4}{3}\rho_s \pi g \left(\frac{D}{2}\right)^3 \sin\theta_r - \frac{4}{3}\rho \pi g \left(\frac{D}{2}\right)^3 \sin\theta_r \\ &= \frac{4}{3}\rho \pi R g \left(\frac{D}{2}\right)^3 \sin\theta_r\end{aligned} \tag{2.15}$$

重力的法向分量为

$$F_{gn} = \frac{4}{3} \rho \pi R g \left(\frac{D}{2}\right)^3 \cos\theta_r \qquad (2.16)$$

相应地，摩擦阻力为

$$F_f = \mu_c \frac{4}{3} \rho \pi R g \left(\frac{D}{2}\right)^3 \cos\theta_r \qquad (2.17)$$

在此斜面上泥沙颗粒的正压力所产生的摩擦阻力与下滑力达到临界平衡状态，则有

$$F_{gt} - F_f = 0 \qquad (2.18)$$

即

$$\tan\theta_r = \mu_c \qquad (2.19)$$

根据式（2.19），已知泥沙的水下休止角即可估算出无量纲的摩擦系数 μ_c。对于天然沙来说，水下的休止角一般为 $30°\sim40°$，相应的 μ_c 一般为 $0.58\sim0.84$。

泥沙的水下休止角不仅与泥沙粒径有关，也与泥沙级配及形状有关，不同类型沙粒的水下休止角也大不相同。Migniot[11] 通过室内试验得出无黏性沙粒径与水下休止角的关系，试验表明坡度 $\tan\theta_r$ 大体与粒径的平方根成正比；且泥沙的比重减小时，θ_r 将增大。此外，泥沙级配的非均匀系数越大，其水下休止角越大。当非均匀系数小于 1.5 后，所得水下休止角与均匀沙样的试验结果已无

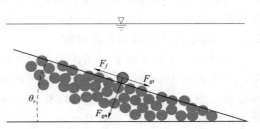

图 2.3　水下泥沙受力分析图

大的差异。一般来说，泥沙颗粒多棱角时，由于颗粒间交互锁结，休止角可以比颗粒浑圆的泥沙的休止角高出 $5°\sim10°$。

2.3.3　细颗粒泥沙的特性

悬浮在水中的细颗粒泥沙表面会发生各种物理化学作用，物理化学作用的强弱与颗粒比表面积的大小有关。所谓比表面积，就是颗粒表面积与其体积之比。直径为 $1\mu m$ 的球形沙粒和直径为 1mm 的球形沙粒相比，前者的比表面积是后者的 1000 倍。正因为细颗粒泥沙的比表面积很大，故颗粒表面的物理化学作用显得特别突出。水体化学条件的变化可导致细颗粒泥沙的絮凝或分散。细泥沙在输运、沉降和再悬浮过程中都会发生电化学变化，其起因主要是组成细颗粒泥沙的黏土矿物表面带有电荷。

细颗粒泥沙在含有电解质的水中，颗粒周围会形成双电层。双电层及吸附水膜的特性，对于细颗粒泥沙的性质及运动规律有重要的影响。当两个黏土颗粒相互接近时，会形成公共的吸附水膜与公共的扩散层。因颗粒表面带同号电荷，它们就相互排斥；另外，因颗粒间分子引力（即范德华力）的作用，彼此又能互相吸引。所以，细颗粒在水中悬浮的状态要看这两方面综合的效果，其影响因素相当复杂。研究表明，当扩散层薄，颗粒间距较小时，粒间力表现为净引力，相邻的颗粒将彼此吸引而聚合在一起；当扩散层厚，颗粒间距较大时，粒间力表现为净斥力，相邻的颗粒将保持分散状态。分散的颗粒互相吸引，聚合成结构疏松、类似棉花团的较大团粒或团块（中间有很大的孔隙，包围密封了大量水分），称之为絮团。而细颗粒泥沙在一定条件下彼此聚合的过程称为絮凝。

水体中泥沙颗粒的存在,特别是细颗粒泥沙的存在,使浑水的黏滞系数增大,甚至不再为牛顿流体,浑水的运动状态及河床的冲淤变化规律相应地都会发生显著改变。这主要是由于流线在固体颗粒附近的变形以及细颗粒之间因絮凝作用而形成絮团、集合体和网架结构,既很容易被剪切作用破坏,又具有一定的弹性,很容易恢复和重新形成。

2.4　天然河流泥沙粒径分布的一般规律

天然河流中泥沙往往是非均匀的,尤其是在由沙砾石混合物组成的河床上。当某一河段床沙的中值粒径或平均粒径在砾石范围内时,称该河段为砾石河床河段;同理,有的河段则为砂质河床河段。泥沙粒径分布较广的天然河流上经常出现泥沙分选的现象。河流对砂砾石在纵向、横向以及垂向上都有一定的分选作用,从而在各个方向上表现出不同的河床特征形态。

2.4.1　河流泥沙的纵向分布规律

天然河道中从上游至下游床面泥沙往往有沿程细化的趋势,表现为上游河流的泥沙较粗,下游河流泥沙较细,形成上凹形状的河床纵剖面形态。这种河流泥沙的纵向分布规律在日本鬼怒川(Kinu River)中有充分的体现[12],图 2.4 和图 2.5 分别为日本鬼怒川河床纵剖面形态图和河床底坡变化图。之所以具有这种分布规律,泥沙的沿程磨损是一方面的原因,更重要的是河道上游和下游不同的水流情况。在正常情况下,如果地表存在丰富的各种大小粒径的泥沙颗粒可供流水侵蚀和搬运,随着河流(沟谷)、坡面及细沟水流流量增大,其侵蚀能力增强,对泥沙的搬运能力也随之提高,流水在坡面上或者沟谷中侵蚀和搬运的泥沙颗粒较粗。河道上游一般坡度较陡,水流流速较大,因而挟带搬运的泥沙也相应较粗。值得注意的是,在一条河流某些特殊的河段中,往往也有反常的现象出现,即靠下游的河段的泥沙反而比靠上游的河段的泥沙粗一些。这种反常现象,是由于在泥沙搬运过程中伴随着泥沙粒径分选、逐级汇流汇沙时异源泥沙的掺混,以及受岩性、植被、地貌形态、气候等因素的影响,这样即使在同一条河流内,泥沙粒径从上游至下游的分布也不是呈现单一的变粗或变细的变化,而是呈现出比较复杂的变化规律。

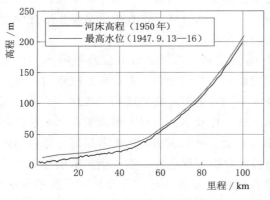

图 2.4　日本鬼怒川河床纵剖面形态图

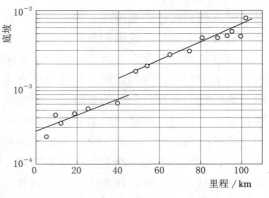

图 2.5　日本鬼怒川河床底坡变化图

此外，图 2.6 中河床中值粒径的沿程变化还出现了明显的从砾石河床向砂质河床的突变，在砾石河床河段泥沙沿程细化的趋势较砂质河床河段的细化趋势更为显著，河床坡度的沿程变化也会在相对应的位置出现一个间断。这种突变在呈双峰形的泥沙粒径分布的天然河流中很常见，泥沙粒径主要集中分布在细沙和砾石两部分，粒径居于二者之间的细砾只有少量。

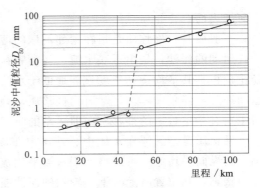

图 2.6 日本鬼怒川河床中值粒径变化图

2.4.2 河流泥沙的垂向分布规律

在许多砾石河床河段，河床垂向上有分层现象——河床表面是由粗沙形成的保护层，下面是粒径相对较小的泥沙。这一粗沙保护层可以起到限制底层细沙被冲刷至水流中的作用。例如，在天然河流上修建水库后改变了下泄流量过程，拦截了粗泥沙，往往使下游河道的水流挟沙力处于不饱和状态，沿程河床发生冲刷。如果床沙组成是均匀的，则不会发生粗化，只有通过水流冲深河床，降低水流的流速，使之达到或低于这种均匀床沙的抗冲能力，冲刷才能停止。对冲刷起控制作用的主要因素是河床物质组成及其供应条件。如果床沙组成是不均匀的，在水流作用下则会发生粗化。对于卵石夹沙河床，细颗粒被冲走，粗颗粒逐渐在床面积累起来，冲刷速度越来越慢，最后表面完全能形成抗冲保护层，使下层的细颗粒不再被冲刷，最终使冲刷和粗化趋于停止。对于砂质河床，受冲刷以后也可能发生粗化，但往往不能形成抗冲保护层，但砂质河床往往通过形成沙波来增大床面阻力，从而提高河床的抗冲能力。床沙粗化是水流冲刷河床的产物，它的形成反过来又抑制水流的冲刷作用。只有当表层床沙的抗冲能力达到或大于水流的冲刷能力时，冲刷才能停止。图 2.7 为英国沃夫河（River Wharf）某一砾石河床河段的泥沙粒径垂向分布，该河流输沙率较低，洪峰流量适中，在河床表面由粗沙形成了明显的抗冲保护层。

图 2.7 英国沃夫河上的泥沙粒径
垂向分布[13]

2.5 泥沙运动基本模式与属性

2.5.1 泥沙运动基本模式

冲积河流中的泥沙运动可以呈现不同的形式，这就涉及泥沙的运动模式。通常，河流泥沙既可以作为推移质（bed load）或悬移质（suspended load）运动，也可能短暂地静止于河床表面。

一般而言，推移质是指在紧邻河床的薄层（几倍泥沙粒径）内以滚动、滑动或跳跃的形式运动的泥沙，是由近底水流、泥沙颗粒与颗粒之间相互作用所决定的。推移质泥沙粒径比较粗，其平均运动速度显著地低于水流平均速度。推移质运动呈明显的间歇性，往往运动一阵，停止一阵。运动时为推移质，静止时为床沙，推移质与床沙经常彼此交换。当河床上有一定数量的推移质向前运动的时候，河床表面往往形成起伏的沙波。

悬移质是指悬浮在水体中、基本上跟随水流向下游运动的那部分泥沙，一般粒径较小，其纵向平均速度可能略低于水流平均流速[14]。悬移质泥沙颗粒沿水深方向通常处于运动状态，其位置时上时下，较细的泥沙能上升至接近水面，较粗的泥沙则接近河床，有时甚至回到河床上。

普遍而言，在床面附近，处于不同运动状态的泥沙之间往往不断地发生交换。悬移质（较粗的部分）与推移质、河床之间存在交换，推移质与河床也存在交换，统称为（水体中运动的泥沙与）床面（泥沙之间的）交换（bed sediment exchange）。床面泥沙交换往往是不平衡的，向上的上扬通量（entrainment flux）与向下的沉降通量（deposition flux）之差（净通量 net flux）非零，从而导致河床（冲淤）变形（bed evolution）：净通量大于 0 时河床冲刷，否则河床淤积；此时，泥沙运动属于非平衡输沙（non-equilibrium sediment transport）。理论上，在明渠恒定、均匀流条件下，泥沙运动可能处于平衡状态，即平衡输沙（equilibrium sediment transport），床面泥沙交换的净通量为 0，河床不冲不淤。在一定的恒定、均匀流条件下，平衡输沙状态并不一定是唯一的，当输沙达到最大时，称为平衡饱和输沙，这就是水流的挟沙力。明渠水流挟沙力概念是严格而明确的，但有学者的理解则存在明显偏差。将在冲积河流观测的含沙量（或者输沙率，等于含沙量与流量的乘积）直接认定为挟沙力[15]是值得商榷的、可以质疑的。严格地说，平衡输沙和饱和输沙都只是理想化的输沙状态，具有显著的理论意义，这样的理想化输沙状态在实际河流中几乎不可能出现。

2.5.2 泥沙属性

与基本运动模式（推移质、悬移质）紧密相关，河流泥沙还有不同的属性。与河床发生交换、参与河床变形的那些泥沙称作床沙质（bed material load），它既可以是推移质，也可能是悬移质。除此以外，悬移质中充分细的那部分几乎不与河床发生交换，对河床变形没有影响，称作冲泻质（wash load）。冲泻质可以很好地跟随水流运动，从河流上游来多少，就向下游输送多少。实质上，河床冲淤变形是由床沙质不平衡输移引起的，与冲泻质无关。

传统上，为了简单起见，将粒径小于 0.0625mm 的泥沙一律视为冲泻质，也有将泥沙级配曲线上最细的 5% 统统归结为冲泻质[10]。但是，从物理上论，单纯按照泥沙粒径区分冲泻质只是一个很粗略的方法。冲积河流泥沙的运动模式不仅取决于其粒径大小，还与水流强度有关，其属性是由泥沙本身特性和水流条件共同决定的。这就需要引入描述水流与泥沙基本特性的综合性指标来判别冲泻质。另外，当水流条件变化时（如一场洪水的涨落过程、复式断面河流主槽与滩地上，水流流速和床面剪切应力等可能显著变化），特定粒径泥沙的运动模式和属性可能发生转换。所以，需要从动态的角度审视泥沙运动模式与属性，这对准确、深入理解河流泥沙运动规律是十分必要的。

练 习 与 思 考

1. 等容粒径、筛分粒径、沉降粒径的定义分别是什么？

2. 某海滩的沙粒粒径范围是 $\phi = 1 \sim 2.3$，试给出以毫米为单位的颗粒粒径范围，并说明该范围的泥沙属于什么类型。

3. 细颗粒泥沙有什么特殊的物理性质？

4. 推移质与悬移质、床沙质与冲泻质、平衡输沙与非平衡输沙、床面泥沙交换之间的相互关系如何？

参 考 文 献

[1] 钱宁，万兆惠. 泥沙运动力学 [M]. 北京：科学出版社，1983.

[2] 陈永宗，景可，蔡强国. 黄土高原现代侵蚀与治理 [M]. 北京：科学出版社，1988.

[3] 魏特，周旅复，史立人. 长江悬移质泥沙物质组成研究 [J]. 长江水利水电科学研究院院报，1986：9 - 18.

[4] UDDEN J A. Mechanical composition of clastic sediments [J]. Geological Society of America Bulletin，1914，25 (1)：655 - 744.

[5] LANE E W. Report of the Subcommittee on Sediment Terminology [J]. Eos Transactions American Geophysical Union，1947，28 (6)：936 - 938.

[6] WENTWORTH C K. A scale of grade and class terms for clastic sediments [J]. Journal of Geology，1922，30 (5)：377 - 392.

[7] KRUMBEIN W C. Size frequency distributions of sediments [J]. Journal of Sedimentary Petrology，1934，4 (2)：65 - 77.

[8] KRUMBEIN W C，PETTIJOHN F J. Manual of sedimentary petrography [M]. New York：Appleton - Century - Croff，1938.

[9] 邵学军，王兴奎. 河流动力学概论 [M]. 2 版. 北京：清华大学出版社，2013.

[10] 张瑞瑾. 河流泥沙动力学 [M]. 2 版. 北京：中国水利水电出版社，1998.

[11] MIGNIOT C. A study of the physical properties of different very fine sediments and their behavior under hydrodynamic action [J]. La Houile Blanche，1968，7：591 - 620 (in French with English abstract).

[12] YATSU E. On the longitudinal profile of a graded river [J]. Transactions American Geophysical Union，1955，36 (4)：655 - 663.

[13] POWELL D M. Patterns and processes of sediment sorting in gravel - bed rivers [J]. Progress in Physical Geography，1998，22 (1)：1 - 32. Copyright © 1998 by SAGE Publications，reprinted by permission of SAGE Publications，Ltd.

[14] MUSTE M，PATEL V C. Velocity profiles for particles and liquid in open - channel flow with suspended sediment [J]. Journal of Hydraulic Engineering，1997，123 (9)：742 - 751.

[15] WAINWRIGHT J，PARSONS A J，COOPER J R，et al. The concept of transport capacity in geomorphology [J]. Reviews of Geophysics，2015，53 (4)：1155 - 1202.

第3章 泥沙沉降速度

泥沙沉降速度是表征泥沙运动特征的一个重要物理量。本章将详细讨论泥沙的沉降规律、沉降速度计算公式以及影响泥沙沉降速度的主要因素。

3.1 泥沙沉降时的运动状态

泥沙在静止的水体中受到重力、浮力等作用，由于其密度大于水的密度，所受重力大于浮力，从而发生沉降。当泥沙沉降时，相对于水体发生运动，会受到水体的反作用——绕流阻力。设想将单个泥沙颗粒以零初速度从静止水体中释放。在初始阶段，阻力较小，重力大于浮力与阻力之和，泥沙沉降是加速的，这个过程中水体的阻力也相应增加。当泥沙沉降达到一定的速度时，所受重力和浮力与阻力之和达到平衡，就是泥沙沉降的终极状态，此时的终极速度（terminal velocity）就是泥沙沉降速度（settling/fall velocity）。如此定义泥沙沉降速度保证了其唯一性。

准确理解泥沙沉降时的运动状态是建立其计算公式的基础，不同的运动状态下绕流阻力的规律是不同的。泥沙沉降时的运动状态与颗粒绕流雷诺数 $Re_{vp}=(\omega D)/\nu$ 有关，其中 ω 为泥沙沉降速度，D 为泥沙粒径，ν 为水的运动黏性系数。泥沙颗粒在沉降过程中会带动周围的水体随之发生运动。如图 3.1 所示，当 $Re_{vp}<0.5$ 时，泥沙颗粒基本上沿铅垂线下沉，周围的水体几乎不发生紊乱现象，流动为层流。这时泥沙下沉所引起的水体加速运动的作用远小于水流黏滞性的作用，水流的惯性力远小于黏滞力，阻力系数与颗粒绕流雷诺数成简单的反比关系，泥沙的运动处于滞性状态。

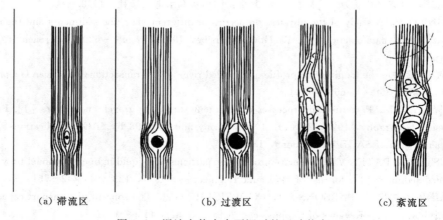

(a) 滞流区　　　　　　　　(b) 过渡区　　　　　　　　(c) 紊流区

图 3.1　泥沙在静水中下沉时的运动状态

随着颗粒绕流雷诺数的增大，水流的惯性渐趋重要，发生显著黏性变形的区域越来越局限于颗粒表面附近，水流也开始产生分离。这种分离现象在 $Re_{vp}=3$ 时尚难分辨，到了 $Re_{vp}=20$ 时已清晰可辨，在颗粒上端造成尾迹，不断产生漩涡。在 $Re_{vp}=0.5\sim1000$ 时，惯性力与黏滞力均有一定作用，泥沙颗粒的下沉处于过渡状态，其首部附近的水体流动为层流，尾部附近为紊流，泥沙沿摆动的轨迹下沉。

当 $Re_{vp}>1000$ 时，泥沙颗粒脱离铅垂线，沿螺旋形轨迹下沉，周围的水体产生强烈的绕动和涡动，流动为紊流。这时泥沙颗粒在下沉过程中受到的水流阻力与水的黏滞性基本无关，阻力系数随颗粒绕流雷诺数的变化已很小，泥沙运动处于紊动状态。当颗粒绕流雷诺数达到 2×10^4 时，颗粒表面的黏性阻力与水流分离后所产生的形状阻力相比可完全忽略，这时阻力系数与颗粒绕流雷诺数无关，保持一个常数，颗粒表面边界层内的水流仍属于层流。颗粒绕流雷诺数再进一步增大时，边界层内流态由层流转变为紊流，水流分离点突然后移，分离区缩小，区内压力增大，使得阻力系数突然下降。发生这一现象的颗粒绕流雷诺数临界值与颗粒表面性质有关：当颗粒为球体，且表面十分光滑时，上述现象出现在 $Re_{vp}=2\times10^5$ 左右；随着表面粗糙程度的增加，临界颗粒绕流雷诺数相应减小。

3.2 泥沙沉降速度公式

泥沙颗粒沉降速度的研究借鉴了流体力学中圆球绕流等研究成果，逐步建立了形状不规则的天然泥沙颗粒沉降速度的计算方法。

3.2.1 圆球在静水中的沉降运动

首先考虑一个孤立的圆球，其直径为 D，在无限大静止水体中做沉降运动，主要受到有效重力和绕流阻力的作用。有效重力 F_g 为扣除浮力作用后的重力作用，可以写作

$$F_g=\frac{4}{3}\pi\left(\frac{D}{2}\right)^3\gamma R \tag{3.1}$$

其中，有效容重系数 $R=(\gamma_s-\gamma)/\gamma$。绕流阻力 F_D 则为颗粒在水中沉降时，水体绕颗粒相对运动对颗粒产生的作用力的统称，具体来说包括以下两个方面的作用力：①摩擦阻力，沿颗粒表面的切向应力在流动方向的投影之和；②压差阻力，与颗粒表面垂直的法向应力在流动方向上的投影之和。在各种沉降状态下，颗粒在水中沉降时的绕流阻力都可以写为

$$F_D=C_D A\frac{\rho\omega^2}{2} \tag{3.2}$$

其中，绕流阻力系数 C_D 为颗粒绕流雷诺数 Re_{vp} 的函数，即 $C_D=C_D(Re_{vp})$；A 为颗粒在垂直流动方向的平面上的投影面积，对这里考虑的圆球情况来说，$A=\pi D^2/4$。

在沉降运动的开始阶段，圆球的运动速度较小，有效重力大于绕流阻力，圆球加速下沉，其受到的阻力不断加大。经过一定距离以后，阻力增大到和有效重力大小相等，此后圆球以等速运动向下继续沉降。当有效重力 F_g 与绕流阻力 F_D 达到平衡时，可以得到

$$\omega=\sqrt{\frac{4}{3C_D}}\sqrt{RgD} \tag{3.3}$$

若阻力系数 C_D 和颗粒及流体的物理参数都已知,则可从式(3.3)解得沉降速度 ω。因此式(3.3)实际上把圆球静水沉降速度的问题归结为绕流阻力系数的问题,后者可由阻力系数 C_D 和颗粒绕流雷诺数 Re_{vp} 的关系曲线或经验公式确定。Rouse 根据当时(1938)可获得的实测资料,总结出如图 3.2 中实线的经验关系曲线(本书根据文献〔1〕重新绘制)。滞流区的 Stokes 定律及其修正公式亦展示在图 3.2 中,详见 3.2.2 小节。

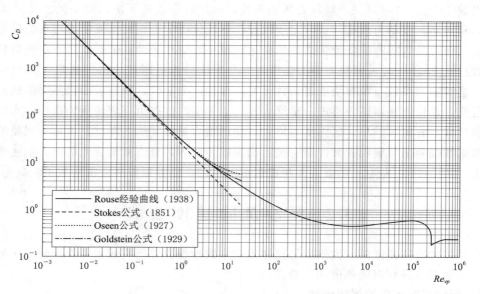

图 3.2　圆球绕流阻力系数与雷诺数关系图

3.2.2　滞流区的沉降速度公式

当 $Re_{vp}<0.5$ 时,水流惯性力远小于黏滞力,可忽略不计,使 Navier - Stokes 方程线性化。Stokes 用流函数法求得圆球在无限大水体中的绕流阻力 F_D 为[2]

$$F_D = 3\pi D\mu\omega \tag{3.4}$$

这就是著名的 Stokes 定律,其中 μ 为水的动力黏性系数,$\mu = \rho\nu$。结合式(3.2),得到绕流阻力系数

$$C_D = \frac{24}{\dfrac{\omega D}{\nu}} = \frac{24}{Re_{vp}} \tag{3.5}$$

该系数公式的图解关系如图 3.2 所示,在 $Re_{vp}<0.5$ 范围内,该式与实测资料吻合较好。再结合式(3.3),可以导出沉降速度公式

$$\omega = \frac{1}{18}\frac{RgD^2}{\nu} \tag{3.6}$$

该沉降速度公式仅适用于圆球状沙粒在颗粒绕流雷诺数较小时沉降的情况,这时沉降速度与粒径的平方成正比。

Oseen 在 Stokes 的分析工作基础上,一定程度上考虑了运动方程中惯性力的影响,导出绕流阻力系数的近似解[3]

$$C_D = \frac{24}{Re_{vp}} \left(1 + \frac{3}{16} Re_{vp}\right) \tag{3.7}$$

Goldstein 对 Oseen 的近似方法作了进一步修正，得出完整解[4]

$$C_D = \frac{24}{Re_{vp}} \left(1 + \frac{3}{16} Re_{vp} - \frac{19}{1280} Re_{vp}^2 + \frac{71}{20480} Re_{vp}^3 - \cdots\right) \tag{3.8}$$

这两个公式的图解关系如图 3.2 所示，其中式（3.8）曲线的绘制采用了 Goldstein 给出的计算值，而非直接截取前若干项，因为 Re_{vp} 的高次幂并非高阶无穷小量，不可以直接忽略。当 $Re_{vp} < 2$ 时，式（3.8）与实测结果完全相符，但当颗粒绕流雷诺数继续增大，因水流分离而产生的形状阻力渐趋重要后，式（3.7）及式（3.8）均不能反映客观情况，这时只有借助于经验或半经验公式。

3.2.3 充分发展紊流区的沉降速度公式

对于 $Re_{vp} > 1000$ 的充分发展紊流区，其阻力系数 C_D 近似为一个常数，从试验所得的阻力系数与雷诺数关系图 3.2 中查得 C_D 约为 0.45，代入式（3.3）可得相应的沉降速度公式为

$$\omega = 1.72\sqrt{RgD} \tag{3.9}$$

这时圆球的沉降速度与粒径的平方根成正比。

3.2.4 过渡区的沉降速度公式

对于过渡区的绕流阻力情况，难以从 Navier-Stokes 方程出发求得解析解。从试验结果看，圆球绕流阻力系数在过渡区从与 Re_{vp} 的反比关系（黏滞阻力为主）逐步变为与 Re_{vp} 无关的常数（形状阻力为主）。据此，张瑞瑾根据阻力叠加原则提出了一种半经验的处理方法[5,6]：假定在过渡区内黏滞阻力及形状阻力同时存在，且这两种阻力仍可以分别用式（3.4）和式（3.2）表示，只是其中的系数不同。根据有效重力与绕流阻力的平衡可以得到

$$\frac{4}{3}\pi \left(\frac{D}{2}\right)^3 \gamma R = k_1 \frac{\pi D^2}{4} \frac{\rho \omega^2}{2} + k_2 \pi D \mu \omega \tag{3.10}$$

其中，k_1、k_2 为待定常数，在物理意义和量值上完全不同于圆球的绕流阻力系数 C_D，其量值根据天然沙的试验结果确定。上式是关于沉降速度 ω 的一元二次方程，求解方程并舍去不符合物理意义的解后可得

$$\omega = -4 \frac{k_2}{k_1} \frac{\nu}{D} + \sqrt{\left(4 \frac{k_2}{k_1} \frac{\nu}{D}\right)^2 + \frac{4}{3k_1} RgD} \tag{3.11}$$

式中系数根据实测资料确定，可以应用于计算天然泥沙的沉降速度，而不局限于计算圆球沉降速度，具体见 3.2.6 节。另外，Rubey 沉降速度公式[7]与式（3.11）在形式上是一致的，只是系数取值略有不同。但上述处理方法较为粗糙，因为即使黏滞阻力和形状阻力仍然可以分别采用式（3.4）和式（3.2）表示，公式中的系数也不应为常数，而应当是颗粒绕流雷诺数的函数。窦国仁对此进行了一定的改进[6,8]：首先假定分离角 θ 与颗粒绕流雷诺数 Re_{vp} 之间的关系，由此得出水流在沙粒顶部分离造成的形状阻力；然后在 Oseen 公式的基础上考虑分离区的存在使黏滞阻力的作用面积减小的影响，推导得到黏滞阻力的计算公式，从而求得圆球承受的总阻力为

$$F_D = C_D \frac{\pi D^2}{4} \frac{\rho \omega^2}{2} = C_{D1} \frac{\pi D^2}{4} \sin^2 \frac{\theta}{2} \frac{\rho \omega^2}{2} + 3\pi \mu D\omega \left(1 + \frac{3}{16} Re_p\right) \frac{1 + \cos \frac{\theta}{2}}{2} \quad (3.12)$$

总绕流阻力系数 C_D 为

$$C_D = 0.45 \sin^2 \frac{\theta}{2} + \frac{24}{Re_{vp}} \left(1 + \frac{3}{16} Re_{vp}\right) \frac{1 + \cos \frac{\theta}{2}}{2} \quad (3.13)$$

其中，分离角 θ 是 Re_{vp} 的函数，基于假定推导为以下形式：

$$\theta = 1.78 \lg(4Re_{vp}) \quad (3.14)$$

根据该方法导出的沉降速度公式，由于包含阻力系数在内，而后者是颗粒绕流雷诺数的函数（从而又是沉降速度的函数），因此在计算泥沙颗粒的沉降速度时需要采用试算法。

3.2.5　Dietrich 公式

由圆球静水沉降中的有效重力 F_g 与水流阻力 F_D 的平衡得到式（3.3），进一步整理可得无量纲参数：

$$R_f = \frac{\omega}{\sqrt{RgD}} = \sqrt{\frac{4}{3C_D\,(Re_{vp})}} \quad (3.15)$$

颗粒绕流雷诺数的定义式可以整理为

$$Re_{vp} = \frac{\omega D}{\nu} = \frac{\omega}{\sqrt{RgD}} \frac{\sqrt{RgD}\,D}{\nu} = R_f Re_p \quad (3.16)$$

其中颗粒雷诺数定义为

$$Re_p = \frac{\sqrt{RgD}\,D}{\nu} \quad (3.17)$$

Dietrich（1982）提出 R_f - Re_p 关系的具体表达形式为

$$R_f = \exp\{-b_1 + b_2 \ln(Re_p) - b_3 \left[\ln(Re_p)\right]^2 - b_4 \left[\ln(Re_p)\right]^3 + b_5 \left[\ln(Re_p)\right]^4\}$$
$$(3.18)$$

式中的系数分别为 $b_1 = 2.891394$，$b_2 = 0.95296$，$b_3 = 0.056835$，$b_4 = 0.002892$，$b_5 = 0.000245$。该公式的原始形式还包含一个形状修正系数[9]。

3.2.6　天然沙的沉降速度公式

上述沉降速度公式的推导均建立在对圆球颗粒在静水中沉降运动的受力分析基础上，但天然沙一般形状极不规则，圆度、粗糙度亦与圆球颗粒大不相同，这些对其沉降规律都具有一定的影响。因此，在应用上述圆球颗粒的沉降速度公式求解天然泥沙的沉降速度时往往需要加以修正。若能测量出天然泥沙长、中、短轴直径，则可以根据公式确定相应的形状修正系数；也有不少研究者直接对泥沙沉降速度的数学表达形式进行了研究。

1. 张瑞瑾公式

如 3.2.4 节所述，过渡区泥沙沉降速度公式（3.11）中的系数由张瑞瑾根据大量天然泥沙实测资料，被确定为 $k_1 = 1.22$ 和 $k_2 = 4.27$，即

$$\omega = -13.95\nu/D + \sqrt{(13.95\nu/D)^2 + 1.09RgD} \quad (3.19)$$

图 3.3 是式（3.19）与实测资料的对照，图中的曲线直接由公式计算得到（水的运动黏

性系数 ν 可由水温 T 查表得），离散点沿用文献[6]中列出的数据。值得说明的是，虽然上式是针对过渡区泥沙提出并推导得到的，但经过实测资料的验证，它可以同时满足滞流区、紊流区以及过渡区的要求。也就是说，式（3.19）是计算泥沙沉降速度的通用公式。定性上看，在式（3.19）中，若温度不变（即 ν 不变），当粒径 D 增大时，属于黏滞阻力的因素会逐渐减小，当粒径 D 增大到一定限度后，黏滞阻力的部分小到可以完全忽略不计，只有紊动阻力的因素起着决定作用。在滞流区（$Re_{vp} < 0.5$），式（3.10）可简化为

$$\frac{4}{3}\pi \left(\frac{D}{2}\right)^3 \gamma R = k_2 \pi D \mu \omega \qquad (3.20)$$

则沉降速度计算公式简化为

$$\omega = \frac{1}{6k_2}\frac{RgD^2}{\nu} = 0.039\frac{RgD^2}{\nu} \qquad (3.21)$$

类似地，在充分紊流区，沉降速度计算公式简化为

$$\omega = \sqrt{\frac{4}{3k_1}}\sqrt{RgD} = 1.045\sqrt{RgD} \qquad (3.22)$$

简化得到的滞流区及紊流区沉降速度公式（3.21）和式（3.22）分别与前文中式（3.6）和式（3.9）形式上是相同的，系数虽有不同，但也较为接近。这是因为后者是基于圆球在静水中沉降的情况得到的，而前者的系数是根据与天然沙实测资料的吻合得到的。在相同情况下，规则的球体下沉过程中受到的阻力应小于天然不规则泥沙所承受的阻力，因而基于天然泥沙资料得到的沉降速度公式系数相对较小。

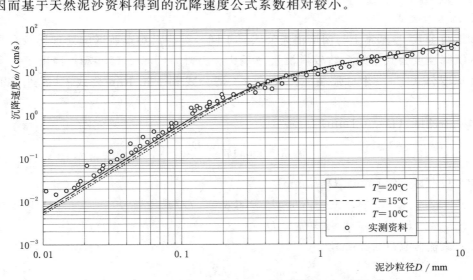

图 3.3 张瑞瑾泥沙沉降速度公式与实测资料对照图

2. 窦国仁公式

窦国仁建议，对于天然泥沙，阻力系数不用式（3.13）和式（3.14），而改用下式：

$$C_D = 1.2\sin^2\frac{\theta}{2} + \frac{32}{Re_p}\left(1 + \frac{3}{16}Re_p\right)\frac{1 + \cos\frac{\theta}{2}}{2} \qquad (3.23)$$

其中
$$\theta = \lg(4Re_p) \tag{3.24}$$

式（3.23）在 $Re_{vp} = 0.25 \sim 850$ 范围内适用。

3. 冈恰洛夫公式

冈恰洛夫公式是诸家公式中精度较高的，这是由于冈恰洛夫在建立如下所述公式时对实测资料进行了细致的分析[6,8]。冈恰洛夫对比了滞流区与紊流区沉降速度公式的结构形式，认为对过渡区来说，几个主要变量的幂次应介于滞流区与紊流区之间[6]。

（1）滞流区（$D < 0.15\text{mm}$）

$$\omega = 0.0417 \frac{RgD^2}{\nu} \tag{3.25}$$

（2）过渡区（$0.15\text{mm} \leqslant D \leqslant 1.5\text{mm}$）

$$\omega = 0.081 \left[\lg 83 \left(\frac{3.7D}{D_0} \right)^{1-0.037T} \right] \frac{Rg^{2/3}D}{\nu^{1/3}} \tag{3.26}$$

（3）紊流区（$D > 1.5\text{mm}$）

$$\omega = 1.068 \sqrt{RgD} \tag{3.27}$$

式中：T 为温度，以℃计；D_0 为选定粒径，等于 15mm，计算时 D 与 D_0 的单位应一致。式（3.25）及式（3.27）的计算结果与式（3.19）的计算结果是相当接近的。只是由于冈恰洛夫对过渡区做了截然划分而不是逐渐转化的处理，方程式（3.26）与式（3.19）之间有较大的差别。

4. 沙玉清公式

沙玉清公式[10]基本上与冈恰洛夫公式属于同一类型，对过渡区的处理比较合理，但紊流区沉降速度公式中的系数较实测资料偏大。另外，Cheng（1997a）提出了一个改进的沉降速度公式[11]，并与张瑞瑾公式、沙玉清公式和 Van Rijn 公式[12] 等进行了比较分析。

（1）滞流区（$D < 0.1\text{mm}$）

$$\omega = 0.0417 \frac{RgD^2}{\nu} \tag{3.28}$$

（2）过渡区（$0.1\text{mm} \leqslant D \leqslant 2\text{mm}$）

$$(\lg S_a + 3.665)^2 + (\lg \phi - 5.777)^2 = 39.00 \tag{3.29}$$

其中，$S_a = \omega/(Rg\nu)^{1/3}$，$\phi = R^{1/3}g^{1/3}D/\nu^{2/3}$。

（3）紊流区（$D > 2\text{mm}$）

$$\omega = 1.14 \sqrt{RgD} \tag{3.30}$$

3.3　影响泥沙沉降速度的主要因素

以上探讨的是在静止的清水中单颗粒泥沙的沉降速度。在天然河流中，问题要复杂得多，泥沙颗粒的沉降规律受到很多因素的影响，如泥沙颗粒的形状、级配、含沙量、絮凝作用、温度、水流紊动、水质等。这里只选取几个主要因素进行详细介绍。

3.3.1　泥沙颗粒的形状

天然泥沙形状不规则且各不相同，其沉降规律不同于规则的球体。对于非球体来说，下沉时如果方位不同，则下沉方向的投影面积也不相同，所承受的阻力自然就不一样。从试验资料看，泥沙在下沉过程中所取得的稳定方位与颗粒绕流雷诺数 Re_{vp} 有很大关系，在 $Re_{vp} < 0.1$ 时，具有一定球度和圆度的沙粒不论以什么样的起始方位开始下沉，都能保持这样一个方位稳定地下沉；在高雷诺数时，颗粒摆动打转，不能保持固定的方位下沉；在中等雷诺数时，颗粒常调整自己的方位，直到最大断面面积与沉降方向垂直。另一方面，水流在颗粒表面发生分离，泥沙的形状也会影响分离点的位置以及尾迹的大小，从而对泥沙颗粒受到的水流阻力以及泥沙沉降速度产生影响。以圆球和圆板的比较为例，当存在尾迹时球体顶部分离点的位置与雷诺数有很大关系，而圆板分离点则一般都固定在圆周上，受雷诺数的影响较小，在高雷诺数下，圆板受到的阻力要比球体大得多。

McNown 等人进行过较多有代表性的关于颗粒形状对沉降速度影响的试验研究[13]，试验表明，物体的沉降特性主要与其形状系数 $c/\sqrt{ab}$（a、b、c 分别为颗粒的长、中、短轴长）以及轴长之比有关，而与其具体的形状（椭球、圆柱、棱柱等）关系不大，这几种物体所对应的阻力修正系数值彼此相差在 10% 以内（如图 3.4 中的离散点所示）。用类似于 Stokes 求解圆球绕流阻力的方法，求得泥沙颗粒在滞流区的绕流阻力为

$$F_D = K(3\pi D\mu\omega) \tag{3.31}$$

其中，K 为阻力修正系数。在 $Re_{vp} < 0.1$ 的情况下，得到不同形状物体的阻力修正系数 K 与形状系数 $c/\sqrt{ab}$ 之间的关系，如图 3.4 中的曲线（本书根据文献［6,8］重新绘制）所示。天然不规则的沙粒，其沉降速度与形状系数的关系也可认为是符合图 3.4 的。

此外，在进行泥沙颗粒沉降速度计算时，需要注意所采用的泥沙粒径是如何定义的。若采用等容粒径，由于相同体积的泥沙颗粒与球体形状相差较大，故应针对不同形状系数的颗粒选取相应的阻力修正系数；筛分粒径与等容粒径接近，应乘以形状修正系数；平均粒径亦需要乘以形状修正系数；而沉降粒径是根据球体沉降速度公式反推的、与泥沙颗粒具有相同密度、相同沉降速度的球体直径，已经隐含了形状因素的影响，故计算结果无须修正。

3.3.2　含沙量

对于含沙量（单位体积水体中泥沙的体积或质量）大于 0 的浑水，水流中存在大量泥沙颗粒，因而对于任一颗沙粒来说，其他沙粒的存在将对它的沉降速度产生影响。对于非黏性泥沙和黏性沙，其影响规律不尽相同。

1. 非黏性粗颗粒泥沙

含沙量不太高时，颗粒各自分散下沉，但颗粒之间通过水体相互干扰。具体而言，泥沙颗粒在沉降过程中，会引起周围水流发生运动，当同时存在其他沙粒时，它们附近的水流会受到阻尼而不能自由流动，相当于增加了液体的黏滞性；由于水流的连续作用，下沉的泥沙将引起同体积的水体上升，形成微小的向上的流速（回流）；另外，浑水的容重比清水大，因而泥沙颗粒所受浮力增大，有效重力减小。这些因素导致泥沙在浑水中的沉降速度小于同等条件下在清水中的沉降速度。

在 Stokes 范围（黏滞阻力为主）内，低含沙量条件的泥沙沉降规律基本可以写成如

下的形式：

$$\frac{\omega_0}{\omega} = 1 + k\frac{D}{s} \tag{3.32}$$

其中

$$\frac{D}{s} = 1.24c^{1/2} \tag{3.33}$$

式中：ω_0、ω 分别为体积含沙量为 0 及 c 时的泥沙沉降速度；s 为相邻两颗沙粒的间距。

对于式（3.32）中的系数 k，各家所得结果并不一致，取值范围在 0.7～2.25[6]。Batchelor 用统计理论考虑均匀球体在水中沉降时的相互影响，对非黏性均匀沙得出如下公式[14]：

$$\omega = \omega_0(1 - 6.55c) \tag{3.34}$$

式（3.34）适用于 $c < 0.05$，且只适用于非黏性粗颗粒泥沙在其本身悬浮液中的沉降情况。

对于含沙量更高的情况，Richardson 等从量纲分析的角度出发，提出了一个简单的指数关系[15]：

$$\omega = \omega_0(1 - c)^m \tag{3.35}$$

其中，m 为经验指数，需要通过试验来确定。试验表明，m 值与颗粒绕流雷诺数 Re_{vp} 有关，在含沙量不变的情况下，颗粒间的水动力因子影响随着颗粒周围流场由层流过渡到紊流（雷诺数增加）而逐渐减弱。Richardson 等提出的 m 值在 2.39～4.65，一般对于粗颗粒取值较小，而对于细颗粒取值较大。Cheng 提出了该公式的一种改进形式[16]。

2. 黏性细颗粒泥沙

黏性细颗粒泥沙具有特殊的物理化学性质，除上述影响作用外，在含沙量较大时，将形成絮团或絮凝结构，将使浑水的黏性发生更大的改变，从而对颗粒沉降速度产生更大幅度的变化。详见下一小节。

3.3.3 絮凝作用

上一章中已经提到，细颗粒泥沙具有相对较大的比表面积，颗粒表面的物理化学作用常常使颗粒之间产生微观结构。当水体中细颗粒含量不高时，细颗粒泥沙往往以单颗粒的形式均匀悬浮在水体中，每颗泥沙的表面吸附了一层束缚水。随着细颗粒含量的增多，若干细颗粒泥沙聚集成一个絮团，每一个絮团中除了颗粒表面吸附的束缚水，絮团中间可能禁闭了一部分自由水，这部分禁闭自由水不是重力作用所能排出的，因而加大了泥沙的有效直径，在这个阶段絮凝作用使泥沙颗粒聚集成絮团，其沉降速度大于单颗粒泥沙的沉降速度。而泥沙的颗粒级配、矿物组成、水的含盐度等都影响泥沙颗粒的絮凝情况，因而也影响絮团的沉降速度[17]。一般来说，泥沙颗粒越细，颗粒聚集成絮团的作用越强，形成的絮团越大。试验表明，形成絮团后，泥沙的沉降速度可以成千成万倍地增大；在小含盐度范围内，絮团的平均沉降速度因含盐度的增加而迅速增大，含盐度超过某一值后，含盐度的增大对平均沉降速度没有很大的影响。如果浑水本身含沙量较高，则在高含盐度时絮团可能连接成絮凝结构，使沉降速度转而减小。

当含沙量较高，水体中絮团较多时，絮团间会相互联结，发展成一个连续的空间结构网，即絮凝结构，出现一定的刚性，使沉降速度大幅度减少。一开始，空间结构网仅由极细颗粒的泥沙组成，它们与清水组成匀质的浆液，以极其缓慢的速度下沉，表现为沉降筒顶部有一极其缓慢下降的清浑水交界面。粗颗粒泥沙虽受絮凝结构的影响而减低其沉降速度，但依然保持分散体系的性质而自由下沉。在沉降过程中存在着粗、细泥沙的分选。含沙量继续增大以后，越来越多的较粗颗粒也成为絮凝结构的一部分，自由沉降部分所占的权重越来越小，含沙量继续增加到某个临界值时，全部泥沙均参与组成匀质的浆液，浑水呈非牛顿流体特征，粗、细泥沙以同一极其缓慢的速度，也就是清浑水交界面的速度下降，不再存在粗、细泥沙的分选。这一速度要比非均匀沙在清水中的平均沉降速度小两到三个数量级。这时泥沙的沉降过程实质上成为整个絮凝结构的脱水过程。

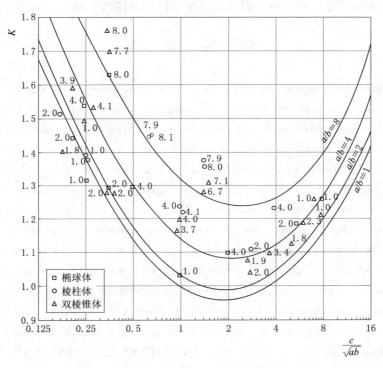

图 3.4　$Re_{vp} < 0.1$ 时阻力修正系数与形状系数关系图

3.3.4　水流紊动

在紊流中，泥沙颗粒的沉降涉及更加复杂的物理机制。为了探究紊动对泥沙沉降速度的影响，许多学者进行了理论分析和试验研究。就理论分析而言，比较常见的做法是根据作用在颗粒上的外力（如有效重力、阻力、虚质量所产生的额外阻力以及脉动水流的作用力等），通过牛顿第二定律写出其动力平衡方程式，再进行数学求解，来探讨泥沙运动的轨迹。这一方法的关键在于如何正确表达水流脉动对颗粒产生的作用力。不同研究者做出了不同的假定与简化，从而得到了迥然不同的结果[18]，但定性上多数都得出紊流中泥沙的沉降速度要比静水中小的结论。就试验研究而论，研究结论也不一。Magelli 等和Brucato 等的试验显示：在搅拌的液体中颗粒沉降速度小于在静水中的沉降速度，两者之比与颗粒粒径与扩散涡体尺度的比值有关[19,20]。而 Aliseda、Friedman 以及 Ruiz 等的试验研究却得到了相反的结论[21-23]：颗粒的沉降速度在紊流中相对在静水中较大。Cuth-bertson 等以及 Kawanisi 等的试验研究工作则证实两种紊动对颗粒沉降速度的影响均可能出现，具体影响效果则取决于水流结构以及紊动强度[24,25]。Zhou 等利用 PIV（Particle Image Velocimetry）同时对颗粒及其周围水体的运动进行测量，研究了单个颗粒沉降运动受紊流的影响[26]。其结果显示：紊流中的泥沙沉降速度 ω_S 与静水中的沉降速度 ω_T 有明显差异，变化范围为 $0.4\omega_T \sim 1.6\omega_T$；并且与流场中平均垂向流速 w 有关，当水流垂向流速 w 为负（即向下）或 w/ω_T 为正时，ω_s/ω_T 一般大于 1，即紊动在这种情况下使泥沙颗粒的沉降速度增大；反之，当水流垂向流速 w 为正时，紊动使泥沙颗粒的沉降速度减小。应该指出的是，湍流对于泥沙沉降速度的影响还需要深入、系统的探索。

延 伸 阅 读

The sedimentation rate of sand grains in the hindered settling regime has been considered to assess particle shape effects. The behaviour of various particulate systems involving sand has been compared with the widely used Richardson – Zaki expression. The general form of the expression is found to hold, in as much as remaining as a suitable means to describe the hindered settling of irregular particles. The sedimentation exponent n in the Richardson – Zaki expression is found to be significantly larger for natural sand grains than for regular particles. The hindered settling effect is therefore greater, leading to lower concentration gradients than expected. The effect becomes more pronounced with increasing particle irregularity. At concentrations around 0.4, the hindered settling velocity of fine and medium natural sands reduces to about 70% of the value predicted using existing empirical expressions for n. Using appropriate expressions for the fluidization velocity and the clear water settling velocity, a simple method is discussed to evaluate the sedimentation exponent and to determine the hindered settling effect for sands of various shapes. [TOMKINS M R, BALDOCK T E, NIELSEN P. Hindered settling of sand grains [J]. Sedimentology, 2005, 52 (6): 1425 – 1432]

练 习 与 思 考

1. 什么是泥沙的沉降速度？球体沉降速度与等容泥沙的沉降速度是否相同？为什么？

2. 泥沙沉降速度在滞流区、过渡区、紊流区中的计算公式有何不同？如何判别这三种绕流状态？

3. 泥沙颗粒形状和含沙量对沉降速度分别有什么影响？

4. 分别应用 Dietrich 和张瑞瑾的泥沙沉积速度公式计算泥沙颗粒沉降速度，计算条件为：泥沙粒径范围 $0.03125 \sim 16$mm，$g = 9.81$m/s^2，$R = 1.65$，$v = 1.0 \times 10^{-6}$ m^2/s，$\rho = 1000$kg/m^3。要求计算列表，绘制泥沙沉积速度随粒径的变化曲线，分析两个公式计算结果之间的差异。

参 考 文 献

［1］ WU W M. Computational river dynamics ［M］. London：Taylor and Francis，2007.

［2］ STOKES G G. On the effect of internal friction of fluids on the motion of pendulums ［J］. Transactions of the Cambridge Philosophical Society，1850，9：8 - 106.

［3］ OSEEN C W. Neuere methoden und ergebnisse in der hydrodynamik ［J］. Monatshefte für Mathematik，1928，35 (1)：A67 - A68.

［4］ GOLDSTEIN S. The steady flow of viscous fluid past a fixed spherical obstacle at small Reynolds numbers ［J］. Proceedings of the Royal Society of London，Series A，1929，123：225 - 235.

［5］ 武汉水利电力学院. 河流动力学 ［M］. 北京：中国工业出版社，1961.

［6］ 张瑞瑾. 河流泥沙动力学 ［M］. 2 版. 北京：中国水利水电出版社，1998.

［7］ RUBEY W W. Settling velocities of gravel，sand and silt particles ［J］. American Journal of Science，1933，25 (148)：325 - 338.

［8］ 钱宁，万兆惠. 泥沙运动力学 ［M］. 北京：科学出版社，1983.

［9］ DIETRICH W E. Settling velocity of natural particles ［J］. Water Resources Research，1982，18 (6)：1615 - 1626.

［10］ 沙玉清. 泥沙运动学引论 ［M］. 北京：中国工业出版社，1965.

［11］ CHENG N S. A simplified settling velocity formula for sediment particle ［J］. Journal of Hydraulic Engineering，1997，123 (2)：149 - 152.

［12］ VAN RIJN L C. Handbook：Sediment transport by currents and waves ［R］. 1989.

［13］ MCNOWN J S，MALAIKA J. Effects of particle shape on settling velocity at low Reynolds numbers ［J］. Transactions，American Geophysical Union，1950，31 (1)：74 - 82.

［14］ BATCHELOR G K. Sedimentation in a dilute suspension of spheres ［J］. Journal of Fluid Mechanics，1972，52 (2)：245 - 268.

［15］ RICHARDSON J F，ZAKI W N. Sedimentation and fluidisation：Part Ⅰ ［J］. Transactions of the Institution of Chemical Engineers，1954，32：35 - 53.

［16］ CHENG N S. Effect of concentration on settling velocity of sediment particles ［J］. Journal of Hydraulic Engineering，1997，123 (8)：728 - 731.

［17］ MIGNIOT C. A study of the physical properties of different very fine sediments and their behavior under hydrodynamic action ［J］. La Houille Blanche，1968，7：591 - 620.

［18］ KADA H，HANRATTY T J. Effects of solids on turbulence in a fluid ［J］. AIChE Journal，1960，6 (4)：624 - 630.

［19］ BRUCATO A，GRISAFI F，MONTANTE G. Particle drag coefficients in turbulent fluids ［J］. Chemical Engineering Science，1998，53 (18)：3295 - 3314.

［20］ MAGELLI F，FAJNER D，NOCENTINI M，et al. Solid distribution in vessels stirred with multiple impellers ［J］. Chemical Engineering Science，1990，45 (3)：615 - 625.

［21］ ALISEDA A，CARTELLIER A，HAINAUX F，et al. Effect of preferential concentration on the settling velocity of heavy particles in homogeneous isotropic turbulence ［J］. Journal of Fluid Mechanics，2002，468：77 - 105.

［22］ FRIEDMAN P D，KATZ J. Mean rise rate of droplets in isotropic turbulence ［J］. Physics of Fluids，2002，14 (9)：3059 - 3073.

［23］ RUIZ J，MACÍAS D，PETERS F，et al. Turbulence increases the average settling velocity of phytoplankton cells ［J］. Proceedings of the National Academy of Sciences of the United States of America，2004，101（51）：17720 - 17724.

［24］ CUTHBERTSON A J，ERVINE D A. Experimental study of fine sand particle settling in turbulent open channel flows over rough porous beds ［J］. Journal of Hydraulic Engineering，2007，133（8）：905 - 916.

［25］ KAWANISI K，SHIOZAKI R. Turbulent effects on the settling velocity of suspended sediment ［J］. Journal of Hydraulic Engineering，2008，134（2）：261 - 266.

［26］ ZHOU Q，CHENG N S. Experimental investigation of single particle settling in turbulence generated by oscillating grid ［J］. Chemical Engineering Journal，2009，149：289 - 300.

第4章 泥 沙 起 动

　　河床上静止的泥沙颗粒，随着水流强度的增加，达到一定条件时维持泥沙颗粒静止状态的平衡条件遭到破坏，床面泥沙由静止状态开始转变为运动状态，这种现象称为泥沙的起动。此时的水动力条件即为泥沙的临界起动条件。通常，泥沙的临界起动条件可以用临界起动流速（水深或断面平均流速）和临界起动拖曳力（床面剪切应力）来表示。

　　泥沙起动条件的研究在水运、水利工程中均具有重要的理论和实际意义。例如，在整治航道时往往采用束窄河道、加大流速的办法，冲走航道中的部分泥沙，从而增加水深，满足通航要求。这要求我们弄清楚泥沙开始运动的临界条件。当研究拦河坝下游河床冲刷问题的时候，也必须先弄清楚河床上各粒径组泥沙的起动条件，从而判断在已知的水流条件下哪部分泥沙能够起动使河床发生冲刷。

4.1　泥沙起动的物理机理

4.1.1　泥沙起动的力学描述

　　位于群体中的一颗静止泥沙，在水流作用下主要受到两类作用力：一类是促使泥沙颗粒运动的力，如水流推力［又写作"水流拖曳力"，为了与床面剪切应力、拖曳力区分，故均写作水流推力］和上举力等；另一类是阻碍泥沙颗粒起动的力，如有效重力（颗粒重力与水体浮力的合力）和存在于细颗粒间的黏结力等。当二者平衡时，泥沙颗粒因其所处的位置不同而可能处于发生滚动、滑动或跃移的临界起动状态，如图 4.1 所示。

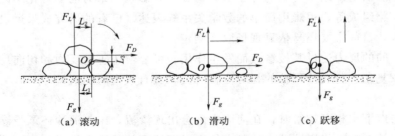

（a）滚动　　　　　　　（b）滑动　　　　　　　（c）跃移

图 4.1　颗粒在床面处于不同位置时的临界起动条件

　　1. 水流推力和上举力

　　水流流经泥沙颗粒时，会对颗粒产生作用力。此作用力可分为沿水流方向的推力 F_D 和垂直水流方向的上举力 F_L，其中前者是水流绕过颗粒出现的肤面摩擦及迎流面和背流面的压力差所构成的，后者则是水流绕流所带来的颗粒顶部流速大，压力小，底部流速小，压力大造成的。推力和上举力的作用点一般不在颗粒重心。根据绕流理论，可写出推力和上举力的表达式如下：

$$F_D = C_D \alpha_1 D^2 \gamma \frac{u_0^2}{2g} \tag{4.1}$$

$$F_L = C_L \alpha_2 D^2 \gamma \frac{u_0^2}{2g} \tag{4.2}$$

式中：C_D、C_L 分别为颗粒绕流阻力（水流推力）系数及举力系数；α_1、α_2 分别为垂直于水流方向以及铅直方向的沙粒投影面积形状系数；D 为颗粒的粒径；γ 为水的容重；u_0 为作用在泥沙颗粒上的近底流速；g 为重力加速度。

对于孤立于光滑床面上的一颗圆球，上述系数是比较容易确定的：面积形状系数 α_1 和 α_2 可取为 $\pi/4$，作用在泥沙颗粒上的近底流速 u_0 的特征高度可取为 $z=D/2$，C_D 和 C_L 与沙粒形状及床面颗粒周围的绕流流态有关，可通过试验确定。李贞儒等[1]用自制的能同时测定推力和举力瞬时值的传感器进行的试验表明：颗粒剪切雷诺数 $Re_* = u_* D/\nu$，当 $Re_* > 2000$ 时，$C_D = 0.7$，$C_L = 0.18$；当 $l/D > 18$ 时（l 为两颗圆球的球心距离），C_D 和 C_L 与单颗圆球相同；而当 l/D 进一步减小时，C_D 和 C_L 将缓缓增大；当 $l/D < 5$ 以后，C_D 和 C_L 显著增大。这是因为当圆球排列较密时，作用在颗粒上的近底流速 u_0 急剧减小，甚至完全消失，而推力和上举力虽也同时减小，但仍然存在的缘故。

2. 有效重力

水中的泥沙颗粒受到重力和水体浮力的作用，其作用点均在颗粒重心并沿铅直方向。两者的合力称为颗粒的有效重力。若泥沙颗粒为球体，则颗粒的有效重力为

$$F_g = \alpha_3 (\gamma_s - \gamma) D^3 \tag{4.3}$$

式中：α_3 为沙粒的体积系数，对于圆球 $\alpha_3 = \pi/6$；γ_s、γ 分别为沙粒和水的容重。

3. 颗粒间的黏结力和反力

黏结力主要存在于细颗粒泥沙之间，目前对黏结力成因的认识还不一致。张瑞瑾[2]认为黏结力是由于薄膜水仅能单向传压所引起的；唐存本[3]则认为细颗粒间的黏结力主要是由于沙粒表面与黏结水之间的分子引力造成的。影响黏结力的物理化学因素很多，如土质结构、矿物组成等，很难用简单的数学关系式表达。已有的研究成果远没有系统到可以运用的阶段，目前主要还是依靠现场取样测定。

泥沙颗粒间的反力通过其接触点而发生作用，可分解为正向反力和切向反力。反力的作用情况比较复杂，与泥沙颗粒的相对位置有关，具有很大的随机性。

4. 渗透压力

当河水与地下水相互补给时，在河床内部会出现渗流，床面泥沙还承受渗透压力。地下水内渗时泥沙颗粒的稳定性减小，河水外渗时泥沙颗粒的稳定性增加。

基于以上分析，可建立起泥沙颗粒的受力模型，根据力的平衡推导出泥沙的临界起动条件。在建立受力模型时，因颗粒间的反力和渗透压力相对较小，一般不予考虑。

4.1.2 泥沙起动的随机性

当水流达到一定强度以后，床面上的泥沙颗粒从静止进入运动状态。这在物理概念上是明确的，但在具体分析时却有很大的争议。这主要是由于泥沙的起动具有随机性。

天然河流河床上的泥沙组成非常复杂，颗粒本身的形状、大小、密度、方位及颗粒间相对位置的排列组合等都具有随机性质。对于同一颗泥沙来说，由于自身方位及与其他颗粒的相对位置不同，在相同水流条件下受到的水流作用力也会不同。而即使对于指定泥沙组成排列的河床，由于水流的紊动，作用在床面任一位置泥沙颗粒上的瞬时流速和力也为随机变量。因此，对一定的水流条件，并不一定存在某一明确的临界粒径，使得超过这一粒径的泥沙都静止不动，小于该粒径的泥沙均在运动。同样地，当着眼于一定形状、大小、密度的泥沙颗粒的起动时，也不会存在一个确定的临界水流条件，使得水流达到这一强度后泥沙颗粒一定会进入运动状态，弱于该条件时一定能够保持静止状态。基于以上认识，可以将泥沙起动看成一种随机现象。

4.1.3 泥沙起动的判别标准

从学科发展的理论体系和生产实践的应用来看，研究泥沙的临界起动条件具有重要意义。但由于泥沙的起动带有很大的随机性，要研究泥沙的起动临界水流条件首先就要确定判别泥沙是否起动的标准。针对这一河流动力学的基本课题，目前还没有一致的认识。

现有的起动判别标准大体可分为定性和定量两大类。

1. 定性标准

在定性标准中，最著名的为克雷默（H. Kramer）[4]在1935年提出的起动标准，在水槽试验中至今仍作为判别泥沙起动临界条件的标准。克雷默将泥沙运动分为以下三个阶段：

（1）弱动：床面个别地方有可数的细颗粒泥沙处于运动状态。

（2）中动：床面各处均有中等大小以下的沙粒在运动，其强度已达到无法计数，但尚未引起河床形态变化。

（3）普动：各种大小的沙粒均已投入运动，引起床面外形的急剧改变，并持续地普及床面各处。

这些定性标准是难于明确判别的，即便是同一标准判别的结果也因人而异。目前大多是将弱动作为泥沙起动的判别标准。

2. 定量标准

为了能定量地判别泥沙是否起动，研究者们从不同角度出发提出了多种泥沙运动的量化指标。

（1）概率标准。基于泥沙起动是一种随机现象的认识，可以引入概率理论来判断泥沙起动。窦国仁[5]考虑了与克雷默提出的三种泥沙运动状态相对应的不同脉动流速发生频率，得到弱动、中动和普动三种运动状态的泥沙起动概率 P_c 分别如式（4.4）～式（4.6）所示，从而将克雷默划分的泥沙起动定性标准向定量化推进了一大步。

$$个别起动：\quad P_{c1} = P\ (u_0 > u_{0c} = \overline{u}_{0c} + 3\sigma_{u_0} = 2.11\overline{u}_{0c}) = 0.0014 \qquad (4.4)$$

$$少量起动：\quad P_{c2} = P\ (u_0 > u_{0c} = \overline{u}_{0c} + 2\sigma_{u_0} = 1.74\overline{u}_{0c}) = 0.0228 \qquad (4.5)$$

$$大量起动：\quad P_{c3} = P\ (u_0 > u_{0c} = \overline{u}_{0c} + \sigma_{u_0} = 1.37\overline{u}_{0c}) = 0.1585 \qquad (4.6)$$

式中：u_{0c}、$\overline{u}_{0c}$ 分别为作用于沙粒的瞬时和时均起动底速；σ_{u_0} 为瞬时起动底速 u_0 的均方差，$\sigma_{u_0} = 0.37\overline{u}_{0c}$。

（2）颗粒数标准。Yalin[6]提出将下式作为泥沙起动的判别标准：

$$\varepsilon = \frac{N_s}{At} \sqrt{\frac{\rho D^5}{\gamma_s - \gamma}} \tag{4.7}$$

式中：N_s 为在时间 t 内从河床面积 A 范围内冲刷外移的泥沙颗粒数；ρ 为清水密度。

对于各种粒径的泥沙应当取一个统一的运动强度 ε 作为起动判别标准。这样，对于两组比重相同，粒径相差 10 倍的泥沙，为使其达到相同运动强度 ε，粒径较粗的那一组试验的 N_s/At 值需较粒径较细的那一组小 $10^{5/2}$ 倍。但如何确定 ε，Yalin 并未提出。

（3）输沙率标准。在分析实验室和野外观测资料时，可以近似地将与极低推移质输沙率相对应的状态视作泥沙起动的临界状态。在一个研究时段内（对一般工程问题来说可以是 10 年的数量级），这个极低输沙率所引起的河床变形很小，可以忽略。具体来说，通过绘制单宽推移质输沙率 q_b 与相应的垂线平均流速 U 或床面拖曳力 τ_b 的关系，找到输沙率趋于 0 时相应的平均流速或拖曳力，即可作为泥沙起动的临界起动流速或临界起动拖曳力。

美国水道试验站曾规定以推移质输沙率达到 $14\text{cm}^3/(\text{m} \cdot \text{min})$ 作为起动标准；Taylor[7]、韩其为等[8] 均提出了无量纲输沙率作为起动标准。举例而言，Paintal[9] 持续数周的试验显示：即使水流条件低于所有可能的（由现有公式所计算的）临界起动条件，河床仍存在微弱的推移质输移，其无量纲化单宽输沙率满足 $q_b^* = 6.56 \times 10^{18} \theta^{16}$，其中 $q_b^* = q_b/(\sqrt{RgD}\,D)$ 也可称作 Einstein 数，q_b 表示单宽推移质体积输沙率，θ 为希尔兹数，$\theta = \tau_b/(\rho RgD)$，是表征床面拖曳力大小（水流条件）的无量纲数，在后文中会详细介绍。基于此，他估算泥沙临界起动 Shields 数约为 0.023。

4.2　均匀沙起动

4.2.1　无黏性均匀沙起动流速

天然河流的床沙组成是不均匀的，但在某些情况下，例如冲积河流的沙质河床，其床沙级配变化范围很窄，主体部分粒径差异较小，可以近似地按均匀沙处理。对于均匀沙，单颗沙粒和整体床沙的起动条件是一致的，可以用中值粒径或平均粒径作为计算起动条件的代表粒径。

由 4.1 节中对床面上泥沙颗粒的受力分析可知，泥沙主要受到来自水流的驱动力和自重及颗粒间黏结力构成的阻碍运动的抵抗力。下面首先考虑最简单的情况：泥沙粒径是均匀的，颗粒之间没有黏结力。以平均流速作为泥沙起动的水动力学指标，即将对无黏性均匀沙的起动流速加以介绍和讨论。

对于水平河床上无黏性均匀泥沙颗粒，其受力如图 4.1 所示。当水流推力 F_D 和上举力 F_L 与泥沙的有效重力 F_g 平衡时，泥沙颗粒因其所处的位置不同而可能处于发生滑动、滚动或跃移的临界起动状态。据此，可推导出泥沙起动公式的一般结构形式，再通过试验确定公式中的待定参数，求出泥沙起动条件的计算公式。

若沙粒以滚动的形式绕图 4.1 中 O 点为转动中心起动，则起动临界情况的力矩平衡方程为

$$K_1 D F_D + K_2 D F_L = K_3 D F_g \tag{4.8}$$

式中：K_1D、K_2D、K_3D 分别为 F_D、F_L、F_g 的力臂。

将 F_D、F_L、F_g 的表达式（4.1）～式（4.3）代入上式，经整理后得

$$u_0 = u_{0c} = \left(\frac{2K_3\alpha_3}{K_1C_D\alpha_1 + K_2C_L\alpha_2} \right)^{1/2} \sqrt{\frac{\gamma_s - \gamma}{\gamma}gD} \tag{4.9}$$

式中：u_{0c} 为临界起动底速。

值得说明的是，在对起动条件进行推导时，按滚动平衡、滑动平衡或跃移平衡的情况来考虑在现阶段并不具有实质性的差异。因为无论按哪一种方式考虑，由于许多参数无法一一确定，最后总是归结于少数一两个或两三个综合参数，通过试验资料反求。这样得到的计算公式主体结构基本上是类似的。

由于作用在泥沙颗粒上的近底流速 u_0 在实际观测工作中不易确定，为运用方便起见，以垂线平均流速 U 代替近底流速 u_0 来表达起动条件。垂线平均流速可由流速沿垂线分布公式积分求得。而流速沿垂线的分布公式有指数型的、对数型的，采用不同形式的流速分布公式，将会得到不同结构形式的起动平均流速公式。

如果采用指数型的流速沿垂线分布公式：

$$u = u_m \left(\frac{z}{h} \right)^m \tag{4.10}$$

式中：u 为垂线上距河床 z 处的流速；u_m 为 $z = h$ 处即水流表面的流速；h 为水深；m 为指数。

将上式沿垂线积分，可求得垂线平均流速为

$$U = \frac{u_m}{h} \int_0^h \left(\frac{z}{h} \right)^m dz = \frac{u_m}{1+m} \tag{4.11}$$

即

$$u_m = (1+m)U \tag{4.12}$$

代入式（4.10）得

$$u = (1+m)U \left(\frac{z}{h} \right)^m \tag{4.13}$$

取 $z = \alpha D$ 处的流速作为作用于泥沙颗粒上的有效流速，于是得

$$u_0 = (1+m)\alpha^m U \left(\frac{D}{h} \right)^m \tag{4.14}$$

代入式（4.9）中，得到起动流速公式的一般结构形式为

$$U_c = \eta \sqrt{\frac{\gamma_s - \gamma}{\gamma}gD} \left(\frac{h}{D} \right)^m \tag{4.15}$$

$$\eta = \frac{1}{(1+m)\alpha^m} \left(\frac{2K_3\alpha_3}{K_1C_D\alpha_1 + K_2C_L\alpha_2} \right)^{1/2} \tag{4.16}$$

式中：U_c 为临界起动平均流速；η 为综合系数，通过试验资料反求。

m、η 确定后，即可应用式（4.15）求临界起动平均流速。沙莫夫（Г. И. Шамов）根据他的试验资料求得 $\eta = 1.144$，$m = 1/6$，由此可得

$$U_c = 1.144 \sqrt{\frac{\gamma_s - \gamma}{\gamma}gD} \left(\frac{h}{D} \right)^{1/6} \tag{4.17}$$

对于密度为 $2.65 \mathrm{t/m^3}$ 的天然沙，上式可简化为

$$U_c = 4.6 D^{1/3} h^{1/6} \tag{4.18}$$

同理，如果采用对数型的流速沿垂线分布公式来将起动底速公式（4.9）通过垂向积分转化为临界起动平均流速，则可以得到另外形式的起动流速公式。这类公式中具有代表性的为冈恰洛夫（В. Н. Гончаров）起动流速公式：

$$U_c = 1.07 \lg \frac{8.8h}{D_{95}} \sqrt{\frac{\gamma_s - \gamma}{\gamma} g D} \tag{4.19}$$

式中：D_{95} 为小于该粒径的泥沙在沙样总重中占 95% 的相应粒径。

与上述起动平均流速的推导思路不同，张小峰等[10]通过建立起动平均流速和起动概率的关系，得出了带有不同起动概率参数 C_p 的起动平均流速公式：

$$U_c = 0.44 \sqrt{\frac{2}{0.15 + 0.13 C_p}} \sqrt{\frac{\gamma_s - \gamma}{\gamma} g D} \left(\frac{h}{D}\right)^{1/6} \tag{4.20}$$

其中 C_p 值按确定的起动概率 P 从正态分布表中查得。如取起动概率 $P = 12.71\%$，则 $C_p = 1.14$，代入式（4.20）中可得到沙莫夫公式（4.17）。

前文在推导起动条件的计算公式时，是从单个颗粒泥沙的起动条件出发的，为使问题简化，在推导过程中采用了一些假设条件，推导出的公式包含一些待定系数，这些系数再根据实测资料反求得到。这是一种在研究工程中复杂的力学问题时经常采用的半理论、半经验方法：①通常根据现象观察与实验资料，对所研究的问题进行必要的简化和合理的假设后，找出主要影响因素，提出概化模式，得到基本方程；②根据有关原理、定律或公式决定基本方程中相应的物理量，得到所研究现象的结构公式；③最后由实验或实测资料决定结构公式中待定的综合系数。这种方法在本课程和其他类似课程中应用非常广泛。

4.2.2　无黏性均匀沙起动拖曳力

前面已经指出，表达泥沙起动的临界水流条件的另一种形式为起动拖曳力。所谓起动拖曳力，即泥沙处于临界起动状态的床面剪切应力，其值等于泥沙起动时单位面积床面上水柱重量在水流方向的分力，一般用 τ_c 表示。

4.2.2.1　临界起动拖曳力的推导

与起动流速的推导类似，基于滚动、滑动或跃移起动情况下的受力平衡条件均可推导出临界起动拖曳力的计算公式。若仍考虑沙粒以滚动的形式起动，基于力矩平衡方程推导得到起动底流速公式（4.9）后，利用如下的对数流速分布公式可将起动底流速转化为临界起动拖曳力：

$$\frac{u}{u_*} = \frac{1}{\kappa} \ln \frac{z}{k_s} + B \tag{4.21}$$

式中：u_* 为摩阻流速；κ 为卡门常数，在清水或接近清水中可取为 0.4；k_s 为河床粗糙度，当河床组成为均匀沙时，$k_s = D$，当河床组成为非均匀沙时，$k_s = D_{65}$；B 为流态校正参数，$B = f(k_s/\delta)$，其中 δ 为近壁层流层（黏性底层）的厚度，$\delta = 11.6 \nu / u_*$，ν 为水的运动黏性系数。

考虑到 $Re_* = u_* D / \nu$，对于均匀沙，则有 $k_s / \delta = Re_* / 11.6$。因此 B 也可看作为 Re_*（或粗糙雷诺数 $Re_{*k} = u_* k_s / \nu$）的函数，Schlichting[11]曾表示其函数关系如图 4.2

所示。

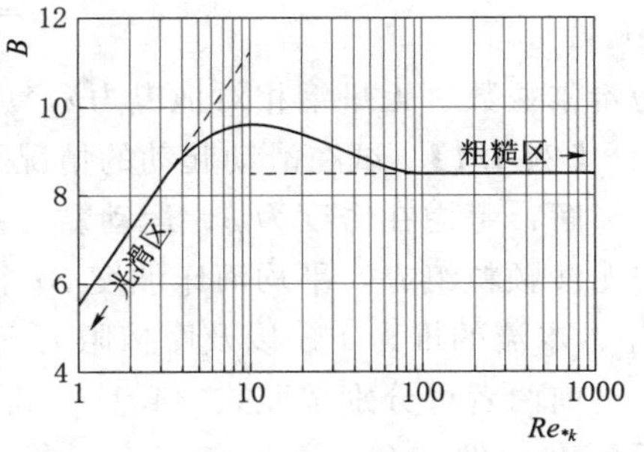

在壁面（床面）附近，紊动作用受到黏性作用的抑制，这部分区域称为黏性底层。当 $k_s/\delta >$ 8.62（$Re_* > 100$）时，粗糙凸起穿透黏性底层，深入到紊流核心区，壁面粗糙对流速分布和水头损失的影响很大，这种水流状态称为紊流粗糙区。此时有

$$B = 8.5 \qquad (4.22)$$

$$\frac{u}{u_*} = \frac{1}{\kappa} \ln \frac{z}{k_s} + 8.5 \qquad (4.23)$$

若 $k_s/\delta < 0.26 (Re_* < 3)$，壁面的粗糙凸起被

图 4.2　系数 B 与粗糙雷诺数 Re_{*k} 的函数关系图

黏性底层淹没，对紊流及其流速分布和阻力不产生影响，这种流动状态则称为紊流光滑区。在这种情况下相应地有

$$B = 5.5 + \frac{1}{\kappa} \ln \frac{u_* k_s}{\nu} \qquad (4.24)$$

$$\frac{u}{u_*} = \frac{1}{\kappa} \ln \frac{u_* z}{\nu} + 5.5 \qquad (4.25)$$

在上述两种状态之间，即 $0.26 < k_s/\delta < 8.62$ 时，近壁水流处于水力（紊流）过渡区。取 $z = \alpha k_s$ 处的流速作为作用于泥沙颗粒上的有效流速，并令 $\ln \chi = \kappa B$，则可得

$$u_0 = 2.5 u_* \ln(\alpha \chi) \qquad (4.26)$$

将式（4.26）代入式（4.9），取平方，得到

$$u_{*c}^2 [2.5 \ln(\alpha \chi)]^2 = \frac{2 K_3 \alpha_3}{K_1 C_D \alpha_1 + K_2 C_L \alpha_2} \frac{\gamma_s - \gamma}{\gamma} g D \qquad (4.27)$$

式中：u_{*c} 为临界起动状态下的摩阻流速。

根据摩阻流速的定义：

$$u_* = \sqrt{\frac{\tau_b}{\rho}} \qquad (4.28)$$

其中，在讨论水流运动时，称物理量 τ_b 为床面剪切应力；而在讨论泥沙运动时，可称其为拖曳力，两种解释实质相同。将式（4.28）代入式（4.27）中并整理，可得

$$\frac{u_{*c}^2}{\frac{\gamma_s - \gamma}{\gamma} g D} = \frac{\tau_c}{(\gamma_s - \gamma) D} = \theta_c \qquad (4.29)$$

$$\theta_c = \frac{1}{[2.5 \ln(\alpha \chi)]^2} \frac{2 K_3 \alpha_3}{K_1 C_D \alpha_1 + K_2 C_L \alpha_2} \qquad (4.30)$$

式中：τ_c 为临界起动拖曳力；θ_c 即为临界希尔兹数（无量纲临界起动相对拖曳力），此处等于如上综合系数。

同样地，按滑动平衡或跃移平衡的情况来考虑亦能得到临界起动拖曳力 τ_c 的表达式如式（4.29）所示，只是系数的结构形式与式（4.30）有所不同。

记 $R = (\gamma_s - \gamma)/\gamma$，定义

$$\theta = \frac{u_*^2}{RgD} = \frac{\tau_b}{(\gamma_s - \gamma)D} \tag{4.31}$$

为希尔兹数（无量纲相对拖曳力），可以表征水流强度。

【例 4.1】 试在滑动起动的情况下推导泥沙临界希尔兹数 θ_c 的表达形式。

解：考虑在密度为 ρ、运动黏性系数为 ν 的恒定水流作用下的河床，由粒径为 D 的均匀泥沙颗粒组成，平均河床坡度 S_b 很小（$S_b \ll 1$）。床面上的泥沙颗粒主要受到有效重力 F_g、水流的推力 F_D 以及摩擦阻力 F_f。

前两者可分别按照式（4.1）、式（4.3）来计算，式中的面积形状系数 α_1 取 $\pi/4$，体积系数 α_3 取 $\pi/6$。于是有

$$F_D = C_D \pi \left(\frac{D}{2}\right)^2 \gamma \frac{u_0^2}{2g} \tag{4.32}$$

$$F_g = \frac{\pi}{6}(\gamma_s - \gamma)D^3 \tag{4.33}$$

$$F_f = f F_g \tag{4.34}$$

式中，f 为摩擦系数。当促使泥沙运动的水流推力与阻碍泥沙运动的摩擦阻力平衡时，泥沙处于滑动起动的临界状态，此时的受力平衡方程为

$$F_D = F_f \tag{4.35}$$

将式（4.32）～式（4.34）代入后，整理得到

$$\frac{u_0^2}{RgD} = \frac{4}{3}\frac{f}{C_D} \tag{4.36}$$

假设流速沿垂线的分布为对数型规律，根据式（4.21）易知，在有效流速 u_0 作用的特征高度 $z = \alpha D$ 处有

$$\frac{u_0}{u_*} = \frac{1}{\kappa}\ln\left(\frac{\alpha D}{K_s}\right) + B \tag{4.37}$$

假定水流处于紊流粗糙区，则式（4.22）和式（4.23）成立，将 $k_s = \alpha' D$ 代入，可以得到

$$\frac{u_0}{u_*} = F_u = 2.5\ln\left(\frac{\alpha}{\alpha'}\right) + 8.5 \tag{4.38}$$

结合式（4.38）与式（4.36），得到滑动起动情况下泥沙的临界 Shields 数的计算式为

$$\theta_c = \frac{u_*^2}{RgD} = \frac{4}{3}\frac{f}{C_D F_u^2} \tag{4.39}$$

当水流处于紊流粗糙区的流动状态下，作用于颗粒的拖曳力可以认为处于惯性范围（inertial range，雷诺数 uD/ν 介于 $10^3 \sim 10^5$），此时对应的拖曳力系数 C_D 在 $0.4 \sim 0.5$ 之间，可近似为常数 0.45。以 $\alpha = \alpha' = 2$ 为例，则根据式（4.38）有 $F_u = 8.5$。进一步假设摩擦系数 $f = 0.7$，则此时的泥沙临界 Shields 数为 $\theta_c = 0.0287$。

4.2.2.2 Shields 曲线

式（4.29）确定了临界起动拖曳力 τ_c 的主要影响因子，若已知 θ_c、γ_s、γ 和 D，则可由该式计算得到泥沙起动的临界拖曳力。但 θ_c 的计算式（4.30）中包含很多难以确定的参数，鉴于 χ 为剪切雷诺数 Re_* 的函数，C_D 与 C_L 亦为 Re_* 的函数，故可认为 θ_c 也为

Re_* 的函数。Shields[12] 对四种不同密度泥沙颗粒进行了临界起动试验，实测并点绘出了无量纲临界起动相对拖曳力 θ_c 与剪切雷诺数 Re_* 的关系，根据这些点据资料，得出一条平均曲线，即为著名的 Shields 曲线。后人在希尔兹的工作基础上进行了大量补充试验。基于钱宁等[13] 归纳的以往数据绘制的 θ_c-Re_* 关系曲线如图 4.3 所示。由于 Re_* < 2 以后，希尔兹并无试验点，所以图 4.3 着重在扩充小剪切雷诺数的范围，并对大剪切雷诺数的临界 Shields 数进行检验。

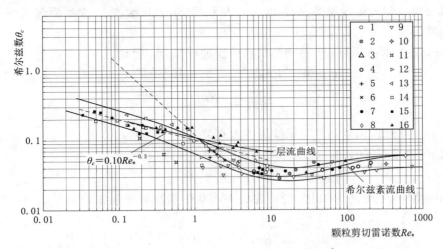

图 4.3 散粒体泥沙起动的希尔兹曲线

1—琥珀（Shields）；2—褐炭（Shields）；3—花岗石（Shields）；4—重晶石（Shields）；5—沙（Casey）；

6—沙（Kramer）；7—沙（U. S. Wes）；8—沙（Gilbert）；9—沙（Tison）；10—沙（White）；

11—沙（李昌华）；12—沙，在油中（李昌华）；13—粉沙（Mantz）；14—粉沙（White）；

15、16—粉沙，在油中（层流）（Yalin）

从图 4.3 中可以看出：

（1）当颗粒剪切雷诺数较小（光滑紊流区）时，θ_c 随 Re_* 的减小而加大，这可能是由于泥沙受到黏性底层的隐蔽作用。在 Re_* < 2 之后，图中曲线带的平均变化趋势反映，θ_c 与 Re_* 的 0.3 次方成反比。然而，Shields 假定此时 θ_c 与 Re_* 成反比，得到 Shields 曲线上的虚线部分，但缺乏实验资料的验证，不足为据。

（2）在颗粒剪切雷诺数 Re_* = 10 附近，亦即黏性底层厚度与床沙粒径接近（$k_s/\delta = D/\delta \approx 0.86$）时，曲线达到最低点，$\theta_c$ 约为 0.03，此时泥沙最容易起动。

（3）当 Re_* > 10，即 D > δ 时，黏性底层不起隐蔽作用，随着粒径的加大（Re_* 变大），泥沙重量随之增大，加强了泥沙颗粒的稳定性，使临界起动拖曳力亦相应加大。

（4）颗粒剪切雷诺数很大（Re_* > 1000）时，θ_c 接近常数，其值希尔兹取为 θ_c = 0.06，以后的试验表明这一值是偏大的，可以作为上限，下限约为 0.04，即此时 θ_c = 0.04~0.06。图 4.3 中的关系曲线大部分都落在这个范围以内。即对于散体粗颗粒泥沙，泥沙的起动拖曳力 τ_c 只与泥沙粒径 D 有关，而与剪切雷诺数 Re_* 无关。

应用图 4.3 所示的 Shields 曲线在已知颗粒粒径 D、容重 γ_s 和水流条件（明渠流的床

面剪切应力 τ_b 或摩阻流速 u_*）的情况下，可以判断泥沙颗粒能否起动。此时可根据已知条件计算得到图 4.3 中的纵、横坐标并将点据绘在图上：若点据位于曲线上方则颗粒能起动，反之则不能起动；若点据恰好位于 Shields 曲线上，则颗粒处于临界起动状态。

原始的 Shields 曲线图（图 4.3）纵、横坐标中均含有未知数 u_{*c}，应用不方便，往往需要试算或者借助于辅助线进行估算。为了避免推求临界起动拖曳力 τ_c 时复杂的试算，更直接地应用 Shields 曲线隐含的函数关系，不少研究者尝试对其进行拟合，用显式的表达式直接反映已知的泥沙参数（D 和 γ_s）与临界 Shields 数 θ_c（或临界起动拖曳力 τ_c）的函数关系。

Brownlie[14] 对 Shields[12] 得到的试验曲线进行拟合，得到

$$\theta_c = 0.22Re_p^{-0.6} + 0.06 \times 10^{(-7.7Re_p^{-0.6})} \tag{4.40}$$

$$Re_p = \frac{\sqrt{RgD}\,D}{\nu} \tag{4.41}$$

式中：Re_p 为颗粒雷诺数，只与泥沙的参数有关。

由式（4.41）易知：

$$Re_* = Re_p\sqrt{\theta_c} \tag{4.42}$$

Parker 等[15] 考虑到 Neill[16] 的研究成果，基于实测数据修正拟合公式（4.40）为以下形式：

$$\theta_c = 0.5[0.22Re_p^{-0.6} + 0.06 \times 10^{(-7.7Re_p^{-0.6})}] \tag{4.43}$$

根据式（4.43）绘制临界 Shields 数与颗粒雷诺数的关系如图 4.4 所示。当 Re_p 足够大（充分粗糙的水流）时，根据式（4.43）计算得到的 θ_c 接近 0.03，这与 Neill[16] 得到的粗颗粒泥沙的 $\theta_c \approx 0.03$ 的发现相吻合。

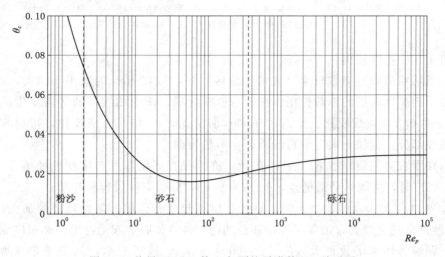

图 4.4 临界 Shields 数 θ_c 与颗粒雷诺数 Re_p 关系图

半个多世纪以来，表征泥沙起动临界条件的 Shields 曲线图已经广泛应用于水利工程、河流地貌、地质等领域。但是，理解其来源、背景以及不确定性是十分必要的。最基本的，关于 Shields 曲线图文献涉及许多对 Shields 所用方法和结果的误解与偏差。尽管如此

误解与偏差的原因并不确定，无法直接获得 Shields 原始工作可能是其根源之一。目前关于 Shields 曲线图的理解实质上源于二手资料（教科书和期刊论文等），而对此进行验证是困难的，因为 Shields 原始试验数据缺失。

4.2.3 起动流速与拖曳力的关系

前面讨论了无黏性泥沙的两种形式的起动条件，泥沙达到临界起动条件时，床面剪切应力恰好等于临界起动拖曳力 τ_c，断面平均流速也应恰好等于临界起动流速 U_c，两者可以通过起动摩阻流速和流速沿垂线分布规律互相转换。

4.2.3.1 由起动拖曳力转化为起动流速

若已知泥沙的有关物理参数（粒径、容重）以及临界 Shields 数 θ_c（或临界起动拖曳力 τ_c），则由（4.29）可直接得出相应的临界起动摩阻流速为

$$u_{*c} = \sqrt{\theta_c RgD} \qquad (4.44)$$

因而，由临界起动拖曳力向起动平均流速的转化问题等价于由临界起动摩阻流速向临界起动的垂线平均流速转化的问题。基于水流时均流速沿垂线分布公式，这一问题可以得到解决。以对数流速分布公式（4.21）为例，将沿水深积分，经展开并整理，可以得到与临界起动摩阻流速相应的临界起动垂向平均流速为

$$U_c = \frac{1}{h} \int_0^h u \, \mathrm{d}z = u_{*c} \left[\frac{1}{\kappa} \ln\left(\frac{h}{k_s}\right) - \frac{1}{\kappa} + B \right] \qquad (4.45)$$

式中：h 为水深；系数 B 为颗粒剪切雷诺数 Re_*（或粗糙雷诺数 Re_{*k}）的函数，其函数关系如图 4.2 所示。

将式（4.44）代入式（4.45），可得

$$U_c = \sqrt{\theta_c} \left[2.5\ln\left(\frac{h}{k_s}\right) - 2.5 + B \right] \sqrt{RgD} \qquad (4.46)$$

至此，在已知泥沙的粒径、容重及临界 Shields 数（或临界起动拖曳力）的情况下，可结合式（4.46）和图 4.2 计算得到相应的临界起动流速。

Buffington 等[17]分析大量的资料后得出，对于紊流区（$Re_* > 100$）的情况，$\theta_c = 0.03 \sim 0.059$，对于天然沙有 $R = 1.65$，代入式（4.46）则可以得到起动流速的一般形式

$$U_c = \beta \lg\left(\frac{0.4\chi h}{k_s}\right)\sqrt{gD} \qquad (4.47)$$

式中，β 为 $1.28 \sim 1.79$ 之间的一个常数。这种类型的公式在苏联用得较多，如列维公式、冈恰洛夫公式，均属于这种类型，其中糙率代表粒径均采用床沙中较粗部分的泥沙粒径（如 D_{90} 或 D_{95}）。

4.2.3.2 由起动流速转化为起动拖曳力

明渠流中的时均流速场和床面拖曳力之间存在着相互对应的关系，若已知临界起动平均流速的表达式，亦可推导出泥沙的临界 Shields 数（或临界起动拖曳力）公式。

由式（4.29）可知，求解临界 Shields 数 θ_c（或临界起动拖曳力 τ_c）的问题亦可以认为是求解临界起动摩阻流速 u_{*c} 的问题。结合基于对数型流速垂线分布公式得到的垂线平均流速与摩阻流速的关系式（4.45），考虑到系数 B 为包含未知量的雷诺数 $u_* k_s / \nu$ 的函数，在已知起动平均流速 U_c 时，可通过试算确定相应的起动摩阻流速 u_{*c}，代入式

(4.29) 即可求出泥沙的临界 Shields 数 θ_c（或临界起动拖曳力 τ_c）。

4.2.3.3 起动流速与拖曳力比较

临界起动流速和临界起动拖曳力是表征泥沙起动临界条件的两种基本形式，两者是可以互相转换的，在使用上各有优缺点。在理论研究方面，应用临界起动拖曳力更加方便，从而得到广泛应用。然而，水流平均流速可以直接测量，精度较高；而床面剪切应力则难以直接观测、不得不通过观测其他变量再进行计算。所以，泥沙临界起动流速在工程实践中应用较多。

需要特别强调的是，无论是临界起动流速，还是临界起动拖曳力，都是对时间平均的水流强度的量度，源自对泥沙时间平均受力状态的分析。近年，试验研究表明：泥沙起动不仅仅取决于作用在泥沙颗粒上的水流瞬时作用力的大小，还与其作用时间长度有关；从而，用冲量（力乘以时间）大小表征泥沙起动的临界条件可能是更加具有吸引力的方法[18]；只是，迄今为止，这一思想还停留在定性的描述层面，尚无定量化的泥沙起动临界条件计算公式（模式）。

4.2.4 黏性沙起动

按照修正的 Shields 图（图 4.4），当泥沙粒径大于某一临界值时，起动 Shields 数随粒径增大而增加；而当粒径小于此临界值时，泥沙颗粒的起动 Shields 数随粒径的减小而增加。前者显然是由于粗颗粒泥沙的重力作用较大，因此需要在较强的水流作用下才能起动；而后者反映出的细颗粒泥沙亦难于起动的现象，则主要是由于细颗粒泥沙之间黏结力作用的缘故。

对于较粗的泥沙颗粒，由于黏结力较小，阻碍泥沙起动的力主要是重力，在推求泥沙起动条件的计算公式时可忽略不计，如式（4.17）沙莫夫公式。而对于细颗粒泥沙，若不计黏结力，将严重影响计算结果准确性，在推求起动条件时应同时考虑重力和黏结力。然而，由于细颗粒泥沙间的作用力比较复杂（如 2.3 节中所介绍），目前对黏结力成因的认识还不一致，各家提出的同时适用于粗、细颗粒的临界起动条件计算公式也千差万别，主要有如下几种。

1. 张瑞瑾公式

假设泥沙颗粒滚动起动，根据水流推力、上举力、泥沙颗粒有效重力和颗粒间黏结力的力矩平衡方程［在方程（4.8）等号右侧加入黏结力项］得到临界状态时作用在泥沙颗粒上的近底流速 u_{0c}，结合指数型流速分布公式转化为起动平均流速 U_c，利用实测资料确定公式中的有关参数，最终得到对于无黏性泥沙与黏性泥沙均适用的起动流速公式

$$U_c = \left(\frac{h}{D}\right)^{0.14}\left(17.6RD + 0.605\times10^{-6}\frac{10+h}{D^{0.72}}\right)^{0.5} \tag{4.48}$$

2. 唐存本公式（1963）

张瑞瑾认为黏结力是由于束缚水不能传递静水压力所引起的；唐存本则认为细颗粒间的黏结力主要是由于沙粒表面与黏结水之间的分子引力造成的，他引用杰列金用交叉石英丝所作的黏结力实验成果，证明了自己的观点。两者除对黏结力的计算不同外，推求起动流速的做法完全相同，唐存本得到了如下形式的起动流速公式：

$$U_c = 1.79 \frac{1}{1+m}\left(\frac{h}{D}\right)^m \sqrt{RgD + \left(\frac{\gamma_0}{\gamma_{0*}}\right)^{10}\frac{\vartheta}{\rho D}} \tag{4.49}$$

式中：γ_0、γ_{0*}分别为床面泥沙的干容重和密实后的稳定干容重；ϑ为系数，唐存本根据实测求得为 $8.885 \times 10^{-5} \text{N/m}$。

指数 m 为变值，对于一般天然河道，取 $m = 1/6$；对于平整河床（如实验室水槽及 $D < 0.01\text{mm}$ 的天然河道），m 可按下式计算：

$$m = \frac{1}{4.7}\left(\frac{D}{h}\right)^{0.06} \tag{4.50}$$

3. 窦国仁公式（1960；1999）

与上述公式的处理方式不同，窦国仁将式（4.1）、式（4.2）中的作用流速 u_0 看成瞬时流速。根据瞬时流速近似地具有正态分布的特性，以及泥沙起动的不同情况（个别起动、少量起动、大量起动）取相应的起动概率，求得瞬时作用流速与时均作用流速的关系式。另一点不同是在于黏结力的计算上。早期，窦国仁[19]在 1960 年采用交叉石英丝试验，通过变更石英丝所受的静水压力证明了压力水头对黏结力的影响，并据此导出起动流速公式。以后，认为黏结力由水对床面颗粒的下压力及颗粒间的分子黏结力两部分共同组成。

基于以上两点考虑，对泥沙颗粒受力分析，推导得到瞬时起动底流速 u_{0c} 的计算公式后，窦国仁利用对数型流速分布公式得到起动平均流速为

$$U_c = m\left[\ln\left(11\frac{h}{k_s}\right)\right]\sqrt{RgD + 0.19\frac{gh\delta + \varepsilon_k}{D}} \tag{4.51}$$

根据交叉石英丝试验，式中的薄膜水厚度参数 δ 取为 $0.213 \times 10^{-4}\text{cm}$，综合黏结力系数 ε_k 取为 $2.56\text{cm}^3/\text{s}^2$；对于平整床面，当 $D \leqslant 0.5\text{mm}$ 时，河床粗糙度 $k_s = 0.5\text{mm}$；当 $D > 0.5\text{mm}$ 时，$k_s = D$；当泥沙颗粒处于少量起动的临界状态时，$m = 0.320$，窦国仁认为一般所说的起动流速相当于这种情况，当泥沙颗粒个别起动与大量起动时，m 分别为 0.265 和 0.408。

4. 沙玉清[20]公式（1965）

$$U_c = \left[266\left(\frac{\delta}{D}\right)^{0.25} + 6.66 \times 10^9 (0.7-\varepsilon)^4\left(\frac{\delta}{D}\right)^2\right]^{0.5}\sqrt{\frac{\gamma_s - \gamma}{\gamma}gD}h^{0.2} \tag{4.52}$$

式中：薄膜水厚度 δ 取为 10^{-7}m；ε 为孔隙率，对于沙粒，其稳定值约为 0.4。

基于张瑞瑾[2]归纳的数据以及沙莫夫的无黏性沙起动流速公式（4.17）绘制图 4.5，并根据实测数据在图中点绘出了四个适用于粗细泥沙颗粒的起动流速公式在水深 $h = 15\text{cm}$ 与 $\rho_s = 2.65\text{t/m}^3$ 条件下的计算曲线（与实验成果的比较，见文献 [2]）。

由图 4.5 可以看出，不考虑黏结力项的沙莫夫公式无法准确描述较细颗粒泥沙起动流速状态，对于较细颗粒泥沙应考虑黏结力作用，其余各家公式之间基本一致；对于较粗颗粒泥沙，差别较大，其中沙玉清公式偏上，窦国仁公式偏下，张瑞瑾和唐存本公式则介于两者之间。虽然对黏结力力学机理的认识截然不同，但由于公式中均包括两个以上的待定系数，只要在应用时合理选择系数，均有可能使计算结果与实测资料符合较好。因此，上述类型的起动流速公式对实际问题能够适用的关键是要收集到可靠的实测资料。从物理意

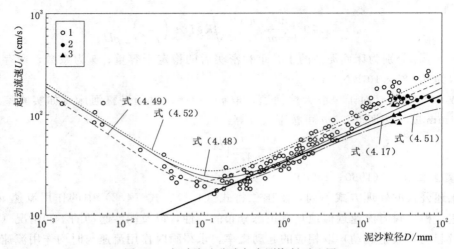

图 4.5　起动流速公式与实测资料对比图

1—窦国仁整理的各家实测资料；2—从武汉水利电力学院轻质卵石试验记录换算而得的资料；
3—从长江实测记录换算而得的资料

义的角度出发，可将式（4.48）、式（4.49）、式（4.51）和式（4.52）中括号或根号内的
第一项看作为重力项，第二项看作黏结力项。

4.3　非 均 匀 沙 起 动

前文介绍了均匀沙临界起动流速或临界起动拖曳力计算公式。严格地说，冲积河流泥
沙总是非均匀的。但对于沙质河床，床沙级配范围较窄，可近似作为均匀沙，应用上述起
动条件的计算公式。然而，对于山区河流，河床一般由粗沙、砾石、卵石组成，级配分布
较广，在一般流量下具有部分可动部分不可动的特点。这种河流的床沙就不能近似为均匀
沙处理，必须作为非均匀沙，考虑不同粒径组泥沙的起动条件。

非均匀沙起动涉及极其复杂的、紊流-泥沙相互作用机制。一方面，床面粗细颗粒分
布显著影响近底水流结构，较粗颗粒受到暴露作用而易于起动，而较细颗粒受到较粗颗粒
的掩护而难于起动。另一方面，非均匀沙输移过程中粗、细颗粒往往是不一致的，较细颗
粒容易被水流冲刷外移、输移至下游，而较粗颗粒则仍留在床面上，这就形成床面粗化
层。床沙组成级配变化使得确定非均匀沙起动条件更加困难。

4.3.1　非均匀沙起动流速

全面考虑非均匀沙中粗、细颗粒间的相互作用和床沙级配变化的影响，从而确定非均
匀沙的临界起动条件至今依然是困难的。目前，关于非均匀沙起动条件的研究成果多是在
一系列简化与假定的基础上，结合实测资料建立的半经验公式。

秦荣昱[21]分析了大量的实测资料和已有的临界起动条件计算式，认为泥沙颗粒的起
动除要承受泥沙水下自重外，还会受到由床沙自然粗化作用带来的附加阻力。假定附加阻
力与混合沙的平均剪切应力成比例，利用滚动平衡导出非均匀沙各粒径的起动流速公式为

$$U_c = 0.786 \sqrt{Rg(2.5mD_m + D_i)} \left(\frac{h}{D_{90}}\right)^{1/6} \tag{4.53}$$

式中：D_m 为平均粒径；D_{90} 表示级配曲线上相应于 $p=90\%$ 的粒径；m 为非均匀沙的密实系数，与非均匀度 $\eta=D_{60}/D_{10}$ 有关。

从式（4.53）可以看出，当 $D_i=D_m$ 时，$2.5mD_m+D_i=D_i(2.5m+1)$，式（4.64）转化成一般的均匀沙起动流速公式形式，仅系数不同；当 $D_i<D_m$ 时，$2.5mD_m+D_i=D_i(2.5mD_m/D_i+1)>D_i(2.5m+1)$，根号下数值变大；当 $D_i>D_m$ 时，$2.5mD_m+D_i<D_i(2.5m+1)$，根号中数值变小，说明与同粒径的均匀沙相比，非均匀沙中较细泥沙更难起动，而较粗泥沙则易于起动。

陈媛儿等[22]研究了非均匀沙的近底水流结构，采用对数流速分布公式，引进一些经验参数后，利用适线方法，求得的非均匀床沙起动流速公式为

$$U_{ci}=\psi\sqrt{RgD_i}\frac{\lg\dfrac{11.1h}{\varphi D_m}}{\lg\dfrac{15.1D_i}{\varphi D_m}} \tag{4.54}$$

式中：φ 反映粗颗粒对当量糙度的影响，对于非均匀沙，可取 $\varphi=2$；ψ 则反映了当量糙度和床沙非均匀度的综合影响。

$$\psi=\frac{1.12}{\varphi}\left(\frac{D_i}{D_m}\right)^{1/3}\left(\sqrt{\frac{D_{75}}{D_{25}}}\right)^{1/7} \tag{4.55}$$

当 D_i/D_m 较大时，$(D_i/D_m)^{1/3}$ 与 $\lg[15.1D_i/(\varphi D_m)]$ 之比较小，反之，D_i/D_m 较小时，二者的比值较大，反映出非均匀沙粗颗粒相对较易起动，细颗粒较难起动的特点。将式（4.54）应用于均匀沙时，可取 $\varphi=1$，$\psi=1.12$。

韩其为[8,23]从非均匀沙推移质输沙率的角度定义了统一的起动标准，从而得到相应的起动流速为

$$U_{ci}=0.268\left[F_b^{-1}\left(\lambda_{qbi},\frac{D_i}{D_m}\right)\right]\varphi_i v_i \tag{4.56}$$

$$\varphi_i=6.5\left(\frac{h}{D_i}\right)^{\frac{1}{4+\lg\frac{h}{D_i}}} \tag{4.57}$$

$$v_i=\sqrt{\sqrt{\frac{4}{3C_x}\frac{\gamma_s-\gamma}{\gamma}gD_i}} \tag{4.58}$$

式中：F_b^{-1} 为反函数；λ_{qbi} 为无量纲推移质单宽分组输沙率；λ_{qbi} 与 D_i/D_m 已知时可以通过查表确定相应的 $F_b^{-1}(\lambda_{qbi},D_i/D_m)$；$\varphi_i$ 为平均流速对动力流速的比值，反映了不同粒径颗粒受到底部水流作用的大小；v_i 为泥沙起动的一个特征速度，与泥沙粒径、密度和水深等有关；C_x 为水流正面推力系数，可取为 0.4。

4.3.2 非均匀沙起动拖曳力

首先考虑由粒径为 D 的砾石组成的均匀沙。根据 Parker 等[15]提出的 Shields 曲线拟合公式（图 4.4），当粒径足够大时，泥沙的临界 Shields 数 θ_c 逐渐趋近于常数值 0.03。

将均匀的砾石替换为由不同粒径（D_i）砾石组成的混合沙，且混合沙的几何平均粒径 D_{mg} 等于均匀砾石的粒径 D，示意图如图 4.6 所示。作为简化，进一步假设混合物中各粒径组的砾石都足够粗，因此各粒径组砾石的临界 Shields 数 θ_{ci} 均为 0.03。

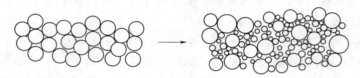

图 4.6 非均匀沙起动示意图

1. 重力效应

若河床表面混合物中的每个泥沙颗粒的运动都与它被同样尺寸的泥沙颗粒包围（均匀沙）时的情况完全相同，则各粒径组泥沙的临界 Shields 数 θ_{ci} 仍为 0.03，与几何平均粒径 D_{mg} 对应的临界 Shields 数 θ_{cmg} 相等，即

$$\theta_{ci} = \theta_{cmg} = 0.03; \qquad \frac{\theta_{ci}}{\theta_{cmg}} = 1 \tag{4.59}$$

此时，考虑到临界起动拖曳力 τ_c 与临界 Shields 数 θ_c 之间的关系[式(4.29)]，由上式可以得到各粒径组泥沙的临界起动拖曳力 τ_{ci} 和几何平均粒径对应的临界起动拖曳力 τ_{cmg} 分别为

$$\tau_{ci} = \rho R g D_i \theta_{ci}; \qquad \tau_{cmg} = \rho R g D_{mg} \theta_{cmg} \tag{4.60}$$

则

$$\frac{\tau_{ci}}{\tau_{cmg}} = \frac{D_i}{D_{mg}} \tag{4.61}$$

因此，对于粗颗粒泥沙组成的非均匀沙，若泥沙颗粒间相互独立，互不影响，单颗泥沙颗粒在非均匀混合沙中的运动情况与在均匀沙中完全相同，则各粒径组泥沙的临界 Shields 数 θ_{ci} 和临界起动拖曳力 τ_{ci} 分别满足式（4.59）和式（4.61）。临界起动拖曳力 τ_{ci} 之所以呈现出随泥沙粒径 D_i 增加而线性增大的规律，是由于颗粒自身重力的原因：泥沙粒径越粗，其重力越大，颗粒起动就需要克服更大的阻碍作用。

2. 隐蔽效应

实际上，同一粒径的泥沙在非均匀混合沙中的运动情况与在均匀沙中时截然不同。Einstein[24] 在 1950 年率先指出，暴露在河床表面的粗颗粒泥沙突起至水流中，直接与水流相互作用，受到的拖曳力较强；而细颗粒泥沙隐藏在粗颗粒泥沙间，受到粗颗粒的掩护，因而受到的拖曳力相对较弱。这种由于非均匀沙中泥沙颗粒的相对位置而对泥沙受力、起动产生的影响统称为床沙的隐蔽作用。

隐蔽作用减小了非均匀沙中不同粒径泥沙的临界起动拖曳力间的差异，根据这一效应对式（4.61）加以修正，得到

$$\frac{\tau_{ci}}{\tau_{cmg}} = \left(\frac{D_i}{D_{mg}}\right)^{1-\gamma} \tag{4.62}$$

式中的 γ 理论上应在 $0 \sim 1$ 之间，Garcia[25] 根据若干起动试验实测资料，总结发现 γ 的变化范围在 $0.65 \sim 0.90$。图 4.7 中绘出了 γ 分别取 0、1、0.85 时式（4.62）对应的非均匀沙中临界起动拖曳力与泥沙粒径的函数关系。

天然河流中的泥沙起动大多数是介于颗粒间完全相互独立（$\gamma = 0$）和所有颗粒临界起动拖曳力相等（$\gamma = 1$）这两种极限情况之间。重力效应使得粗颗粒泥沙相对细颗粒泥

沙更难起动，而隐蔽作用则使之较易起动，Egiazaroff[26]首次指出这两种作用的综合效果是粗颗粒相对细颗粒有微弱的更难起动的趋势，即 γ 虽然在 $0\sim1$ 之间，但更接近于 1。

将式（4.60）代入式（4.62），则可以得到各粒径组泥沙的临界 Shields 数 θ_{ci} 与几何平均粒径对应的临界 Shields 数 θ_{cmg} 之间满足以下公式，并绘制两者关系如图 4.8 所示。

$$\frac{\theta_{ci}}{\theta_{cmg}}=\left(\frac{D_i}{D_{mg}}\right)^{-\gamma} \tag{4.63}$$

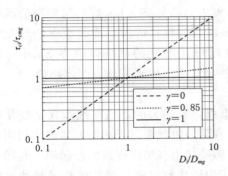
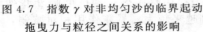

图 4.7 指数 γ 对非均匀沙的临界起动
拖曳力与粒径之间关系的影响

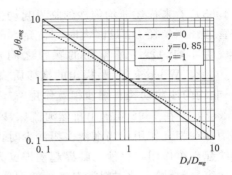

图 4.8 指数 γ 对非均匀沙的临界
Shields 数与粒径之间关系的影响

当 $\gamma=0$ 时，式（4.62）和式（4.63）分别退化成式（4.61）和式（4.59），即对应着非均匀沙中各泥沙颗粒间相互独立，互不影响的情况，分别如图 4.7 和图 4.8 中的长虚线所示：泥沙临界起动拖曳力随着粒径的增加而线性增大，临界 Shields 数则不随泥沙粒径发生任何变化。

当 $\gamma=1$ 时，式（4.62）和式（4.63）分别转化为

$$\frac{\tau_{ci}}{\tau_{cmg}}=1 \tag{4.64}$$

$$\frac{\theta_{ci}}{\theta_{cmg}}=\left(\frac{D_i}{D_{mg}}\right)^{-1} \tag{4.65}$$

此时床面上所有的泥沙颗粒起动需要达到相同的临界起动拖曳力。说明隐蔽作用与重力效应相当，中和抵消了重力效应引起的不同粒径泥沙间起动条件的差异，使得不同粒径泥沙的临界起动拖曳力完全相等，相应的临界 Shields 数在这种情况下与粒径 D_i 的倒数成正比。

基于指数律的非均匀沙起动拖曳力公式较多。如彭凯等[27]在考虑水流脉动、床沙的隐蔽作用及当量糙度系数的影响下，求得非均匀沙的临界起动拖曳力表达式为

$$\theta_c=0.0522\left(\frac{\sigma}{\mu_3}\frac{D_m}{D}\right)^{0.408} \tag{4.66}$$

其中 $\mu_3=\left[\sum 0.01p_i\,(D_i-D_m)\right]^{1/3}$

式中：μ_3 为三阶中心矩，p_i 为分组泥沙频率；D_i 为分组中值粒径；D 为起动粒径；D_m 为加权平均粒径。

孙志林等[28]运用概率论与力学结合的方法，导出考虑了非均匀沙隐蔽作用的起动概率表达式，由此建立非均匀沙分级临界起动拖曳力表达式为

$$\tau_c = 0.032(\rho_s - \rho)gD/\varepsilon_k \tag{4.67}$$

$$\varepsilon_k = \left(\frac{D}{D_m}\right)^{0.05} \sigma_g^{0.25} \tag{4.68}$$

式中：ε_k 为隐蔽系数；σ_g 为泥沙正态分布曲线的几何均方差，$\sigma_g = \sqrt{D_{84.1}/D_{15.9}}$。

值得注意的是，许多研究者（如 Proffitt 等[29]）发现使用简单的指数律［式（4.62）和式（4.63）］来描述非均匀沙的临界起动拖曳力（临界 Shields 数）与粒径的函数关系是不完善的。当粒径 D_i 足够大时，临界 Shields 数与粒径的关系曲线会逐渐坦化至接近水平，说明非均匀沙中非常粗的颗粒之间接近相互独立的状态，临界 Shields 数约为 0.015～0.02。Wilcock 等[30]提出的推移质输沙公式中考虑到了这一变化趋势。

4.3.3 非均匀沙起动粗、细沙相互作用

Wilcock[31]在 1998 年提出自然河流床沙组成是非均匀的，当粗细沙含量变化时，粗细沙起动存在相互作用。当细沙多粗沙少时，有限的粗沙裸露于床面，暴露作用明显，细沙对粗沙起支撑作用，粗沙的临界起动拖曳力明显减小（细沙促进粗沙起动，起动条件降低、更加容易起动）；此时粗沙对细沙的隐蔽作用还比较微弱，细沙的临界起动拖曳力增加不多。随着粗沙的增加，粗沙在床面所占比例越来越大，暴露作用相对减弱，粗沙的临界起动拖曳力的减少不再显著；相反，多数粗沙对少数细沙的隐蔽作用很大，此时细沙的临界起动拖曳力会显著增加（粗沙抑制细沙起动）。

实际上，起动只是泥沙运动的起始，在起动以后，非均匀沙中粗、细沙输移相互作用也显现明显类似的规律。Li 等[32,33]进行了一系列恒定流、非恒定流作用下非均匀推移质输移水槽试验，获得了系统的实验数据。研究显示：粗颗粒对细颗粒运动具有抑制作用，而细颗粒对粗颗粒运动则存在促进作用，并且这种促进/抑制作用会随着细沙/粗沙含量的增加而增强。另外，非恒定流相对于恒定流对非均匀推移质运动具有促进效应，非均匀推移质运动对非恒定流的响应是不一致的：相对于同等水量的恒定流，非恒定流对推移质输移有增强效应，并且这种增强效应在小流量和粗河床情况下更明显。

4.4 斜坡上泥沙的起动

以上所述泥沙临界起动条件，不论是对均匀沙还是非均匀沙，都是针对河床近似水平（无坡度）情况的。然而，天然河道在纵向和横向都存在坡度，这对泥沙起动条件产生一定的影响。

4.4.1 纵向斜坡上泥沙的起动条件

4.4.1.1 临界起动流速

如图 4.9 所示，假设纵向倾斜的河床表面与水平面的夹角为 α_l，流向与沙粒所在的斜坡水平线的交角为 θ，则作用于沙粒的有效重力 F_g 可分解为切向力 $F_{gt} = F_g \sin\alpha_l$ 及法向力 $F_{gn} = F_g \cos\alpha_l$。与推导无黏性均匀沙起动流速公式的方法类似，首先对图示纵向斜坡上的泥沙颗粒受力分析：水流推力 F_D、有效重力 F_g［式（4.1）～式（4.3）］、摩阻

力 F_f（表达式如下）：

$$F_f = f(F_g \cos\alpha_l - F_L) \tag{4.69}$$

假设泥沙颗粒以滑动的形式起动，列出其受力平衡方程为

$$F_D + F_g \sin\alpha_l = F_f \tag{4.70}$$

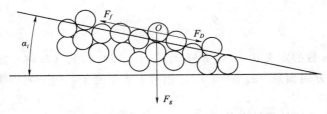

图 4.9　纵向斜坡上泥沙的受力分析图

然后将各作用力的表达式代入，得到斜坡上泥沙的起动底速为

$$u_0 = \sqrt{\frac{2\alpha_3(f\cos\alpha_l - \sin\alpha_l)}{C_D\alpha_1 + fC_L\alpha_2}RgD} \tag{4.71}$$

式中：f 为泥沙与床面间的摩擦系数，$f \leqslant \tan\varphi$；φ 为泥沙的水下休止角。

接下来结合指数型流速分布公式（4.14），将上述起动底速转化为起动平均流速，得到

$$U_c = \frac{1}{(1+m)\alpha^m}\sqrt{\frac{2\alpha_3(f\cos\alpha_l - \sin\alpha_l)}{C_D\alpha_1 + fC_L\alpha_2}RgD}\left(\frac{h}{D}\right)^m \tag{4.72}$$

当 $\alpha_l = 0°$ 时，得到平底河床上泥沙起动流速为

$$U_{c0} = \frac{1}{(1+m)\alpha^m}\sqrt{\frac{2\alpha_3 f}{C_D\alpha_1 + fC_L\alpha_2}RgD}\left(\frac{h}{D}\right)^m \tag{4.73}$$

则有

$$\frac{U_c}{U_{c0}} = \sqrt{\cos\theta - \frac{\sin\theta}{f}} = \sqrt{\cos\theta\left(1 - \frac{\tan\theta}{f}\right)} < \sqrt{\cos\theta\left(1 - \frac{\tan\theta}{\tan\varphi}\right)} \tag{4.74}$$

由式（4.74）可以看出，受重力沿斜坡分力的影响，当水流沿斜坡向下时，$\sqrt{\cos\alpha_l - \sin\alpha_l/f} = \sqrt{\cos\alpha_l(1 - \tan\alpha_l/f)} < \sqrt{\cos\alpha_l(1 - \tan\alpha_l/\tan\varphi)}$，由于 $\alpha_l \leqslant \varphi$，$U_c/U_{c0} < 1$，即 $U_c < U_{c0}$。

4.4.1.2　临界起动拖曳力

同样地，对纵向斜坡上的泥沙受力分析，列出滑动起动临界状态平衡方程式（4.70）后，将各作用力的表达式（4.1）～式（4.3）、式（4.69）代入其中，经整理可以得到

$$\frac{u_0^2}{RgD} = \frac{2\alpha_3 f\cos\alpha_l - 2\alpha_3\sin\alpha_l}{C_D\alpha_1 + C_L\alpha_2 f} \tag{4.75}$$

与［例 4.1］中的做法相同，由对数型流速分布公式可得在紊流粗糙区有

$$\frac{u_0}{u_*} = F_u = 2.5\ln\left(\frac{\alpha}{\alpha'}\right) + 8.5 \tag{4.76}$$

代入式（4.75），得到纵向斜坡上泥沙的临界 Shields 数为

$$\theta_c = \frac{u_*^2}{RgD} = \frac{2\alpha_3 f\cos\alpha_l - 2\alpha_3\sin\alpha_l}{F_u^2(C_D\alpha_1 + C_L\alpha_2 f)} \tag{4.77}$$

当 $\alpha_l = 0°$ 时，得到平底河床上泥沙的临界 Shields 数为 [在 α_1 与 α_2 取 $\pi/4$，α_3 取 $\pi/6$，C_L 取 0 的情况下化简为式 (4.36)]

$$\theta_{c0} = \frac{2\alpha_3 f}{F_u^2 (C_D \alpha_1 + C_L \alpha_2 f)} \tag{4.78}$$

由此可得

$$\frac{\theta_c}{\theta_{c0}} = \cos\alpha_l - \frac{\sin\alpha_l}{f} \tag{4.79}$$

考虑到 Shields 数的定义 $\theta = u_*^2 / RgD$，式 (4.79) 与式 (4.74) 是一致的。当纵向斜坡的方向与水流方向相同（$\alpha_l > 0°$）时，相对于水平河床，同一泥沙颗粒在该斜坡上更易起动（$\theta_c/\theta_{c0} < 1$）。

4.4.2 任意斜坡上泥沙的起动条件

在一般情况下，水流可能与斜坡方向呈任意角度，在计算时必须考虑到水流方向及坡面与水平面的交角。对于任意斜坡河床上泥沙的起动条件，钱宁等[13] 以及 Seminara 等[34] 已经有过不同的推导。张瑞瑾[2] 研究了相应问题，如图 4.10 所示，假设水流沿着与斜面水平轴呈 β 角度的方向流动，斜坡与水平面的交角为 α，可将作用于沙粒的有效重力 F_g 分解为切向力 $F_{gt} = F_g \sin\alpha$ 与法向力 $F_{gn} = F_g \cos\alpha$，并由此产生阻力 F_R。可将阻力 F_R 分别沿切向力 F_{gt} 与水流推力 F_D 作用线方向分解为 F_T 与 F_M。

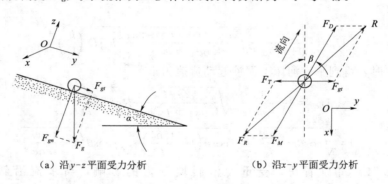

(a) 沿 y-z 平面受力分析   (b) 沿 x-y 平面受力分析

图 4.10　任意斜坡及水流方向条件下泥沙的受力情况

根据泥沙临界起动时的动力平衡条件，则有

$$F_T = F_{gt} \tag{4.80}$$

$$F_M = F_D \tag{4.81}$$

$$F_R^2 = F_M^2 + F_T^2 - 2F_M F_T \cos(90° + \beta) \tag{4.82}$$

进而得到

$$F_M = -F_T \sin\beta + \sqrt{F_R^2 - F_T^2 \cos^2\beta} \tag{4.83}$$

令 f 为泥沙与床面间的摩擦系数，$F_R = F_{gn} f$，则

$$F_M = F_g \sin\alpha \sin\beta + \sqrt{F_g^2 f^2 \cos^2\alpha - F_g^2 \sin^2\alpha \cos^2\beta} \tag{4.84}$$

U_{c0} 为平底河床上泥沙起动流速，U_c 为斜坡条件下的泥沙起动流速，$F_{R0} = F_g f$ 为平

底河床条件下泥沙受到的阻力，可近似认为

$$\left(\frac{U_c}{U_{c0}}\right)^2 = \frac{F_M}{F_{R0}} = K^2 \tag{4.85}$$

将式（4.84）代入计算得到

$$\frac{U_c}{U_{c0}} = K = \sqrt{-\frac{\sin\alpha \sin\beta}{f} + \sqrt{\cos^2\alpha - \frac{\sin^2\alpha \cos^2\beta}{f^2}}} \tag{4.86}$$

同理，对斜坡上的泥沙受力分析可进一步求得任意斜坡起动拖曳力条件，Brooks[35]求得如下：

$$\frac{\theta_c}{\theta_{c0}} = -\frac{\sin\alpha \sin\beta}{f} + \sqrt{\cos^2\alpha - \frac{\sin^2\alpha \cos^2\beta}{f^2}} \tag{4.87}$$

当 $0°<\beta<180°$ 时，$K<1$，斜面上的泥沙为较易起动的状态；当 $180°<\beta<360°$ 时，$K>1$，受床沙重力沿斜坡向下作用的影响，床面上的泥沙为不易起动。当 $\beta=90°$ 时，即为纵向斜坡上泥沙起动条件。以上公式的前提假设为斜面倾角 α 较小，且 β 接近于 $0°$ 和 $180°$ 的情况。

4.5 泥沙止动条件与扬动条件

4.5.1 泥沙止动条件

泥沙颗粒由运动状态转变为静止状态时的临界水流条件称为泥沙止动条件，常用垂向平均流速表示，称为止动流速。引进止动流速概念的原因主要是为了使以流速为参数的推移质输沙率公式在水流流速等于泥沙起动流速时计算出的推移质输沙率结果与实际情况相符。具体来说，以流速为参数的推移质输沙率公式中常包含流速差 $(U-U_c^n)$ 这一因子，如果取 U_c^n 为起动流速 U_c，则当流速 U 等于起动流速时计算出的推移质输沙率为 0，而实际上此时已有推移质运动，输沙率已不为 0；而如果取 U_c^n 为比起动流速为小的止动流速 U_c'，则可避免这种矛盾。

止动流速之所以小于起动流速，一种观点认为是因为运动中的泥沙存在惯性。就群体泥沙来说，当流速降低到某种程度时，运动泥沙转为静止的颗粒数可能多于静止泥沙转为运动的颗粒数，以致最后出现全体止动的现象。此时的流速确实要比起动流速小一些，这是因为止动临界状态下推移质输沙率下降到零而起动临界条件下仍有一定输沙率的缘故。另一种观点是，静止泥沙起动时，阻碍泥沙起动的力包括重力和黏结力，而由于运动中的泥沙颗粒呈松散状态，运动泥沙转为静止时黏结力不起作用，阻碍泥沙继续运动的力只有重力。显然，这一解释只适用于黏性细颗粒泥沙。

不少学者提出过止动流速的计算公式，其结构形式与临界起动流速公式相同，只是系数较小。所以止动流速可以用下式表示：

$$U_c' = KU_c \tag{4.88}$$

式中：K 为小于 1.0 的系数，冈恰洛夫认为 $K=0.71$，窦国仁、沙莫夫认为 $K=0.83$；U_c 为起动流速，计算时不考虑黏结力项。

4.5.2 泥沙扬动条件

扬动条件是床面泥沙由静止直接转入悬移状态的临界水流条件。以垂线平均流速表示时则称为扬动流速。在生产实践中为了有效冲刷减淤，需要保证水流速度大于扬动流速。

河道里的泥沙，当流速超过起动流速 U_c 以后，就开始以滚动、滑动或跳跃的方式前进，称为推移运动。若流速继续增大，跳跃的高度和距离也随之增加，当流速增大到一定程度后，泥沙就不在很快地回落到床面上，而是悬浮在水中，随水流一起以悬移方式运动，称为悬移运动。属于悬移运动的泥沙其所处的悬移状态有两种极端情况：一种状态是泥沙由推移运动过渡到悬移运动的临界状态，此时泥沙跃起的高度只要超过推移质运动的高度即可，这种状态下被扬起的泥沙属于悬移质中较粗部分，仍有可能回落床面；另一种状态是扬起的泥沙不再回归床面的临界状态，其可能扬起的高度可以直达水面，这种状态下被扬起的泥沙属于悬移质中最细部分。在这两种极端状态之间，还存在各种不同程度的过渡状态。显然，相应于第一种极端情况的扬动流速应大于起动流速，但应相差不大；而相应于第二种极端情况的扬动流速必然比起动流速大很多。扬动流速作为临界条件只能相应于两种极端情况之一，而不是任何一种中间状态，否则它就不能是定值，因而没有意义。

沙玉清[20]在 1965 年曾给出扬动流速 U_f 的计算公式如下：

$$U_f = 16.73 \, (RgD)^{2/5} \omega^{1/5} h^{1/5} \tag{4.89}$$

式中：ω 为沉降速度，mm/s；D 为粒径，mm；h 为水深，m；U_f 为计算得到的扬动流速，m/s。

该公式计算的扬动流速相当于悬移状态第一种状态和第二种状态之间的过渡状态。

窦国仁在 1978 年提出扬动流速计算公式：

$$U_f = 1.5 \sqrt{RgD} \ln\left(11 \frac{h}{k_s}\right) \tag{4.90}$$

对于平整床面，当 $D \leqslant 0.5$mm 时，沙粒粗糙高度 $k_s = 0.5$mm；当 $D > 0.5$mm 时，沙粒粗糙高度 $k_s = D$。

谢鉴衡等[36]在 1981 年从悬浮指标 Z 出发，推导出了扬动流速计算公式，具体推导过程如下：

$$Z = \frac{\omega}{\kappa u_*} \tag{4.91}$$

当悬浮指标 $Z = 5$ 时，悬浮高度甚低，可以认为是悬移状态的第一种状态；当 $Z = 1$ 时，有少量颗粒达到水面；当 $Z \leqslant 0.032$ 时，泥沙悬浮至水面极少回归床面，含沙量沿垂线分布基本均匀。

向式（4.91）中引入如下形式的水流阻力公式

$$U = A \left(\frac{h}{D}\right)^{1/6} \sqrt{hJ} \tag{4.92}$$

其中，$A = D^{1/6}/n$，n 为曼宁糙率系数。

易导出扬动流速的表达式如下

$$U_f = \frac{A}{\kappa Z \sqrt{g}} \left(\frac{h}{D}\right)^{1/6} \omega \qquad (4.93)$$

利用该式可以对已有的扬动流速公式进行检验。以沙玉清公式为例，检验时按静平床非均匀沙的自然排列考虑，取 $A=19$，$\kappa=0.4$，$Z=5$，$g=9.81\mathrm{m/s}^2$，$D=D_{50}$。可以发现对于不同粗细的泥沙，沙玉清公式的计算结果实际上相应于由少量悬浮到大量悬浮的不同中间状态。

此外，从水流的脉动出发，经如下推导可以得到泥沙扬动的临界 Shields 数 θ_{cf}（临界床面拖曳力 τ_{cf}）。

根据泥沙的悬浮机理可知，为了维持泥沙在水中一定程度的悬浮状态，水流的紊动需至少达到与泥沙沉速 ω 相当的量级。定义如下的近底脉动流速特征值 u_{rms} 的平方为

$$u_{rms}^2 = \frac{1}{3}(\overline{u'^2} + \overline{v'^2} + \overline{w'^2})\,|_{z=b} \qquad (4.94)$$

式中：u'、v'、w' 分别表示纵向、横向和垂向上的紊流脉动流速；$z=b$ 代表近底处（$b/h \ll 1$）的高程。

则泥沙扬动的临界条件可定性地表示为

$$u_{rms} \sim \omega \qquad (4.95)$$

在紊流粗糙的水流状态下，Tennekes 等[37]以及 Nezu 等[38]提出近底处的摩阻流速与脉动流速之间有如下关系：

$$u_*^2 = -\overline{u'w'}\,|_{z=b} \qquad (4.96)$$

Tennekes 等[37]考虑到紊流具有良好的相关性（well - correlated），如下所示的量级估计式应近似成立：

$$-\overline{u'w'}\,|_{z=b} \sim \frac{1}{3}(\overline{u'^2} + \overline{v'^2} + \overline{w'^2})\,|_{z=b} \qquad (4.97)$$

综合式（4.94）、式（4.96）、式（4.97），于是有

$$u_{rms} \sim u_* \qquad (4.98)$$

基于此，Bagnold[39]以及 Van Rijn[40]提出以下泥沙扬动临界状态下摩阻流速应近似满足：

$$u_{*cf} = \omega \qquad (4.99)$$

在等号两边同除以 $\sqrt{RgD}$，则得到以 Shields 数表示的泥沙扬动临界条件：

$$\theta_{cf} = \frac{u_{*cf}^2}{RgD} = \frac{\omega^2}{RgD} \qquad (4.100)$$

结合第 3 章中由静水中沉降的圆球受力分析得到的式（3.15），上式可进一步写作：

$$\theta_{cf} = R_f^2 \ (Re_p) \qquad (4.101)$$

其中函数 $R_f = R_f(Re_p)$ 的具体形式参见 3.2.5 节。图 4.11 中在已有的 Shields 曲线的基础上增加了一条用于判断泥沙是否达到扬动状态的曲线。根据已知的泥沙和水流条件，分别计算横纵坐标值，点绘于图 4.11 中。若该点位于在新增曲线上方，则大量的泥沙可以扬起至水流中；反之，若该点位于在新增曲线下方，则只有极少量泥沙可以扬起至水流中；当该点恰好位于新增曲线上时，此时的水流恰好使泥沙达到扬动的临界状态。

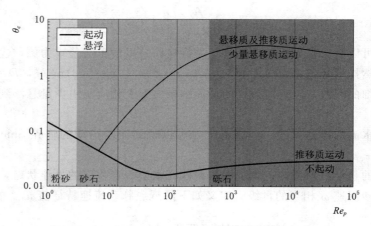

图 4.11 包含泥沙扬动临界条件的改进 Shields 曲线

延 伸 阅 读

Fundamental to our understanding of erosional and transport phenomena in earth – surface dynamics and engineering is knowledge of the conditions under which sediment motion will begin when subjected to turbulent flow. The onset criterion currently in use emphasizes the time – averaged boundary shear stress and therefore is incapable of accounting for the fluctuating forces encountered in turbulent flows. We have validated through laboratory experiments and analytical formulation of the problem a criterion based upon the impulse imparted to a sediment grain. We demonstrate that in addition to the magnitude of the instantaneous turbulent forces applied on a sediment grain, the duration of these turbulent forces is also important in determining the sediment grain's threshold of motion, and that their product, or impulse, is better suited for specifying such conditions. [Diplas P, Dancey C L, Celik A O, et al.. The role of impulse on the initiation of particle movement under turbulent flow conditions [J]. Science, 2008, 322 (5902): 717 – 720.]

Besides particle size, density and shape, the erodibility of a sediment bed depends also upon the exposure to prethreshold velocities in the overlying flow. Such flow effectively rearranges the grains (at and below the bed surface), causing them to become more resistant to subsequent erosion. The effects of the 'stress history', leading up to the critical condition for sediment movement, are investigated for unidirectional flows generated in a recirculating laboratory flume. The critical condition for the initiation of sediment movement was established using visual observation (supplemented by video recordings), according to the Yalin criterion. The results show that if the exposure duration to prethreshold velocities remains constant, then the critical shear velocity increases *with increasing prethreshold velocity. Likewise，if the prethreshold velocity remains constant，then the critical shear velocity increases with increasing exposure duration. In some circumstances，the critical shear velocity was found to increase by as much as 27%. An empirical formula is proposed to account for the exposure correction to be applied to the critical shear velocities of sand–sized sediment beds；this is prior to their inclusion into bedload transport formulae，for an improved prediction of the magnitude and nature of transport.* [Paphitis D, Collins M B. Sand grain threshold in relation to bed 'stress history'：an experimental study [J]. Sedimentology, 2005，52（4）：827-838.]

Shields' work on sediment incipient motion and bed–load transport is a benchmark study that has inspired numerous investigations and is widely applied in fields such as hydraulic engineering，fluvial geomorphology，aquatic biology，physical oceanography，and economic geology. Nevertheless，the scientific literature is rife with misconceptions and errors regarding Shields' methods and results. Although the cause of this confusion is uncertain，inaccessibility of the original work may have been a factor. Shields' dissertation was printed in 1936 in two German–language versions and one gray–literature，English–language translation. Consequently，much of what is popularly known about Shields' work is derived from second–hand descriptions in textbooks and journal articles. Incomplete or inaccurate recounting of Shields' work has fostered the legend of A. F. Shields. Verification of these second–hand stories is difficult due to the apparent loss of Shields' original laboratory data during World War Ⅱ. [Buffington J M. The Legend of A. F. Shields [J]. Journal of Hydraulic Engineering, 1999，125（4）：376-387.]

练 习 与 思 考

1. 泥沙起动有哪几种形式？如何判别泥沙是否起动？

2. 已知明渠流中泥沙粒径 D 为 0.01mm，有效容重系数 R 为 1.65，重力加速度 g 取 9.8m/s²，水的密度 ρ 为 1000kg/m³，其运动黏性系数 ν 取为 10^{-6} m²/s，卡门常数 κ 取为 0.4。

（1）分别用辅助线法和 Brownlie（1981）公式计算出临界起动拖曳力 τ_c；

（2）若水深 $h=0.15$m，粗糙高度 $k_s=2D$，结合流速垂向对数分布律求水流的临界起动平均流速 U_c。

3. 在上述明渠流条件下：

（1）分别采用对数型临界起动平均流速公式和沙莫夫公式计算出临界起动平均流速 U_c；

（2）结合流速垂向对数分布律求临界起动摩阻流速 u_{*c}。

4. 分别计算粒径 D 为 3mm、0.3mm、0.03mm 时，水深 h 为 0.2m、1m、10m、30m 情况下，上述明渠流中泥沙的临界起动平均流速，并在双对数坐标中分别绘出 U_c-D 及 U_c-h 的关系曲线，通过比较说明二者对起动条件的影响。

参 考 文 献

［1］ 李贞儒，陈媛儿，赵云. 作用于床面球体的推力及举力试验研究 ［C］//第二次河流泥沙国际学术讨论会论文集. 北京：水利电力出版社，1983：330-343.

［2］ 张瑞瑾. 河流泥沙动力学 ［M］. 2版. 北京：中国水利水电出版社，1998.

［3］ 唐存本. 泥沙起动规律 ［J］. 水利学报，1963，8（2）：1-12.

［4］ KRAMER H. Sand mixtures and sand movement in fluvial models ［J］. Transactions of the American Society of Civil Engineers，1935，100（1）：798-878.

［5］ 窦国仁. 再论泥沙起动流速 ［J］. 泥沙研究，1999，44（6）：1-9.

［6］ YALIN M S. Mechanics of Sediment Transport ［M］. Oxford：Pergamon Press，1972.

［7］ TAYLOR B D. Temperature effects in alluvial streams ［R］. Pasadena，California：California Institute of Technology，1971.

［8］ 韩其为，何明民. 泥沙起动标准的研究 ［J］. 武汉水利电力大学学报，1996，29（4）：1-5.

［9］ PAINTAL A S. Concept of critical shear stress in loose boundary open channels ［J］. Journal of Hydraulic Research，1971，9（1）：91-113.

［10］ 张小峰，谢葆玲. 泥沙起动概率与起动流速 ［J］. 水利学报，1995，40（10）：53-59.

［11］ SCHLICHTING H. Boundary-Layer Theory ［M］. 6th ed. New York：McGraw-Hill，1968.

［12］ SHIELDS A. Anwendung der ahnlichkeitmechanik und der turbulenzforschung auf die gescheibebewegung ［D］. Berlin：der Preußischen Versuchsanstalt für Wasserbau und Schiffbau，1936.

［13］ 钱宁，万兆惠. 泥沙运动力学 ［M］. 北京：科学出版社，1983.

［14］ BROWNLIE W R. Prediction of flow depth and sediment discharge in open channels：Report No. KH-R-43A ［R］. Pasadena，California：California Institute of Technology，1981.

［15］ PARKER G，TORO-ESCOBAR C M，RAMEY M，et al. The effect of floodwater extraction on the morphology of mountain streams ［J］. Journal of Hydraulic Engineering，2003，129（11）：885-895.

［16］ NEILL C R. A reexamination of the beginning of movement for coarse granular bed materials ［R］. Wallingford：Hydraulics Research Station，1968.

［17］ BUFFINGTON J M，MONTGOMERY D R. A systematic analysis of eight decades of incipient motion studies，with studies，with special reference to gravel-bedded rivers ［J］. Water Resources Research，1997，33（7）：1993-2029.

［18］ DIPLAS P，DANCEY C L，CELIK A O，et al. The role of impulse on the initiation of particle movement under turbulent flow conditions ［J］. Science，2008，322（5902）：717-720.

［19］ 窦国仁. 论泥沙起动流速 ［J］. 水利学报，1960，5（4）：44-60.

［20］ 沙玉清. 泥沙运动学引论 ［M］. 北京：中国工业出版社，1965.

［21］ 秦荣昱. 不均匀沙的起动规律 ［J］. 泥沙研究，复刊号，1980：81-91.

［22］ 陈媛儿，谢鉴衡. 非均匀沙起动规律初探 ［J］. 武汉水利电力大学学报，1988，18（3）：28-37.

［23］ 韩其为. 泥沙起动规律及起动流速 ［J］. 泥沙研究，1982，27（2）：13-28.

［24］ EINSTEIN H A. The bed-load function for sediment transportation in open channel flows ［M］. US Government Printing Office，1950.

［25］ GARCIA M H. Sedimentation Engineering ［M］. Reston，Virginia：American Society of Civil Engineers，2008.

［26］ EGIAZAROFF I V. Calculation of non-uniform sediment concentrations ［J］. Journal of Hydraulic Engineering，1965，91（4）：225-247.

［27］ 彭凯，陈远信. 非均匀沙的起动问题［J］. 成都科技大学学报，1986，30（2）：117－124.

［28］ 孙志林，谢鉴衡，段文忠，等. 非均匀沙分级起动规律研究［J］. 水利学报，1997，42（10）：25－32.

［29］ PROFFITT G T, SUTHERLAND A J. Transport of non－uniform sediments［J］. Journal of Hydraulic Research，1983，21（1）：33－43.

［30］ WILCOCK P R, CROWE J C. Surface－based transport model for mixed－sized sediment［J］. Journal of Hydraulic Engineering，2003，129（2）：120－128.

［31］ WILCOCK P R. Two－fraction model of initial sediment motion in gravel－bed rivers［J］. Science，1998，280（5362），410－412.

［32］ LI Z J, CAO Z X, LIU H H, et al. Graded and uniform bed load sediment transport in a degrading channel［J］. International Journal of Sediment Research，2016，31（4），376－385.

［33］ LI Z J, QIAN H L, CAO Z X, et al. Enhanced bed load sediment transport by unsteady flows in a degrading channel［J］. International Journal of Sediment Research，2018，33（3），327－339.

［34］ SEMINARA G, SOLARI L, PARKER G. Bedload at low Shields stress on arbitrarily sloping beds：failure of the Bagnold hypothesis［J］. Water Resources Research，2002，38（11）：1249.

［35］ BROOKS N H. Discussion of boundary shear stresses in curved trapezoidal channels by A. T. Ippen and P. A. Drinker［J］. Journal of Hydraulic Engineering，1963，89（2）：189－191.

［36］ 谢鉴衡，邹履泰. 关于扩散理论含沙量沿垂线分布的悬浮指标［J］. 武汉水利电力学院学报，1981，11（3）：1－9.

［37］ TENNEKES H, LUMLEY J L. A first course in turbulence［M］. Cambridge, Massachusetts：MIT Press，1972.

［38］ NEZU I, NAKAGAWA H. Turbulence in open－channel flows［M］. Boca Raton, Florida：CRC Press，1993.

［39］ BAGNOLD R A. An approach to the sediment transport problem from general physics［M］. US government printing office，1966.

［40］ VAN RIJN L C. Sediment transport，Part Ⅱ：Suspended load transport［J］. Journal of Hydraulic Engineering，1984，110（11）：1613－1641.

第 5 章 床 面 形 态

河流泥沙运动可能使河床表面起伏不平，形成按一定特征重复出现的床面形态（如沙纹、沙垄、动平床、逆行沙垄、驻波、急滩与深潭等）。一方面，水流和泥沙运动塑造各式各样的床面形态；另一方面，床面形态又反过来影响水流和泥沙运动。在动床条件下，床面形态随着水流强度变化而不断改变，导致床面阻力随水流条件而改变。因此，研究床面形态和动床阻力具有十分重要的理论和实践意义。

5.1 床面形态的分类

5.1.1 按水流强度分类

床面形态有其产生、发展和消亡的过程，与水流强度息息相关。水流弗劳德数 Fr ［式（5.1）］不仅反映水流在过水断面上惯性作用与重力作用的对比，也是断面比能的两个组成部分（平均动能与平均势能）之比，常被用于描述与床面形态密切相关的水流能态。

$$Fr = \frac{U}{\sqrt{gh}} = \sqrt{\frac{2U^2/2g}{h}} \tag{5.1}$$

式中：h 为水深，m；U 为水深平均流速，m/s；g 为重力加速度，m/s²。

对应定床水流缓流、临界流和急流三种情况，可将动床明渠水流的能态分成三种，对应不同的床面形态[1]：

（1）低能态流区（lower flow regime）：沙纹和沙垄。

（2）过渡区（transition zone）：以动平床为主，是沙垄到逆行沙垄过渡区。

（3）高能态流区（upper flow regime）：动平床、逆行沙垄、驻波、急滩与深潭等。

设想水流流过平整静止的河床床面[图 5.1(a)]，随着水流从弱变强，床面形态发展过程具有如下特点[2,3][图 5.1(b)～(f)]。

1. 沙纹（ripple）

在水流达到一定强度以后，部分沙粒开始运动，少量沙粒聚集在床面的某些部位，形成小丘，徐徐向前移动加长，最后连接成为形状极其规则的沙纹[图 5.1(b)]，往往顺水流方向传播。沙纹是一种尺度最小的沙波，纵剖面多不对称，迎水面长而平、背水面短而陡，其形成与黏性底层有关。Engelund 和 Hansen[4]认为，只有当泥沙粒径 D 小于黏性底层厚度 δ_v（即 $D < \delta_v = 11.6\nu/u_*$，其中 u_* 为摩阻流速，ν 为水流运动黏滞系数）时，床面才可能发育沙纹。数学变换可将 $D < 11.6\nu/u_*$ 改写为"希尔兹数 $\theta < (11.6/Re_p)^2$"，其中 $Re_p = \sqrt{RgD}D/\nu$ 为沙粒雷诺数，R 为泥沙有效容重系数。结合泥沙起动临界条件 $\theta > \theta_c$，可求解得到出现沙纹的最大允许沙粒雷诺数约为 $Re_p = 91$，对应的泥沙粒径约为

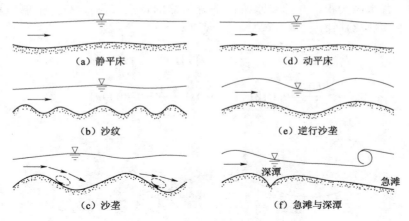

图 5.1　床面形态发展过程示意图

0.8mm。实际上，野外河流观测到沙纹时的床面泥沙粒径绝少超过 0.6mm。沙纹的相对尺度应与沙粒雷诺数或泥沙在黏性底层中的相对高度有关。一般而言，沙纹波高 0.5～2cm，最大可达 5cm；波长 1～15cm，最大可达 30cm。亚林的实验表明，在摩阻雷诺数 $R_*<3.5$ 或 $D/\delta_v<0.3$ 即沙粒深埋在黏性底层之内时，沙纹的相对波长 λ/D 随摩阻雷诺数的增大而减小，或随黏性底层相对厚度的减小而减小，其表达式为：$\lambda/D=2250/R_*$。在天然河道的沙滩上经常可以看到，沙纹几乎完全不受河道几何形状及尺寸的影响，不与水面发生相互作用。

2. 沙垄（dune）

随着水流强度的进一步增加，波长、波高均有增加，沙纹成长为沙垄[图 5.1(c)]。从沙纹过渡到沙垄的临界沙粒雷诺数随着粒径的增大而增大；当沙粒雷诺数超过 91 后，沙纹不再出现，而是由平整床面直接发展到沙垄阶段。沙垄受到整个水道几何尺寸的影响，在大小不一的河流里，沙垄所能达到的高度和长度很不一样：波高由不足一米到两三米，波长由几米以至一百米以上不等。最大的一种沙垄被称为沙丘或沙滩，实际上是一种泥沙成型堆积体，如天然顺直河段上在枯水期露出的犬牙交错状边滩，波高一般为几米，波长则达几百米以至一千米以上。沙丘尺寸很大，受河道几何形状及尺寸的影响十分强烈。张瑞瑾[5]给出了相对波高 h_s/h 与弗劳德数 Fr 和相对光滑度 h/D 的关系：$h_s/h=0.086Fr(h/D)^{1/4}$。从该式可以看出，一定的水流流态下，水深越大，沙垄波高越大。由于沙垄尺度较大，水流在沙垄的波峰后可能会发生分离，在波谷的背水面形成横轴环流。物理上而言，水流在沙垄波峰处发生分离的前提是沙垄背流面坡陡较大（如约等于泥沙水下休止角）。相关学者对世界多条大河观测到的沙垄背流面坡度的统计表明，大部分大河的沙垄背流面坡度远小于泥沙水下休止角[6,7]。大型沙垄迁移对地下管道等设施的稳定性可能带来影响：每当大型沙垄的波谷经过地下管道区域时，地下管道就会暴露于水流之中，带来极大的破坏风险。沙纹、沙垄和沙丘往往被概括为一般沙波。它们可能同时存在，沙纹爬行于沙垄之上，而沙垄则爬行于泥沙成型堆积体之上。沙垄和沙丘与水面的相互作用强烈，一般而言，波谷区域水面较高，而波峰区域水面较低。沙纹和沙垄都表现出迎水面冲刷，背水面淤积，并随着水流向下游传播的特点（图 5.2）。张瑞瑾和张伯年分别得到了如下沙波移动速度 U_b 的经验关系式[5]：

$$\frac{U_b}{U} = 0.0144Fr^2 \tag{5.2a}$$

$$\frac{U_b}{U} = 0.012Fr^2 - 0.043\frac{gD}{U^2} - 0.000091 \tag{5.2b}$$

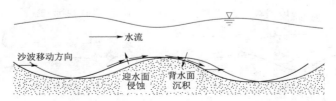

图 5.2　一般沙波（沙纹、沙垄）冲淤特性及移动方向示意图

3. 动平床（mobile plane bed）

如果水流强度继续增加，则波峰后的横轴环流区在水流方向所占的空间越来越长。这时，卷入环流区的泥沙不一定落到背水坡，而是越过环流区被水流挟带到更下游。这能导致沙垄的波高减小，波长加大，沙垄逐渐趋于衰微，终至河床恢复平整[图 5.1（d）]。从沙垄到动平床意味着床面阻力的急剧减小，是河流工程必须考虑的实际问题。图 5.3 是长江实测波高与相对流速的关系：在流速等于起动流速时，波高为 0；在流速为起动流速的 3 倍左右时，波高达到最大值；在流速增至起动流速的 5 倍左右时，波高又再一次下降到 0。类似地，亚林绘制了沙垄波高与波长比值 h_s/λ 和相对剪切力 θ/θ_c 的关系[5]，如图 5.4 所示。从该图可以看出：随着相对剪切力的增加，沙波高度由很小增至最大值，然后又降至很小。这清楚地表明了沙波的产生、发展和消灭与水流强度的关系。

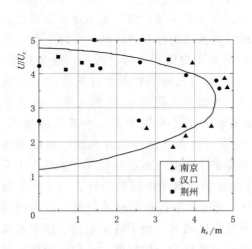

图 5.3　长江中下游实测相对流速与
沙波波高的关系[5]

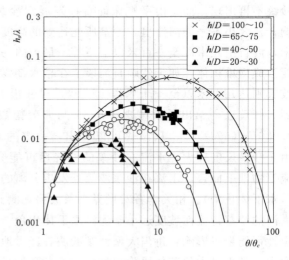

图 5.4　沙垄波高与波长之比（h_s/λ）和相对
水流强度（θ/θ_c）之间的关系[5]

4. 逆行沙垄/驻波（antidunes/standing waves）

如果水流强度继续增加，床面将再一次出现沙波，但此时的沙波已不是一般沙波，而是迎流面及背流面外形对称的驻波或逆行沙垄［图 5.1(e)、图 5.5］，被称为特种沙波。特种沙波起伏对称，宛若海洋上的波浪，流线基本上与河床平行，不发生离解现象。与此相应，水面也出现同样起伏但波幅较大的水面波（波谷区域水面较低，而波峰区域水面较高）。对于特种沙波，床面泥沙运动已不再是个别颗粒滚动、滑动、跳跃前进，而是大量泥沙做强度甚大的成层运动。一般而言，驻波停留原地不动；逆行沙垄则与沙粒运动的方向相反，向上游逆行。逆行沙垄的外形与驻波类似，但波幅更大。正是由于这种沙波起伏较大，水流在经过沙波的迎水面时，好像上坡一样，负担较大，把一部分泥沙就地卸了下来，而在越过波峰下行时，又有余力冲起部分沉沙。这样，虽然每一颗泥沙还是顺着水流方向运动，而沙波作为一个整体却是徐徐向上游迁移，如图 5.5 所示。

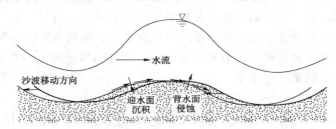

图 5.5　特种沙波（如逆行沙垄）冲淤特性
及移动方向示意图

逆行沙垄在黄河的某些河段上常有出现，表现为水面起"淌"。淌的浪高 1～3m，数目大致在 6～10，波长在 15m 左右。淌的出现，往往是很突然的，河水本来在平稳地向前流动，看不见水花，突然一连串的波浪在水面出现，这些波浪在较短时间内便成长到它们最后的尺寸，经过十几分钟之后，又徐徐隐没不见；也有个别波浪在消失之前浪头破碎，发生巨响。

5. 急滩与深潭（chutes and pools）

水流强度更进一步的增加，还将使水面波破碎，以至出现急滩与深潭相间的类似山区河流的床面形态［图 5.1(f)］。

对于水沙条件可以人为控制的实验室水槽试验而言，有可能再现上述各种床面形态，但实验室水槽一般不会生成沙丘。对于天然河道而言，水流往往为缓流，除沙丘（表现为边滩、江心滩等）总是存在外，通常仅出现由静平床到动平床的几种床面形态。

5.1.2　按平面形态分类

如前所述，沙波（如沙纹、沙垄、逆行沙垄、驻波等）是一种具有周期性的规则外形的床面形态。从平面上看沙波形状的角度，可大致将沙波分为 4 种类型[5]。

（1）带状沙波：波峰线基本上相互平行，并与流向垂直，或略显斜交。这类沙波在天然河道中和实验室中出现的机会都较少，只是在水流接近于二维流，沙波形成的初期，才可能出现。

（2）断续蛇曲状沙波：波峰线呈不规则曲线，时断时续，大致与流向垂直，这类沙波是实验室和天然河道最常见的。

（3）新月形沙波：波宽与波长基本上相等，单行与双行彼此交错，排列比较整齐，与空中经常出现的鱼鳞状云浪相似。波峰线凸向上游，如上弦月。这类沙波也是实验室和天然河道常见的。

（4）舌状沙波：与新月形沙波类似，但波峰线凸向下游。

沙波的平面形态及相应的水流特点对沙波运动的影响，主要表现在环流的走向上。如果波峰线完全与水流垂直，则横轴环流呈封闭状，泥沙将沿水流方向前进，横向运动很弱。如果波峰线与水流斜交，则在沿波峰线方向，存在水流分速，横轴环流将转化为螺旋流，越过波峰进入波谷的泥沙，和被螺旋流从床面卷起的泥沙，有一部分会沿着波峰线方向前进，使得泥沙在沿水流方向前进的同时，还发生横向运动。泥沙的这种运动特点，反过来又对沙波的形态及其排列和运动状况产生重大影响。例如，新月形沙波之所以交错排列，显然与螺旋流造成的泥沙向下游的补给条件沿河宽分布不均匀有关。又如，弯道凸岸边滩上，常分布有带状沙波，此种沙波使边滩外缘形成一系列窄桨状沙嘴，朝下游方向向凹岸延伸。洪水期在这种沙嘴下游形成的螺旋流，能将凸岸边滩上运行的泥沙带向主流，是影响凸岸边滩发育的重要因素之一。

5.2 床面形态与水沙运动之间的相互作用

一方面，水流和泥沙运动塑造各式各样的床面形态；另一方面，床面形态又反过来影响水流和泥沙运动。床面形态与水沙运动之间的相互作用可从描述水沙床运动的数学控制方程中直接反映。以深度积分一维饱和输沙控制方程为例［方程式（5.3a）～式（5.3d）］，说明如下。河床形态的起伏［方程式（5.3b）右端第一项］直接影响水流动量、水深和流速的因时变化［方程式（5.3b）左端第一项］，而它们的因时变化又直接影响推移质输沙率的量级［方程式（5.3d）］；推移质输沙率变化又进一步影响床面形态高程的因时变化［方程式（5.3c）：Exner 方程］。

$$\frac{\partial h}{\partial t} + \frac{\partial hU}{\partial x} = 0 \tag{5.3a}$$

$$\frac{\partial Uh}{\partial t} + \frac{\partial (hU^2 + 0.5gh^2)}{\partial x} = -gh\frac{\partial \eta}{\partial x} - C_f U^2 \tag{5.3b}$$

$$(1-p)\frac{\partial \eta}{\partial t} = -\frac{\partial q_b}{\partial x} \tag{5.3c}$$

$$q_b = f(h, U, D) \tag{5.3d}$$

式中：h 为平均水深，m；U 为水深平均流速，m/s；η 为地形起伏高程，m；C_f 为阻力系数；p 为床沙孔隙率；q_b 为单宽推移质输沙率，m^2/s。

埃克斯纳（F. Exner）曾根据上述方程组对沙波纵剖面的不对称特点做出了较为经典的理论分析。他考虑恒定均匀流和水平的水面，从而避免对方程式（5.3a）和方程式（5.3b）的求解；对于方程式（5.3d），他假定输沙率 q_b 为平均流速 U 的幂函数，则有

$$q_b = mU^n = \frac{mq^n}{(h-\eta)^n} \qquad (5.4)$$

式中：m 为系数；n 为指数；q 为单宽流量，$q = (h-\eta)U$，m^2/s。将式（5.4）代入式（5.3c），可得

$$(1-p)\frac{\partial \eta}{\partial t} + \frac{mnq^n}{(h-\eta)^{n+1}} \frac{\partial \eta}{\partial x} = 0 \qquad (5.5)$$

上式为包含一个未知函数（即河床起伏高程 η）、两个自变量（x 和 t）的一阶齐次拟线性偏微分方程。它可以通过如下形式的常微分方程组求解：

$$\frac{\mathrm{d}x}{\dfrac{M}{(h-\eta)^{n+1}}} = \frac{\mathrm{d}t}{1} = \frac{\mathrm{d}\eta}{0} \qquad (5.6a)$$

其中
$$M = mnq^n/(1-p)$$

求解可得

$$\eta = C_1 \qquad (5.6b)$$

$$x - \frac{Mt}{(h-\eta)^{n+1}} = C_2 \qquad (5.6c)$$

这个解意味着，对于沙波上某特定高度 $\eta = C_1$ 的床面点，其运行达到的自某特定点起算的距离将为 $x = C_2 + M/(h-\eta)^{n+1}t$。由此可见，$\eta$ 越大，运行速度越快，相应的运行距离越长，如沙波的原始波形为余弦曲线，则经过一段时间的运行后，必然出现如图 5.6 所示现象，即对称沙波向不对称沙波转化。

图 5.7 为一般沙波（沙纹、沙垄）及其附近水流特征纵剖面形态及其运动状态[5]：床面向上隆起的地方为波峰，向下凹入的地方为波谷；相邻两波谷之间或相邻两波峰之间的距离为波长 λ，波谷至波峰的垂直距离为波高 h_s。沙波迎流面坡度比较平缓，背流面坡度比较陡峻（坡度约与泥沙水下休止角相等而略陡）；在波谷的最低点，坡度为 0，自此往下，坡度逐渐增大，在波谷至峰间某点，坡度达到最大值；过此以后，坡度又逐渐减小，至峰顶处，坡度趋近 0。与此相适应，沙波表面附近的水流速度，不是均匀分布的，而是在波谷处

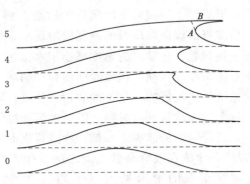

图 5.6 沙波的变形（Exner 数学解）
（0,1,2,3,4,5 代表先后 6 个时刻）[5]

最小，在波峰处最大。水流越过波峰以后，常发生离解现象，产生横轴环流。在横轴环流的上下端，出现两个停滞点（奇点）A_1 和 A_2，在 A_1 至 A_2 范围内，沙波表面附近的流速为负值。流速较大的地方，泥沙运动得较快；流速较小的地方，泥沙运动得较慢；流速小于一定数值（与起动流速相应）的地方，泥沙将停止不动；流速成正值的地方，泥沙将沿

水流向下游运动；流速成负值的地方，泥沙将逆水流向上游运动。A_1 和 A_2 两点既是水流的停滞点，又是泥沙的停滞点（瞬时的停滞点，随着时间过程而逐渐下移）。自 A_2 点向下游，在沙波的迎流坡坡面上，随着流速的增大，泥沙将由静止状态过渡到运动状态，并逐渐增大其运动速度。在波峰处，水流的速度达到最大值，泥沙的运动速度也达到最大值。越过波峰的泥沙为横轴环流所挟持，在沙波的背流坡坡面上，逆水流向上游运动，由于受重力作用的影响，将在 A_1 和 A_2 两个停滞点之间沉积下来（粗颗粒淤在背流面高程偏下的位置，细颗粒淤在背流面高程偏上的位置）。但也有部分颗粒较小的泥沙，越过波峰后，可能随水流跃进到 A_2 点以下的沙波的迎流坡坡面上，继续向下游运动。

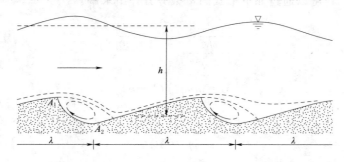

图 5.7 一般沙波（沙纹、沙垄）及其附近水流
特征的纵剖面示意图[5]

这样，便得出一幅极清楚的沙波运动图景：一般沙波的迎流坡坡面，属于冲刷区。由于这个区域里沙波表面附近的流速是沿程递增的，故就这个区域里的任何一处来说，来沙量将小于去沙量，因而发生冲刷。一般沙波的背流坡坡面，属于淤积区。这个区域为横轴环流所占领，泥沙基本上只进不出，故迅速淤高。沙波迎流面冲刷，背流面淤积的综合结果，形成整个沙波向下游爬行的运动态势（图 5.2）。如果来水来沙是恒定的，则一系列的沙波将沿流向以缓慢的速度向前运动，而沙波的尺度（波高和波长）基本上保持不变。每一颗沙粒在运动时的速度略小于水流速度。但一颗沙粒运动后，要被埋藏一段时间才能重新露头投入运动，埋藏时间随粒径的增大而变长，其包括静止及运动时间在内的平均运动速度是比较慢的。至于沙波运动速度，则应等于沙波波长除以组成沙波的全部沙粒均运行一个沙波波长的总时间，因而尤为缓慢[如式（5.2a）、式（5.2b）]。

上述讨论的前提之一是：沙波背流面坡度比较陡峻（坡度约与泥沙水下休止角相等而略陡），水流在波峰和背流面之间发生离解现象。最新的野外数据表明，大部分情况下，沙波背流面的地形坡度（平均约 10°）小于泥沙水下休止角，例如 Kostaschuk 和 Villard[6] 对加拿大 Fraser 河流沙波数据的分析，以及 Cisneros 等[7] 对世界六条大河（Amazon、Mekong、Mississippi、Missouri、Parana、Waal 等）的高精度沙波地形数据的研究分析等。当背流面地形坡度较陡时，沙波波峰后面的水流离解现象是沙波形成和演化的重要影响机制。然而，背流面地形坡度较缓时，水流离解现象可能不会出现或只是间断性出现[7,8]。

沙波是一种具有周期性的规则外形的床面形态，其形成发展与水沙运动密切相关。有观点将初生沙波的出现看成两种流体做相对运动时交界面的不稳定性造成的[9]。两种流速和密度不同的流体在做相对运动时，两者之间存在不连续的交界面。这种交界面是不稳定的，任何振动均将使其由原来的平直状况转化为波浪外形。对于具有可动河床的水流来说，如果雷诺数很大，床面泥沙运动达到相当强度，则河床表面可以看成具有一定流速和较大密度及黏滞性的流体。这样，河床上出现初生沙波就可以用两种流体交界面的不稳定性来解释，其物理图像可以和水面的风成波，沙漠地带的风成沙丘，天空中的云浪以及水库中异重流表面的波浪相类比。如果雷诺数相对较小，泥沙运动不是很强，河床表面将保持一定厚度的黏性底层，此时河床上出现初生沙波可用黏性底层的不稳定性来解释，黏性底层的波动将促使河床表面产生相应的波动。也有观点认为，沙纹和沙垄一般在泥沙开始起动，但尚未大量运动以前即已形成；这时，近底流层的含沙量还不很高，与上层清水的密度相差不大；在这种情况下，沙纹和沙垄现象不能看作是两种不同密度的流体在做相对运动时交界面不稳定的产物[10]。

还有观点认为，沙波的产生与湍流扫掠（sweep）形成的床面扰动有关[11]。当床面扰动达到一定高度后，水流离解，在水流离解区下游会形成床面剪切应力较高的区域，从而造成泥沙冲刷和更下游的淤积—形成第二个床面扰动。这样的过程持续下去，床面就会形成沙纹。一般来说，单个扫掠事件不足以产生足够大的床面初始扰动。Best[12]通过水槽实验指出：床面附近发夹涡（hairpin vortex）的持续生成可导致扫掠集群（sweeps group），足以形成足够大的床面初始扰动。基于床面扰动的沙波生成观点与湍流密切相关，但 Lajeunesse 等[13]却举了许多层流条件下沙波生成的例子。对此，Coleman 和 Nikora[14]认为，层流条件下床面初始扰动不是来自湍流影响，而是床面本身的不平整。

沙波形成之后，是继续发展壮大还是转趋衰微？不少研究工作者把它看成稳定性问题[15,16]。当平整的床面出现微小扰动时，水流和泥沙输运模式也将跟随调整改变。改变后的水流和泥沙输运状态如果抑制了扰动，则认为床面是稳定的；反之，则认为床面是不稳定的，会进一步发育出沙纹、沙垄或逆行沙波等床面形态。研究这种稳定性问题一般采用的方法是，先给予床面一个由微小振动所产生的微幅波，然后进一步考察此微幅波的波高是继续增长还是转趋衰减，前者相当于沙波发展的不稳定状态，后者相当于沙波衰微的稳定状态。肯尼迪的研究成果[15]具有一定的代表性。

首先，他假定水面及床面的微幅波具有正弦曲线外形，运用势流理论求出了波动水流的流函数和势函数以及沙波与水面波的振幅比。其次，他假定单宽输沙率仅与纵向流速有关，同时引进输沙率滞后于流速一段距离的概念，解出了沙波波速及振幅因时变化的表达式。利用这些表达式，就可根据沙波与水面波是否同相及前述滞后距离的大小，对沙波的类型属于一般沙波或者动平床，沙波运动方向系顺行或逆行，及波幅系因时增长或衰减等作出判断。最后，他按一般分析流体稳定性的通用方法，取初始时刻波幅增长率最大的沙波为优势沙波，亦即以后发展形成的沙波，由此求得波长与弗劳德数、水深及滞后距离的关系，还求得波速与水深、滞后距离和单宽输沙率的关系。

用实验室资料进行的验证表明，只要能正确选择输沙率和流速之间的滞后距离，就可根据理论结果对床面形态作出比较符合实际的预测。为此，Yalin 曾研究小弗劳德数条件下滞后距离与沙粒雷诺数及相对糙度的关系，并给出了它们之间的关系曲线，使得有可能利用肯尼迪的理论成果，对沙垄波长作出预测[5,17]。稳定性分析假定沙波形态为正弦函数，比较适合于解释特种沙波，但沙垄则不然。Kennedy 为了弥补这一缺陷，认为沙垄相当于正弦沙波背流面出现离解的情况。张瑞瑾[5]认为，沙波形态与水流及泥沙运动的强度与形式有关。如果流速大（如位于高水流能态区），水面出现波浪，泥沙运动强度大，近底部分以悬移运动为主，则初生正弦沙波将仍具有正弦曲线外形。与此相反，流速小（如位于低水流能态区），水面不出现明显波浪，泥沙运动强度不是很大，近底部分以推移运动为主，则初生正弦沙波将转化为具有一般沙波外形。

5.3　床面形态的判别准则

5.3.1　床面形态的判别参数

为了能够按水流流态和泥沙特性判别床面形态的类型，需要首先选定床面形态的判别参数。根据 Vanoni[18]、Parker 和 Anderson[19]，床面形态判别可总结为如下关系式：

$$床面形态 = f_n(X_1, X_2, Re_p, R, \sigma_g) \tag{5.7}$$

式中：Re_p 为沙粒雷诺数；R 为有效容重系数；σ_g 为泥沙粒径均方差；X_1、X_2 为相互独立的、描述水沙特征的无量纲参数。

这些无量纲参数可以是水流弗劳德数 Fr、希尔兹数 θ、河床底坡 S_b、相对水深（h/D_{50}）、摩阻雷诺数 $R_* = u_* D/\nu$、U/u_*、u_*/ω、u_*/U_c 等。希尔兹数 θ 反映水流促使床沙起动的力和床沙抗拒运动的力的比值。希尔兹数越大，泥沙可动性越强，因而它可以作为描述床沙由不动到动、由微动到大动的重要指标，是较为常用的判别参数。沙纹的形成和发展与黏性底层的波动有关，沙粒雷诺数 Re_p 直接反映泥沙粒径与黏性底层（近壁层流层）厚度的比值，也可间接衡量水流促使床沙运动的力与黏滞力的比值，因而也是决定床面形态的无量纲力学参数。弗劳德数反映水流惯性力与重力的比值，是判别沙垄向逆行沙垄过渡发展的重要参数。相对水深 h/D_{50} 是反映河床糙度的一个重要因素。Vanoni 取 $R=1.65$、忽略泥沙粒径的非均匀性后，选择了水流弗劳德数 Fr、相对水深 h/D_{50} 以及沙粒雷诺数 Re_p 来判定床面形态[18]。

5.3.2　代表性的床面形态判别准则

早在 1936 年，希尔兹（Shields）研究泥沙起动临界条件时，在希尔兹曲线上标注了不同床面形态对应的条件。在此基础上，法国 Chatou 实验室的 Chabert 和 Chauvin 开展了大量水槽试验[20]，补充了沙纹和沙垄是否出现的判别标准等。另外，Engelund 和 Hansen 研究认为[4]，沙纹出现的必要条件是，泥沙粒径 D 小于黏性底层厚度 δ_v：$D < \delta_v = 11.6\nu/u_*$［可转换为 $\theta < (11.6/Re_p)^2$］。Chabert 和 Chauvin[20]得到的沙垄是否出现的临界条件是 $\theta \approx 2.72\theta_c$，其中临界希尔兹数 θ_c 用 Parker 修正后的 Brownlie 经验式计算[21,22]：

$$\theta_c = 0.5(0.22Re_p^{-0.6} + 0.06 \times 10^{-7.7Re_p^{-0.6}}) \tag{5.8}$$

综合考虑上述成果，图 5.8 给出了床面形态判别图。当水流强度非常弱时（$\theta < \theta_c$，图 5.8 的泥沙起动临界希尔兹数用 Brownlie 经验式计算），床面无泥沙运动。当水流强度足以起动床面泥沙（$\theta > \theta_c$）且泥沙粒径小于黏性底层厚度时［即 $D < 11.6\nu/u_*$ 或 $\theta <$

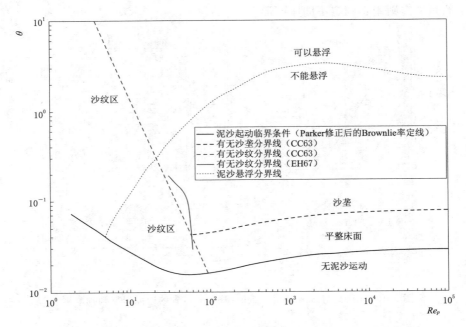

图 5.8　床面形态判别图（根据希尔兹曲线、Chabert 和 Chauvin[20]
和 Engelund 和 Hansen[4]）

$(11.6/Re_p)^2$〕时，床面可发育沙纹。Chabert
和 Chauvin[20]以及 Engelund 和 Hansen[4]得到
的是否出现沙纹的临界条件较为接近（图 5.8
中有无沙纹分界线的 CC63 和 EH67）。如果水
流强度足以起动泥沙且泥沙粒径大于黏性底
层厚度时，沙垄的发育还必须满足水流强度
超过 2.72 倍临界希尔兹数的条件，否则床
面将仍然保持平整。最后，图 5.8 还给出了
泥沙是否悬浮的判别标准｛即 $u_* = \omega$ 或 $\theta =$
$[R_f(Re_p)]^2$，其中 R_f 是沙粒雷诺数 Re_p
的函数，参见第 3 章 Dietrich 泥沙沉速公
式｝。图 5.8 没有给出试验数据，只给出了
不同类型床面形态是否发育的临界线。

Engelund[23]选用 U/u_* 和 Fr 得到了适
用于沙质河床的沙垄-平整床面-逆行沙垄等

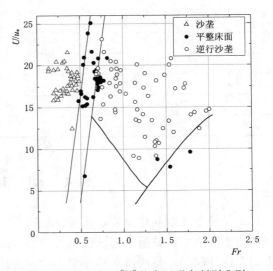

图 5.9　Engelund[23]的床面形态判别准则

床面形态判别准则（图 5.9）。Liu[9]基于黏性底层波动形成沙纹这一观点，选用 u_*/ω 和
摩阻雷诺数 R_*，得到了沙纹是否出现的判别标准（刘心宽曲线）。后来，Simons 和
Richardson[2]进一步将其扩展到对沙垄、逆行沙垄等床面形态的判别（图 5.10）。Van Ri-
jn[24]采用输沙强度 $T = (\theta - \theta_c)/\theta_c$ 和无量纲化粒径参数 $D_* = D_{50}(Rg/\nu^2)^{1/3}$，得到表

5.1 所示的判别准则用于判定不同床面形态。

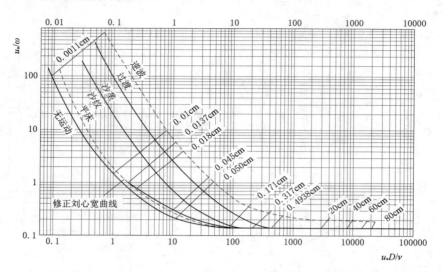

图 5.10 Liu[9] 与 Simons 和 Richardson[2] 得到的床面形态判别准则

表 5.1   **Van Rijn[24] 的床面形态判别准则**

输沙强度参数的范围	无量纲粒径的范围	
	$1 \leqslant D_* \leqslant 10$	$D_* > 10$
$0 < T_* \leqslant 3$	小型沙纹	沙垄
$3 < T_* \leqslant 10$	大型沙纹，沙垄	沙垄
$10 < T_* \leqslant 15$	沙垄	沙垄
$15 < T_* \leqslant 25$	动平床，不对称的沙波	
$T_* \geqslant 25 ; Fr < 0.8$	对称沙波	
$T_* \geqslant 25 ; Fr \geqslant 0.8$	动平床，逆行沙垄	

5.4 动 床 阻 力

为了便于了解问题全貌，需要首先阐明河床阻力中的河底阻力与河岸阻力问题，然后阐明河底阻力中沙粒阻力与沙波阻力问题。前者是河床阻力的一般性问题，后者是动床阻力的专门性问题。将两者联系介绍，除因为计算河床阻力时往往都要同时用到之外，还因为它们在处理方式上是一致的。

5.4.1 河底阻力和河岸阻力的划分

河床阻力 $\tau_0 = \gamma RJ$ 包括河底阻力 τ_b 和河岸阻力 τ_w 两个部分，存在如下关系：

$$\tau_0 \chi = \tau_b \chi_b + \tau_w \chi_w \tag{5.9}$$

式中：χ、χ_b、χ_w 分别为全河床、河底及河岸的湿周（图 5.11）。

河底和河岸阻力的区分有两种方法：爱因斯坦提出的水力半径分割法、巴普洛夫斯基

提出的能坡分割法。按照水力半径分割
法，有

$$\tau_b = \gamma R_b J \qquad (5.10a)$$

$$\tau_\omega = \gamma R_\omega J \qquad (5.10b)$$

式中：R_b、R_ω 分别为对应于河底和河
岸阻力的水力半径。

结合式（5.9）和式（5.10），可得

$$R\chi = R_b \chi_b + R_\omega \chi_\omega \qquad (5.11)$$

假定断面平均流速、河岸部分平均

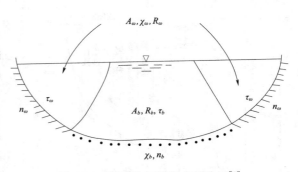

图 5.11　河底和河岸阻力划分图[5]

流速和河底部分平均流速相等，引入河
岸和河底曼宁糙率系数（n_ω，n_b），则可分别计算河岸部分和河底部分的能坡（二者均
为 J）

$$J = \frac{n_b^2 U^2}{R_b^{4/3}} \qquad (5.12a)$$

$$J = \frac{n_\omega^2 U^2}{R_\omega^{4/3}} \qquad (5.12b)$$

联立可得

$$n = \left(n_b^{3/2} \frac{\chi_b}{\chi} + n_\omega^{3/2} \frac{\chi_\omega}{\chi} \right)^{2/3} \qquad (5.13)$$

采用能坡分割法，类似上述过程，可有

$$n = \left(n_b^2 \frac{\chi_b}{\chi} + n_\omega^2 \frac{\chi_\omega}{\chi} \right)^{1/2} \qquad (5.14)$$

对于上述推导过程，还可用阻力系数来替换曼宁糙率系数，从而可得到综合阻力系数
与河底及河岸阻力系数的函数关系，即

$$f = f_b \frac{\chi_b}{\chi} + f_\omega \frac{\chi_\omega}{\chi} \qquad (5.15)$$

上述计算公式都是在河底、河岸糙率相差较大，且宽深比较小的情况下采用的。如果
河底、河岸糙率相差甚小，就不必分开考虑，用一般阻力公式即可。如果宽深比很大，河
岸阻力可忽略不计，那就不仅不必分开考虑，而且可用平均水深 h 来代替一般阻力公式
中的水力半径 R。

5.4.2　沙粒阻力和沙波阻力的划分

随着水流强度的增加，河流床面由静止的平整状态（静平床），发展到出现沙纹、沙
垄；再由沙垄的逐渐衰减，床面恢复到运动的平整状态（动平床）；然后再发展到出现驻
波或逆行沙垄。床面形态变化必然影响肤面阻力和形体阻力的大小及其对比关系，从而影
响到河床阻力，并最终影响水位流量关系。图 5.12 给出了动床条件下床面阻力随着流速
变化而变化的示意图。当床面处于静平床状态时，尽管河床系由可动沙粒组成，其阻力状
况应与定床阻力类似，只需考虑沙粒阻力。当床面出现沙波时，须同时考虑沙粒阻力及沙
波阻力。

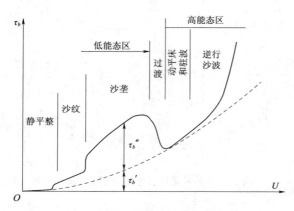

图 5.12 动床条件下床面阻力随着流速增大
（对应不同床面形态）的变化过程[3]

沙粒阻力和沙波阻力的划分可借鉴对河底及河岸阻力的处理方式。就较大面积的平均情况而言，可以认为二者构成同一床面的阻力，按阻力叠加原理可写成：

$$\tau_b = \tau_b' + \tau_b'' \tag{5.16}$$

式中：τ_b'、τ_b'' 分别为河底沙粒剪切力和沙波剪切力。

采用水力半径分割法，取

$$\tau_b = \gamma R_b J, \tau_b' = \gamma R_b' J, \tau_b'' = \gamma R_b'' J \tag{5.17}$$

式中：R_b、R_b'、R_b'' 分别为相应于综合阻力、沙粒阻力及沙波阻力的水力半径。

联立式（5.16）和式（5.17）可得

$$R_b = R_b' + R_b'' \tag{5.18}$$

如用能坡分割法，则有

$$J_b = J_b' + J_b'' \tag{5.19}$$

式中：J_b、J_b'、J_b'' 分别为相应于河底综合阻力、沙粒阻力及沙波阻力的能坡。

无论采用哪一种分割法，当按达西-魏斯巴赫公式计算阻力时，均可导得

$$f_b = f_b' + f_b'' \tag{5.20}$$

式中：f_b、f_b'、f_b'' 分别相应于河底综合阻力、沙粒阻力及沙波阻力的阻力系数。

下面介绍三种代表性的动床阻力计算方法。

1. Einstein - Barbarossa 方法

Einstein - Barbarossa 采用对数流速公式建立断面平均流速与沙粒阻力相关参数（包括水力半径 R_b' 和摩阻流速 $u_*' = \sqrt{gR_b'J}$）的联系，如：

$$\frac{U}{u_*'} = 5.75 \lg \left(12.27 \frac{R_b'}{D_{65}} \right) \tag{5.21}$$

爱因斯坦认为，沙波阻力取决于推移质输移强度，而推移质输移强度又与沙粒阻力有关（克服沙粒阻力的水流剪切力才对推移质的起动、跃移起作用）。因此，可建立沙波阻力系数（即 U/u_*''）和与沙粒阻力相关的水流强度，爱因斯坦将之定义为：$\psi' = [(\gamma_s - \gamma) D_{35}] / (\gamma R_b' J)$ 之间的关系（图 5.13）：

$$\frac{U}{u_*''} - \psi' \tag{5.22}$$

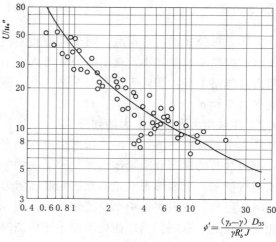

图 5.13 爱因斯坦根据实测资料
所得的 $U/u_*'' - \psi'$ 关系图[5]

已知流量 Q、断面形态尺寸、能坡 J、床沙粒径级配等信息后，Einstein - Barbarossa 方法按下述步骤计算动床阻力和其他水力要素（如水深和水位、断面平均流速等）。

第一步：根据流量和断面尺寸，给定与沙粒阻力有关水力半径 R_b' 的试算值。

第二步：基于 R_b' 试算值和已知能坡 J，计算沙粒阻力对应的摩阻流速（$u_*' = \sqrt{gR_b'J}$）；再根据流速对数公式 [如式（5.21）]，计算断面平均流速 U。

第三步：根据定义 $\psi' = [(\gamma_s - \gamma)D_{35}]/[\gamma R_b'J]$ 计算与沙粒阻力有关的水流强度 ψ'；根据沙波阻力与水流强度的关系 [图 5.13，式（5.22）]，计算 U/u_*'' 的值；结合第二步得到的断面平均流速 U，计算 u_*''；再根据定义 $u_*'' = \sqrt{gR_b''J}$，反算对应于沙波阻力的水力半径 R_b''。

第四步：根据 R_b' 试算值和第三步所得 R_b'' 值，计算河底综合阻力的水力半径 R_b [式（5.18）]。

第五步：根据断面形态与水力半径 R_b 的关系，求得水深 h 和过水断面面积 A。

第六步：计算流量 hUA 并与实际流量 Q 对比，根据二者差异判定 R_b' 试算值的合理性。如果试算值不合理，则重新给定，重复第一步到第六步，直到满足精度要求。这样就得到了动床条件下不同流量对应的水深和水位。

2. Engelund 基于能坡分割的方法

按照能坡分割法，可得 $J_b = J_b' + J_b''$ [即式（5.19）]。Engelund 将床面起伏带来的阻力损失与断面突变阻力损失类比，推导得到与沙波阻力相关的水力坡降为

$$J_b'' = \frac{h_f''}{\lambda} = \frac{1}{\lambda} \frac{U_1^2}{2g} \left[1 - \frac{A_1}{A_2}\right]^2 \approx \frac{U^2}{2gh} \left(\frac{h}{\lambda}\right) \left(\frac{h_s}{h}\right)^2 \tag{5.23}$$

其中
$$A_1 = 1 \times (h - 0.5h_s)、A_2 = 1 \times (h + 0.5h_s)$$

式中：λ 为沙波波长；h_s 为沙波波高；A_1、A_2 分别为床面起伏上下游的过水断面面积；U_1 为断面 A_1 处的水流流速。

将式（5.23）代入式（5.19），并在两边同时乘以 γh，再同时除以 $(\gamma_s - \gamma)D$，即得

$$\frac{\tau_b}{(\gamma_s - \gamma)D} = \frac{\tau_b'}{(\gamma_s - \gamma)D} + \frac{1}{2} \frac{\gamma}{\gamma_s - \gamma} \left(\frac{h}{D}\right) \left(\frac{U^2}{gh}\right) \left(\frac{h}{\lambda}\right) \left(\frac{h_s}{h}\right)^2 \tag{5.24}$$

即 $\theta = \theta' + \theta''$。Engelund 没有进一步求解方程（5.24），而是推断与沙粒阻力相关的希尔兹数 θ' 与 θ 之间存在某种经验关系式。Engelund 整理 Guy 等的水槽实验资料，并经过 Brownlie[21] 对高能态区的扩展（$\theta' > 1$），得到下式（图 5.14）：

$$\theta' = \begin{cases} 0.06 + 0.3\theta^{1.5} & \theta' < 0.55 \\ \theta & 0.55 \leqslant \theta' \leqslant 1 \\ (0.702\theta^{-1.8} + 0.298)^{-1/1.8} & \theta' > 1 \end{cases} \tag{5.25}$$

已知流量 Q、断面尺寸、能坡 J 和床沙粒径级配，可按照如下步骤完成试算。

第一步：根据流量和断面尺寸，给出沙粒阻力对应的水力半径 R_b' 试算值。

第二步：计算 $u_*' = \sqrt{gR_b'J}$ 结合 $U/u_*' = 6 + 2.5\lg[R_b'/(2.5D_{65})]$，求得断面平均流速 U。

第三步：根据 $\theta' = \tau_b'/[(\gamma_s - \gamma)D] = \gamma R_b'J/[(\gamma_s - \gamma)D]$，计算 θ'；再根据经验式

（5.25）计算 θ；再根据定义 $\theta = \gamma R_b J / [(\gamma_s - \gamma) D]$ 反算全断面水力半径 R_b。

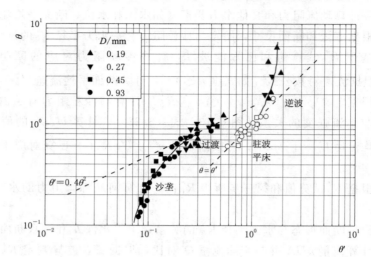

图 5.14　Engelund 整理的 $\theta - \theta'$ 关系[5]

第四步：根据断面形态与水力半径 R_b 的关系，求得水深 h 和过水断面面积 A。

第五步：计算流量 hUA 并与实际流量 Q 对比，根据二者差异判定 R_b' 试算值的合理性。如果试算值不合理，则重新给定，重复第一步到第五步，直到满足精度要求。这样就得到了动床条件下不同流量对应的水深和水位。

Einstein - Barbarossa 方法和 Engelund 方法的区别是：前者通过沙波阻力系数（即 U/u_*''）和与沙粒阻力相关的水流强度 ψ' 之间的关系，计算得到 u_*''，从而得到与沙波阻力有关的水力半径 R_b''，再与试算值 R_b' 相加得到全断面水力半径 R_b；后者则是通过经验式（5.25）直接从沙粒阻力得到综合阻力，再反算得到全断面水力半径 R_b。

3. Wright 和 Parker 方法

在已知单宽流量、能坡和床沙级配的条件下，Wright 和 Parker[25] 提出了考虑层化效应的大型沙质河流动床阻力和水深计算方法，介绍如下。首先，基于 Garcia[26] 与 Julien 和 Klaasen[27] 的发现，Wright 和 Parker[25] 修正了沙粒阻力与动床阻力之间的经验关系式。他们认为，经验式（5.25）可能会高估大型沙质河流在洪水期的沙粒阻力：大型河流在高水位洪水期，尽管水流强度较强，但 Fr 数仍处于较小区间，从沙垄过渡到动平床的可能性较小。据此，Wright 和 Parker[25] 率定了考虑 Fr 数的沙粒阻力与动床阻力之间修正关系式：

$$\theta' = 0.05 + 0.7 (\theta Fr^{0.7})^{0.8} \tag{5.26}$$

他们将悬移质泥沙沿垂向不均匀分布带来的层化效应考虑到断面平均流速公式，得到：

$$\frac{U}{u_*'} = \frac{8.32}{\alpha} \left(\frac{h'}{k_s} \right)^{1/6} \tag{5.27a}$$

$$\frac{U}{u_*} = \frac{8.32}{\alpha} \left(\frac{h}{k_c} \right)^{1/6} \tag{5.27b}$$

式中：α 为考虑层化效应的修正参数，其计算方法可参考文献 [25]。

根据式（5.26）和式（5.27），可采用如下方法计算动床阻力，并试算水深。

第一步：给定试算水深 h。

第二步：根据 $\theta = ghJ/(RgD_{50})$ 计算 θ；根据 $Fr = q/\sqrt{gh^3}$ 计算 Fr 数。

第三步：根据式（5.26）计算 θ'。

第四步：根据 $k_s = 3D_{90}$ 计算 k_s；根据 $k_c/k_s = (\theta/\theta')^4$ 计算 k_c。

第五步：根据式（5.27b），结合 $u_* = \sqrt{ghJ}$ 和 $hU = q$，联立求解水深 h；将求解得到的水深作为试算值，重复第一步到第五步，直至收敛。

延 伸 阅 读

Dunes form critical agents of bedload transport in all of the world's big rivers, and constitute appreciable sources of bed roughness and flow resistance. Dunes also generate stratification that is most common depositional feature of ancient riverine sediments. However, current models of dune dynamics and stratification are conditioned by bedform geometries observed in small rivers and laboratory experiments. For these dunes, the downstream lee-side is often assumed to be simple in shape and sloping at the angle of repose. Here we show, using a unique compilation of high-resolution bathymetry from a range of large rivers, that dunes are instead characterized predominantly by low-angle lee-side slopes ($<10°$), complex lee-side shapes with the steepest portion near the base of the lee-side slope and a height that is often only 10% of the local flow depth. This radically different shape of river dunes demands that such geometries are incorporated into predictions of flow resistance, water levels and flood risk and calls for rethinking of dune scaling relationships when reconstructing palaeoflow depths and a fundamental reappraisal of the character, and origin, of low-angle cross stratification within interpretations of ancient alluvial sediments.（CISNEROS J, BEST J, VAN DIJK T. et al. Dunes in the world's big rivers are characterized by low-angle lee-side slopes and a complex shape [J]. Nature Geoscience, 2019, 13: 156-162.）

练 习 与 思 考

1. 请论述随着水流强度增强，床面形态的主要发展过程。

2. 随着水流强度的增强，动床阻力如何变化？为什么？

3. 沙波背流面坡度的大小如何影响沙波与水流泥沙运动之间的关系？

4. 为什么一般沙波和逆行沙垄的传播方向不一样？

5. 简述冲积河流阻力的划分方式。

6. 已知宽浅冲积河道（假设为矩形断面），河道比降 $J=0.0001$，床面为均匀泥沙，粒径为 0.65mm。请分别按照 Einstein – Barbarossa 方法和 Engelund 方法计算不同单宽流量（$1.0\sim3.0\text{m}^2/\text{s}$）下的动床阻力和水深。

7. 计算动床阻力时，Einstein – Barbarossa 方法和 Engelund 方法有什么区别？

参 考 文 献

［1］ 邵学军，王兴奎. 河流动力学概论 ［M］. 2 版. 北京：清华大学出版社，2013.

［2］ SIMONS D B, RICHARDSON E V. Forms of bed roughness in alluvial channels ［J］. Journal of Hydraulic Division，ASCE，1961，87 (3)：87 – 105.

［3］ ENGELUND F, FREDSOE J. Sediment ripples and dunes ［J］. Annual Review of Fluid Mechanics，1982，(14)：13 – 37.

［4］ ENGELUND F, HANSEN E. A Monograph on Sediment Transport ［J］. Technical University of Denmark Østervoldgade 10，Copenhagen K，1967.

［5］ 张瑞瑾. 河流泥沙动力学 ［M］. 2 版. 北京：中国水利水电出版社，1998.

［6］ KOSTASCHUK R A, VILLARD. Flow and sediment transport over large subaqueous dunes：Fraser River, Canada ［J］. Sedimentology，1996，43：849 – 863.

［7］ CISNEROS J, BEST J, VAN DIJK T, et al. Dunes in the world's big rivers are characterized by low – angle lee – side slopes and a complex shape ［J］. Nature Geoscience，2020，13：156 – 162.

［8］ BEST J, KOSTASCHUK R. An experimental study of turbulent flow over a low – angle dune ［J］. Journal of Geophysical Research，2002，109 (C9)：3135.

［9］ LIU H K. Mechanics of sediment – ripple formation ［J］. Journal of Hydraulic Division，ASCE，1957，83 (2)：1 – 23.

［10］ 钱宁，万兆惠. 泥沙运动力学 ［M］. 北京：科学出版社，1983.

［11］ WILLIAMS P B, KEMP P H. Initiation of ripples on flat sediment beds ［J］. Journal of Hydraulic Division，ASCE，1971，97 (6)：505 – 522.

［12］ BEST J. On the entrainment of sediment and initiation of bed defects：insights from recent developments within turbulent boundary layer research ［J］. Sedimentology，1992，39：797 – 811.

［13］ LAJEUNESSE E, MALVERTI L, LANCIEN P, et al. Fluvial and submarine morphodynamics of laminar and near – laminar flows：a synthesis ［J］. Sedimentology，2010，57：1 – 26.

［14］ COLEMAN S E, NIKORA V I. Fluvial dunes：initiation, characterization, flow structure ［J］. Earth Surface Processes and Landforms，2011，36 (1)：39 – 57.

［15］ KENNEDY J F. The mechanics of dunes and antidunes in erodible bed channels ［J］. Journal of Fluid Mechanics，1963，16 (4)：521 – 544.

［16］ CHARRU F, ANDREOTTI B, CLAUDIN P. Sand ripples and dunes ［J］ Annual Review of Fluid Mechanics，2013，45 (1)：469 – 493.

［17］ YALIN M S. Mechanics of Sediment Transport ［M］. Pergamon Press，1972.

［18］ VANONI V. Factors determining bed forms of alluvial streams ［J］. Journal of Hydraulic Engineering，1974，100 (3)：363 – 377.

［19］ PARKER G, ANDERSON A. Basic principles of river hydraulics ［J］. Journal of Hydraulic Division，ASCE，1977，103 (9)：1077 – 1087.

［20］ CHABERT J, CHAUVIN J L. Formation des dunes et de rides dans les modeles fluviaux ［J］. Bull. Cent. Rech. Ess. Chat，1963，4：31 – 51.

[21] BROWNLIE W R. Flow depth in sand – bed channels [J]. Journal of Hydraulic Engineering ASCE, 1983, 109 (7): 959 – 990.

[22] PARKER G, TORO – ESCOBAR C M, RAMEY M et al. The effect of floodwater extraction on the morphology of mountain streams [J]. Journal of Hydraulic Engineering ASCE, 2003, 129 (11): 885 – 895.

[23] ENGELUND F. Hydraulic resistance of alluvial streams [J]. Journal of the Hydraulics Division, 1966, 92 (2): 315 – 326.

[24] VAN RIJN L C. Principles of sediment transport in rivers, estuaries and coastal areas [M]. Aqua Publications, The Netherlands, 1993.

[25] WRIGHT S, PARKER G. Flow resistance and suspended load in sand – bed rivers: simplified stratification model [J]. Journal of Hydraulic Engineering ASCE, 2004, 130 (8): 796 – 805.

[26] GARCIA L P. Transport of sand in deep rivers [D]. PhD dissertation, Colorado State University, Fort Collins, Col. USA, 1995.

[27] JULIEN P Y, KLAASEN G J. Sand – dune geometry of large rivers during floods [J]. Journal of Hydraulic Engineering ASCE, 1995, 121 (9): 657 – 663.

第6章 推移质运动

推移质和悬移质是泥沙运动的两大主要形式。推移质在整个河流泥沙运动中的比重不高，但实际问题中有不少纯属推移质为主引起的问题，如沙波运动、山区河流的卵石输运、边心滩切割后的底沙输运等。本章介绍推移质的基本概念、均匀和非均匀推移质输沙率的计算方法等。

6.1 基 本 概 念

6.1.1 推移质的运动模式

图 6.1 为河流泥沙运动基本模式的示意图。粒径较粗的泥沙沿床面滚动、滑动和跳跃，被称为推移质；粒径较小的泥沙悬浮在水中，时而上升接近水面，时而下降接近河床，有时还会与推移质及床沙发生置换，被称为悬移质；粒径更小的泥沙一直悬浮输运而不与床面泥沙发生交换，被称为冲泻质。根据与床面接触的性质，推移质又可分为两类：在河床表面滚动、滑动且与床面长期接触的推移质，被称为触移质；以跳跃方式前进、间断性与床面接触的推移质，被称为跃移质。一般而言，触移质发生的条件是，水流强度略微超过泥沙起动临界条件；而跃移质发生条件是，水流强度明显超过泥沙起动临界条件。如果认为触移质的跃移高度为 0，可将其归入到跃移质一类，用跃移状态来统一概括。当水流强度远远超过泥沙临界起动条件时（如希尔兹数 $\theta=0.5\sim1.5$），可能发生层移质运动。悬移质和推移质的划分可采用悬浮指标，也可采用其他方式。例如，Einstein[1] 以 2 倍泥沙粒径作为跃移高度临界值，将离床面 2 倍泥沙粒径范围内的泥沙当成推移质，否则为悬移质。Bagnold[2] 认为：推移质是在重力作用下与床面发生间断性接触的泥沙，紊动

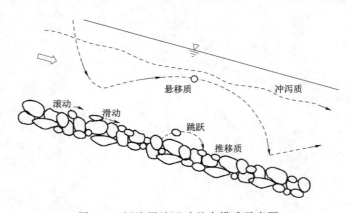

图 6.1 河流泥沙运动基本模式示意图

扩散作用对推移质的影响较小；悬移质是紊动扩散作用克服重力作用后悬浮的泥沙。悬移质和冲泻质的划分，可见第 7 章。

6.1.2 推移质的观测

推移质在床面附近滚动、滑动和跃移，离水面较远，不易观测。一般通过仪器采样称重来观测推移质运动[3]。图 6.2 为 Helley - Smith（HS）型推移质采样器示意图。将采样器紧贴床面、开口端正面迎向水流安放，利用推移质以滑动、滚动和跳跃为运行模式的特征，收集推移质[3,4]。每隔一段时间，将收集的推移质泥沙烘干称重并测级配，可得到推移质输沙率（推移质重量/采样时间）。关于推移质输沙率的定义，详见 6.1.3 节。通过采样器获得的推移质数据具有较大的不确定性。一方面，这是因为采样器施测过程

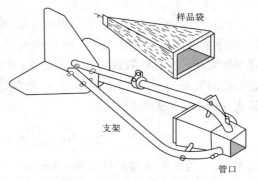

图 6.2 HS 型推移质取样器示意图[4]

难以完全避免以下几点：①整个取样器底部，特别是进口下缘，难以与床面完全密合；②取样器有阻水作用，进口流速很难做到与无取样器时的天然流速相等；③取样器对水流的扰动往往引起取样器进口两侧的冲刷，破坏推移质进入取样器的正常状态；④取样器提升时，因刮底而增加推移质数量，或因闭合不严而漏失推移质数量的现象均有可能发生；⑤不同水流条件下的推移质跃移高度及长度并非定值，但取样器的进口高度或捕沙段长度难以包括所有情况。另一方面，沙质推移质与沙波运动密切相关，但取样器的取样历时往往远小于沙波运动的周期。此外，沙波迎流面冲刷，背流面淤积，纵剖面上不同点输沙率也不相同。这可能使得采样位置的选取会极大地影响推移质输沙率的测量值。

对于沙波运动存在时推移质的准确观测，有两种可能的办法：①在沙波运动的全周期内，在同一测点连续取样，求其平均值；②在整个波长范围内，布置很多测点同时取样，求其平均值。无论哪一种办法，必须事先对床面沙波分布状态进行轮廓性的了解。英国科学家 Reid 等[5,6]设计了 Birkbeck slot 坑测取样法，可用于长时间连续观测推移质，被广泛采用。重庆交通大学自主研发了能够持续测量推移质的卵砾石音频与压力实时观测系统，应用于三峡水库变动回水区推移质观测。假定沙波纵剖面形态为三角形，可推得基于沙波运动特征的单宽推移质输沙率公式：

$$q_b = (1-p)U_b \frac{h_s}{2} \tag{6.1}$$

式中：U_b 为沙波移动速度，m/s；h_s 为沙波波高，m；p 为床沙孔隙率；q_b 为单宽推移质输沙率，m²/s。

张瑞瑾[3]指出，在一定范围内放弃使用推移质采样器的办法，改用实测沙波纵剖面因时变化来确定沙波要素，再按式（6.1）计算单宽推移质输沙率，有可能在很大程度上解决从河流中得到推移质输沙率的实测值这一根本问题。

此外，还可通过高速摄影或示踪技术[7,8]，追踪推移质颗粒的运动轨迹与状态，获得

推移质层的平均厚度 h_b、推移质平均前进速度 u_s 和推移质体积浓度 C_b（也可换算成动密实系数），再按下式计算单宽推移质输沙率：

$$q_b = C_b h_b u_s \tag{6.2}$$

6.1.3 推移质输沙率及其特点

1. 推移质输沙率的定义

推移质输沙率是指在一定的水流及床沙组成条件下，单位时间内通过过水断面的推移质数量（重量或体积），常用单位为 kg/s 或 m^3/s。由于水流条件沿河宽变化很大，单位时间内通过单位宽度的推移质数量可能相差悬殊，常用单宽推移质输沙率 $[q_b, m^2/s; g_b, kg/(m \cdot s)$；它们之间关系为：$g_b = \rho_s q_b$，其中 ρ_s 为泥沙密度] 来表征推移质输移强度。断面和单宽推移质输沙率之间关系为

$$G_b = \int_0^B \rho_s q_b \, \mathrm{d}y = \rho_s \sum_{i=1}^n q_{bi} b_i \tag{6.3}$$

式中：G_b 为断面推移质输沙率，kg/s；q_{bi} 为 i 垂线或 i 流束的单宽推移质输沙率，m^2/s；b_i 为 i 流束宽度，m；B 为河宽，m。

此外，还常用无量纲数来表征推移质输移强度：

$$q_b^* = \frac{q_b}{\sqrt{RgD}D} \tag{6.4a}$$

$$W^* = \frac{Rgq_b}{u_*^3} = \frac{q_b^*}{\theta^{1.5}} \tag{6.4b}$$

式中：q_b^* 为爱因斯坦数，W^* 为帕克数。

2. 推移质输沙率与推移质挟沙力

一般认为，推移质运动常处于饱和输沙状态，即水流实际输运推移质的量和推移质挟沙力（即恒定均匀流、平衡饱和输沙状态下的推移质输沙率）是相等的。本书 6.2 节和 6.3 节的推移质输沙率公式均是指"挟沙力"状态下的推移质输沙率。本书编者曾应用冲积河流多重时间尺度理论，结合推移质饱和与非饱和模型的数值试验对比，揭示了在没有外界泥沙输入扰动的条件下，冲积河流推移质可以很快地调整到饱和输沙状态[9-11]。例如，基于恒定均匀流、平衡饱和输沙状态下的推移质输沙率公式可以很好地拟合强非恒定、山洪条件下的推移质输运数据[12,13]。尽管如此，当外界有较强泥沙输入扰动或研究问题的空间尺度较小时，推移质可能来不及向饱和输沙状态调整。此时，推移质可能处于非饱和输沙状态，水流实际输运推移质的量和推移质挟沙力并不相等，需要采用推移质非饱和输沙模式[10,11,14]。例如，在针对沙波演化的不稳定性分析中，推移质输沙率与水流流速之间的滞后距离就是非常重要的参数[15-17]。只有正确选择滞后距离，才能根据肯尼迪的沙波不稳定性理论对床面形态做出比较符合实际的预测。

3. 推移质输沙率随时空变化的特点

首先，对于一定的水流、断面形态和床沙组成的河床来说，推移质运动在空间上主要出现在断面的一定宽度内，即存在所谓推移质输移带。这是因为，推移质运动对水流变化十分敏感。例如，大部分推移质输沙率公式显示，输沙率与流速的三次方或四次方成正比，水流速度的细微变化会大大影响推移质输沙率。这使得天然河流上推移

质往往集中在流速较大的主流线一带，大洪水期推移质输沙量往往占全年推移质输沙量的很大部分。

其次，推移质输沙率随时间变化表现出强烈的脉动性，且比水流流速的脉动更强；输沙率峰值表现出一定的周期性[18]。推移质输沙率的脉动性与床面颗粒特性的不均匀性、沙波运动、颗粒分选、水流变化的滞后响应以及水流脉动性等有关[19]。推移质脉动性比水流脉动更强的原因也是如此：推移质不仅受到水流脉动的影响，也受到其他许多因素的影响。推移质输沙率峰值的周期性可能与沙波运动有关：在经过沙波峰顶时推移质输沙率达到最大值；在经过沙波尾端时，其值接近于 0。

6.2　均匀推移质输沙率公式

6.2.1　概述

最早的推移质输沙率公式由法国工程师杜博埃（Du Boys）于 1879 年提出：

$$g_b = \psi\tau_0(\tau_0 - \tau_c) \tag{6.5}$$

式中：τ_c 为起动拖曳力，N/m^2；τ_0 为拖曳力，N/m^2；ψ 为表征泥沙输移的特性系数。

此公式现在已很少采用，但其蕴含的"推移质输沙率是水流实际拖曳力与床沙起动拖曳力差值函数"的观点被广泛采用。过去大半个世纪建立的推移质输沙率公式有上百个。表 6.1 为 11 个常用的均匀推移质输沙率公式。这 11 个公式中，除 Van Rijn[20] 公式外，其余均表现为 $q_b^* = f(\theta, \theta_c)$。图 6.3 给出了形式为 $q_b^* = f(\theta, \theta_c)$ 的推移质输沙率公式的对比。对于大部分公式而言，q_b^* 与希尔兹数 θ 是 1.5 次方关系。具有 $q_b^* \propto \theta^{1.5}$ 关系的推移质输沙率公式可进一步分成两类：$q_b^* \propto (\theta - \theta_c)^{1.5}$ 和 $q_b^* \propto (\theta - \theta_c)(\sqrt{\theta} - \sqrt{\theta_c})$。当 $\theta \gg \theta_c$ 时，这两类公式计算的推移质输沙率差不多；当 $\theta \sim \theta_c$ 时，这两类公式的差异巨大。Pahtz 等[21] 基于粒子法追踪泥沙颗粒轨迹模拟结果的统计分析认为，当 $(\theta - \theta_c) < 0.1$ 时，$q_b^* \propto (\theta - \theta_c)$；当 $(\theta \gg \theta_c)$ 时，$q_b^* \propto (\theta - \theta_c)^2$。大部分推移质输沙率公式都含有临界起动希尔兹数（或临界起动流速）；只有少数例外，如 Einstein 公式[1]、Paintal 公式[22] 和 Cheng 公式[23] 等。从图 6.3 可以看到，当希尔兹数小于泥沙起动临界希尔兹数时，这些公式计算得到的推移质输沙率较小，但不等于 0。在 $0.05 < \theta < 0.07$ 的低强度输沙区间，Paintal 公式与其他公式差异较大。根据上述公式推导/率定的方法，可将推移质输沙率公式分为基于拉格朗日方法的公式、基于实验数据率定的公式、基于随机统计思想的公式等。

6.2.2　基于拉格朗日方法的推移质输沙率公式

基于拉格朗日方法推导推移质输沙率公式的思路是：采用高速摄影或粒子示踪技术追踪所有泥沙颗粒运动轨迹的因时变化，结合理论或实验分析，得到推移质层的厚度（平均跃移高度）、推移质泥沙的平均运动速度、推移质层的泥沙浓度或动密实系数；将它们代入式（6.2），从而可得到推移质输沙率。据此，张瑞瑾[3] 曾推导得到：

泥沙运动速度：
$$u_s = (1+m)\alpha^m A'(U - U_c)(D/h)^m \tag{6.6a}$$

动密实系数：
$$m_s = \eta(U/U_c)^n \tag{6.6b}$$

式中：U_c 为起动流速，m/s；A'、α、m、n 和 η 为经验参数。

表 6.1　　　　　　　常用的均匀推移质输沙率公式（按年代顺序）

序号	公式名称/来源	公式形式
1	MPM 公式[24]	$q_b^* = 8(\theta - \theta_c)^{1.5}$；$\theta_c = 0.047$
2	Einstein 公式[1]	$1 - \dfrac{1}{\sqrt{\pi}} \displaystyle\int_{-0.143/\theta-2}^{0.143/\theta-2} e^{-t^2} dt = \dfrac{43.5 q_b^*}{1 + 43.5 q_b^*}$
3	Wilson 公式[25]	$q_b^* = 12\theta^{1.5}$；$\theta = 0.5 \sim 1.5$
4	Paintal 公式[22]	$q_b^* = 6.56 \times 10^{18} \theta^{16}$；$\theta = 0.007 \sim 0.07$
5	Ashida 和 Michiu 公式[26]	$q_b^* = 17(\theta - \theta_c)(\sqrt{\theta} - \sqrt{\theta_c})$；$\theta_c = 0.05$
6	FLV 公式[27]	$q_b^* = 5.7(\theta - \theta_c)^{1.5}$；$\theta_c = 0.037 \sim 0.0455$
7	Engelund 和 Fredsoe 公式[28]	$q_b^* = 11.6(\theta - \theta_c)(\sqrt{\theta} - 0.7\sqrt{\theta_c})$；$\theta_c = 0.05$
8	率定后 Einstein 公式[29]	$q_b^* = 11.2\theta^{1.5}(1 - \theta_c/\theta)^{4.5}$；$\theta_c = 0.03$
9	Van Rijn 公式[20]	$q_b^* = 0.053 \dfrac{T^{2.1}}{D_*^{0.3}}$
10	Cheng 公式[23]	$q_b^* = 13\theta^{1.5} \exp\left(-\dfrac{0.05}{\theta^{1.5}}\right)$
11	Wong 和 Parker 公式[30]	$q_b^* = 3.97(\theta - \theta_c)^{1.5}$；$\theta_c = 0.0495$

注　本表没有考虑沙波阻力与沙粒阻力的区分。

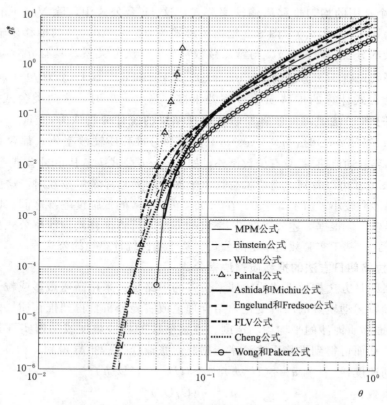

图 6.3　不同推移质输沙率公式对比

将式 (6.6a) 和式 (6.6b) 代入式 (6.2) 并经过化简可得

$$g_b = \varphi \rho_s D \ (U - U_c) \ \left(\frac{U}{U_c}\right)^n \left(\frac{D}{h}\right)^m \tag{6.7}$$

式中：φ 为综合系数；n、m 为待定指数。冈恰洛夫率定为：$\varphi = 2.08$，$n = 3$，$m = 1/10$。

Van Rijn[20] 假设颗粒为均匀密度球体，考虑颗粒有效重力、水流上举力和拖曳力，建立了颗粒运动轨迹方程，采用 Fernandez Luque 和 Van Beek[27] 测量的推移质轨迹数据对模型参数（水流上举力和拖曳力）率定。在此基础上，利用该颗粒运动轨迹模型模拟了不同颗粒粒径（$100 \sim 2000 \mu \mathrm{m}$）在不同水流条件（$u_* = 0.02 \sim 0.14 \mathrm{m/s}$）下的跃移过程，得到如下关系式：

$$h_b = 0.3 D_{50} D_*^{0.7} T^{0.5} \tag{6.8a}$$

$$u_s = 1.5 \sqrt{RgD_{50}} \, T^{0.6} \tag{6.8b}$$

$$C_b = 0.18 \times 0.65 T / D_* \tag{6.8c}$$

式中：$D_* = D_{50}(Rg/\nu^2)^{1/3}$；$T = [(u_*')^2 - (u_{*c}')^2]/(u_{*c}')^2$，$u_*' = (g^{0.5}/C')U$，为与沙粒阻力相关的摩阻流速，m/s，$C' = 18\log[12R_b/(3D_{90})]$，为与床面泥沙颗粒阻力相关的谢才系数，$R_b$ 为与河底阻力有关的水力半径，m（采用 Vanoni – Brooks 方法进行壁面修正，详见 Vanoni 和 Brooks[31]）。

将式 (6.8a) ～式 (6.8c) 代入式 (6.2)，得到推移质输沙率公式：

$$q_b^* = 0.053 \frac{T^{2.1}}{D_*^{0.3}} \tag{6.9}$$

Engelund 和 Fredsoe[28] 的推移质输沙率公式为

$$q_b^* = 11.6(\theta - \theta_c)(\sqrt{\theta} - 0.7\sqrt{\theta_c}) \tag{6.10}$$

首先，他们采用床面泥沙运动概率 P、单位床面面积上泥沙颗粒数 $1/D^2$ 和单颗泥沙颗粒体积 $\pi D^3/6$ 三个参数的乘积，替代式 (6.2) 中推移质层厚度与推移质层体积浓度的乘积，得到式 (6.11)。其次，他们取床面剪切应力为床面泥沙起动剪切力及运动颗粒（数量为 N）所承受的剪切力之和，即 $\tau_b = \tau_c + N(\gamma_s - \gamma)\beta \pi D^3/6$，其中 N 为运动着的推移质颗粒数，β 为动摩擦系数；再根据单位面积床面上泥沙总颗粒数与床面泥沙运动概率的关系 [即 $P = N/(1/D^2)$]，联立求解得到了床面泥沙运动概率，即式 (6.12a)。接着，他们令每颗泥沙所承受的水流推力等于其所承受的动摩擦力，推导得到推移质运动平均速度式 (6.12b)。

$$q_b = P \frac{1}{D^2} \frac{\pi D^3}{6} u_b \tag{6.11}$$

$$P = \frac{6}{\pi \beta}(\theta - \theta_c) \tag{6.12a}$$

$$u_b = a u_* \left(1 - 0.7\sqrt{\frac{\theta_c}{\theta}}\right) \tag{6.12b}$$

最后，将式 (6.12a) 和式 (6.12b) 代入式 (6.11)，并取动摩擦系数 $\beta = 0.8$，得到 Engelund 和 Fredsoe[28] 的推移质输沙率公式 (6.10)。

6.2.3 以实验数据率定为主的推移质输沙率公式

MPM[24] 公式是基于实验数据率定的推移质输沙率公式的代表。Meyer Peter 和

Müller 进行过大量推移质试验，资料范围比较广：能坡 0.0004～0.02，平均粒径 0.4～30mm，水深 1～120cm，流量 0.0002～4m³/s，泥沙密度 1250～4200kg/m³。Meyer Peter 和 Müller 根据初步试验资料，首先找到一个输沙率的经验公式（只包括单宽推移质输沙率、单宽流量、比降及泥沙粒径等几个简单因子）。接着，他们把这样的结果应用到比较复杂的情形中去，找出偏差以及产生偏差的原因，再进一步把引起偏差的因素逐一考虑，研究其对输沙的作用。这样，逐步考虑泥沙的容重和组成，以及床面起伏等因素对推移质输沙率的影响。最后求出一般性的推移质输沙率公式：

$$q_b^* = 8\left[\left(\frac{n'}{n}\right)^{1.5}\theta - \theta_c\right]^{1.5} \tag{6.13}$$

式中：n 为曼宁糙率系数；$n' = D_{90}^{1/6}/26$，为河床平整情况下的沙粒曼宁糙率系数。

梅耶-彼得在希尔兹数 θ 前加了修正系数 $(n'/n)^{3/2}$。这是因为，与沙粒阻力有关的一部分拖曳力才会对推移质输沙率起作用；其中与沙波阻力有关的拖曳力对推移质输沙率不起作用。按照能坡分割法，应有 $\tau'/\tau = (n'/n)^2$；但梅耶-彼得根据试验成果认为，n'/n 的指数以改用 3/2 为宜。

Wong 和 Parker[30] 指出，Meyer Peter 和 Müller 的试验并没有沙波运动，本质上无须阻力修正。他们认为，Meyer Peter 和 Müller 采用沙粒阻力修正的原因是：受限于当时对动床阻力认识的局限性，采用了并不适应于动床条件的 Nikuradse 糙率高度（$k_s = D_{90}$）。实际上，Kamphuis[32] 指出，在动床条件下，当 $h/D_{90} > 10$ 时，粗糙高度应等于 2 倍床沙粒径，即 $k_s = 2D_{90}$。Wong 和 Parker[30] 指出，Meyer Peter 和 Müller 的 135 组试验数据中有 124 组满足 $h/D_{90} > 10$。据此，Wong 和 Parker[30] 重新率定，得到了无须阻力修正的 MPM 表达式：

$$q_b^* = 4.93(\theta - \theta_c)^{1.6}; \theta_c = 0.047 \tag{6.14a}$$

$$q_b^* = 3.97(\theta - \theta_c)^{1.5}; \theta_c = 0.0495 \tag{6.14b}$$

6.2.4 基于随机统计观点的推移质输沙率公式

上述推移质输沙率公式采用的是时均参数，没有考虑推移质运动的随机现象（即脉动性）。实际上，推移质泥沙在起动之后运行一段距离，重返床面，并等候下一次起动时，与当时泥沙所处位置及遭遇的瞬时流速有关，具有随机性质。考虑推移质运动的随机性，并根据统计法则探求推移质输沙率公式，是研究推移质运动的一个重要方法。这一方面的探索，最早由爱因斯坦开始[1]。"挟沙力"条件下推移质处于饱和平衡输沙状态，床面泥沙与推移质泥沙的交换达到平衡：单位时间单位床面上冲刷外移的沙量正好与沉积下来的沙量相等。基于随机统计观点，爱因斯坦首先推导了泥沙沉积率 [式（6.16）] 和冲刷率 [式（6.18）]，再根据饱和输沙条件下沉积率和冲刷率相等的条件推导了推移质输沙率与床面泥沙起动概率之间的关系 [式（6.20）]，最后推导了床面泥沙起动概率 [式（6.28）]，从而得到了基于随机统计思想的爱因斯坦推移质输沙率公式 [式（6.30）]。具体过程如下。

爱因斯坦根据一系列的预备试验及统计分析，首先获得了以下几种基本认识：

（1）河床表面的泥沙及运动的推移质组成一个不可分割的整体，它们之间存在不断的交换。运动—静止—再运动；推移质输沙率实质上决定于沙粒在床面的停留时间。

（2）由于推移质运动的随机性质，应该用统计学的观点来讨论大量泥沙颗粒在一定水流条件下的运动过程，而不是去研究某一颗或某几颗沙粒的运动。

（3）任何沙粒被水流带起的概率，取决于泥沙的性质及水流在河床附近的流态，与沙粒过去的历史无关；对于一定的沙粒，进入运动的概率，在床面各处都是相同的。

（4）使泥沙起动的主要作用力是上举力，当瞬时上举力大于沙粒在水中的重量时，床面沙粒就进入运动状态。

（5）沙粒在运动过程中，只要当地的瞬时水流条件不足以维持其继续运动，就会在那里静止沉降；对于一定的沙粒，在床面各处静止沉降的概率是一样的。

（6）在泥沙运动强度不大时，任何沙粒在两次连续沉积之间的平均运动距离，决定于沙粒的大小及形状，与水流条件、床沙组成及推移质输沙率无关。爱因斯坦假定，对于具有一般球度的沙粒来说，这个平均距离相当于粒径的 100 倍。

基于上述认识，爱因斯坦首先推导了泥沙的沉积率（单位时间、单位面积床面沉积的推移质）和冲刷率（单位时间、单位面积床面上起动的推移质）。考虑如图 6.4 所示的起始断面 A：记单位时间通过该断面单位宽度的泥沙质量，即单宽推移质输沙率为 g_b，数量为 N 颗。对于这些沙粒，不论它们从上游什么地方开始最近一次的运动，在通过 A 断面后，都将在 A 断面下游一定距离内完全沉积下来。记沙粒每次平均跃移距离为 λD；沙粒完成一次跃移运动后能否继续运动，取决于水流的瞬时上举力是否大于沙粒在水中的重量，记其概率为 P。相应地，每颗沙粒完成一次跃移运动后不再继续跃移的概率为 $(1-P)$。对于通过 A 断面的 N 颗沙粒而言，在完成第一次跃移后，将有 $N(1-P)$ 颗沙粒完全沉积下来，而有 NP 颗沙粒继续跃移前进；完成第二次跃移后，又将有 $NP(1-P)$ 颗沙粒完全沉积下来，而有 NP^2 颗沙粒继续跃移前进；如此继续下去，这 N 颗泥沙运行的总距离 L 等于经历不同行程的泥沙各自运行距离的总和，即

$$L = N(1-P)\lambda D + NP(1-P)2\lambda D + NP^2(1-P)3\lambda D + \cdots + NP^{n-1}(1-P)n\lambda D$$

$$= N\sum_{n=1}^{\infty} P^{n-1}(1-P)n\lambda D = N\frac{\lambda D}{1-P} \tag{6.15}$$

据此，可求得这 N 颗沙粒的平均运动距离为 $L_0 = L/N = \lambda D/(1-P)$。这表明，下沉泥沙的平均运动距离，除与粒径有关外，还与泥沙起动 P 有关，也就是与水流强度有关。水流强度越大，起动概率越大，泥沙的平均运行距离也越长。泥沙的沉积率为

$$D_a = \frac{g_b}{1 \times L_0} = \frac{g_b(1-P)}{\lambda D} \tag{6.16}$$

泥沙冲刷率＝单位面积上泥沙颗粒的数量×泥沙起动概率 P ×单颗泥沙体积×泥沙密度/泥沙起动所需时间。近似估算单位面积上的泥沙颗粒等于 $1/A_1 D^2$，单颗泥沙体积等于 $A_2 D^3$，其中 A_1 和 A_2 为与泥沙形状有关的系数；假定泥沙起动所需时间与泥沙在静水中沉降一个粒径的距离所需的时间成正比，即 $t \propto D/\omega$；引入比例常数 A_3，并取 $\omega = \sqrt{RgD}$，则有

$$t = A_3 \frac{D}{\sqrt{RgD}} \tag{6.17}$$

这样，泥沙冲刷率为

$$E_a = \frac{\rho_s \dfrac{P}{A_1 D^2} A_2 D^3}{A_3 \dfrac{D}{\sqrt{RgD}}} = \frac{A_2}{A_1 A_3} \rho_s P \sqrt{RgD} \tag{6.18}$$

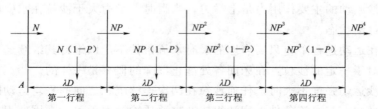

图 6.4　泥沙运行示意图[3]

在输沙平衡情况下，泥沙沉积率应等于冲刷率（$E_a = D_a$），推导可得

$$\frac{P}{1-P} = \frac{A_1 A_3}{\lambda A_2} \frac{g_b}{\rho_s \sqrt{RgD} D} \tag{6.19}$$

记 $A_* = A_1 A_3 / (\lambda A_2)$，并引入爱因斯坦数 $q_b^* = g_b / [\rho_s \sqrt{RgD} D]$，可得

$$P = \frac{A_* q_b^*}{1 + A_* q_b^*} \tag{6.20}$$

下面推求床面泥沙起动概率 P。如前所述，推移质颗粒完成一次跃移后能否继续运动，取决于水流的瞬时上举力是否大于沙粒在水中的重量（即 $1 > W/F_L$）。沙粒在水下的有效重量 W 及水流对沙粒的时均上举力 $\overline{F_L}$ 可以分别写成：

$$W = (\gamma_s - \gamma) A_2 D^3 \tag{6.21a}$$

$$\overline{F_L} = C_L A_1 D^2 \gamma \frac{u_b^2}{2g} \tag{6.21b}$$

式中：C_L 为系数；u_b 为时均近底流速，m/s。

爱因斯坦根据 EI-Samni 的均匀沙试验成果，取 $z = 0.35D$ 和 $K_s = D$，代入流速分布公式 $u/U_*' = 5.75 \lg(30.2 z \chi / K_s)$，可得

$$u_b = 5.75 U_*' \lg(10.6\chi) \tag{6.22}$$

式中：U_*' 为与沙粒阻力有关的摩阻流速。

这是因为，在沙波条件下，只有与沙粒阻力有关的一部分床面拖曳力才对推移质运动起作用。用 η 代表附加于时均上举力之上的上举力的脉动值，在式（6.21b）右侧乘以 $(1+\eta)$ 可得瞬时上举力；记 η 的均方差为 η_0，则相对脉动值为 $\eta_* = \eta/\eta_0$。因此瞬时上举力可写为

$$F_L = C_L A_1 D^2 \gamma \frac{u_b^2}{2g} (1 + \eta_* \eta_0) \tag{6.23}$$

如前所述，概率 P 代表 $1 > W/F_L$ 的概率。将 W 和 F_L 表达式（6.21a）和式（6.23）代入这一不等式，结合近底流速表达式（6.22），可得

$$1 > \left(\frac{1}{1 + \eta_* \eta_0} \right) \frac{1}{\dfrac{U_*'^2}{(\gamma_s - \gamma)/\gamma gD}} \frac{2A_2}{C_L A_1} \frac{1}{5.75^2} \frac{1}{\lg^2(10.6\chi)} \tag{6.24}$$

根据希尔兹数定义，有 $\theta'=U_*'^2/[(\gamma_s-\gamma)/\gamma gD]$。为方便，下文用 θ 代替 θ'；另记 $B'=2A_2/[(C_LA_1 5.75^2)\lg^2(10.6\chi)]$，则式（6.24）变为

$$1>\left(\frac{1}{1+\eta_*\eta_0}\right)\frac{B'}{\theta} \tag{6.25}$$

爱因斯坦认为上举力的脉动是与纵向流速的脉动相关联的，不论瞬时纵向流速是正是负，上举力总是正的。据此，认为 $(1+\eta_*\eta_0)$ 应取绝对值 $|(1+\eta_*\eta_0)|$，则不等式（6.25）变为

$$|1+\eta_*\eta_0|>B'/\theta \tag{6.26a}$$

记 $B_*=B'/\eta_0$，式（6.26a）可变为

$$\left|\frac{1}{\eta_0}+\eta_*\right|>B_*/\theta \tag{6.26b}$$

求解式（6.26b），可得

$$\eta_*\leqslant-\frac{B_*}{\theta}-\frac{1}{\eta_0}\ \text{或}\ \eta_*\geqslant\frac{B_*}{\theta}-\frac{1}{\eta_0} \tag{6.27}$$

在式（6.27）限定的范围内，上举力大于沙粒在水中的重量（即 $1>W/F_L$），沙粒可以起动。爱因斯坦根据 EI-Samni 试验，认为上举力遵循正态分布，并采用误差函数形式概率积分 $\left(\text{erf}(\chi)=1/\sqrt{\pi}\int e^{-t^2}\text{d}t\right)$，求得泥沙起动概率为

$$P=1-\frac{1}{\sqrt{\pi}}\int_{-B_*/\theta-\frac{1}{\eta_0}}^{B_*/\theta-\frac{1}{\eta_0}}e^{-t^2}\text{d}t \tag{6.28}$$

将式（6.28）代入式（6.20）可得爱因斯坦的推移质输沙率公式如下：

$$1-\frac{1}{\sqrt{\pi}}\int_{-B_*/\theta-\frac{1}{\eta_0}}^{B_*/\theta-\frac{1}{\eta_0}}e^{-t^2}\text{d}t=\frac{A_*q_b^*}{1+A_*q_b^*} \tag{6.29}$$

爱因斯坦采用 EI-Samni 试验成果和均匀推移质实验成果得到：$1/\eta_0=2.0$，$A_*=43.5$，$B_*=0.143$。式（6.29）变为

$$1-\frac{1}{\sqrt{\pi}}\int_{-0.143/\theta-2}^{0.143/\theta-2}e^{-t^2}\text{d}t=\frac{43.5q_b^*}{1+43.5q_b^*} \tag{6.30a}$$

记 $\psi=1/\theta$ 为水流强度，式（6.30a）又可写为如下形式：

$$1-\frac{1}{\sqrt{\pi}}\int_{-0.143\psi-2}^{0.143\psi-2}e^{-t^2}\text{d}t=\frac{43.5q_b^*}{1+43.5q_b^*} \tag{6.30b}$$

应用方程（6.30）计算推移质输沙率需要试算，较为不便。为此，Parker[29] 推导了式（6.31）来拟合式（6.30）。

$$q_b^*=11.2\frac{(\theta-\theta_c)^{4.5}}{\theta^3};\theta_c=0.03 \tag{6.31}$$

爱因斯坦的理论存在一些缺陷。首先，上述分析没有考虑沙波运动，而推移质运动通常是以沙波运动的形式来体现的。当存在沙波时，床面有规律地交替出现加速区和减速区，这种具有周期性沿程变化的床面水流结构，对泥沙的跃移和休止有着极其重要的影响。把床面看成平整的，把床面时均流速看成沿程不变的，忽略由时均流速沿程变化所引

起的沙粒规律性间歇运动，而仅考虑由流速脉动所引起的沙粒机遇性间歇运动，不能认为是完全符合实际的。其次，爱因斯坦在求沙粒起动概率时，认为沙粒起动的唯一条件是水流对沙粒的上举力大于沙粒在水中的重量。实际上，当卵石凸出于床面时，推移力和上举力可能都是显著的。

6.2.5　水流条件极强或极弱时的推移质输沙率公式

水流强度低于临界起动条件时（$\theta < \theta_c$），大部分公式计算的推移质输沙率等于 0。然而，Paintal[22] 在水流条件弱于泥沙临界起动条件时，经过长时间（近 70h）观测，对粒径 2.5～22.2mm 的泥沙记录到了 6.9×10^{-9} g/(cm·s) 的输沙率。Lavelle 和 Mofjeld[33] 总结了大量相关成果。水流条件极弱时，Paintal 推移质输沙率公式[22] 为

$$q_b^* = 6.56 \times 10^{18} \theta^{16}; \quad \theta = 0.007 \sim 0.07 \tag{6.32}$$

当水流强度远远超过临界起动条件时（$\theta \gg \theta_c$），可认为 $(\theta - \theta_c) \approx \theta$。将 $(\theta - \theta_c) \approx \theta$ 代入某推移质输沙率公式，如式（6.14b），可得 $q_b^* = 3.97\theta^{1.5}$，即 $q_b = 3.97 u_*^3 / (Rg)$，从而推移质输沙率与泥沙粒径无关。实际上，当水流强度极强（$\theta \gg \theta_c$）时，大部分公式计算的推移质输沙率与泥沙粒径无关。这是因为，当水流强度足够强时，床面泥沙将成层整体运动，被称为层移质（sheet flow）。床面泥沙进入层移质的临界条件约为 $\theta = 0.5 \sim 1.5$。Wilson 层移质输沙率公式[25] 为

$$q_b^* = 12\theta^{1.5} \tag{6.33}$$

Cheng[23] 推导了既适应于高强度推移质，也适应于弱强度推移质输沙率公式：

$$q_b^* = 13\theta^{1.5} \exp\left(-\frac{0.05}{\theta^{1.5}}\right) \tag{6.34}$$

6.3　非均匀推移质输沙率公式

6.3.1　非均匀推移质输运简介

自然河流泥沙往往是非均匀的，泥沙粒径范围较宽，不同粒径泥沙对水流的响应可能相差甚远，比均匀泥沙复杂得多。一般而言，均匀泥沙在床面排列较为密集，近底水流结构相对而言较为简单。非均匀床沙则不然，粗颗粒一般突出在细颗粒之上，因暴露而承受的水流作用力相对较大，而细颗粒则受到周围粗颗粒的隐蔽，承受的水流作用力较小。粗颗粒的大小和含量直接影响水流阻力，从而影响流速分布。对于粒配分布范围甚广的非均匀床沙，其最粗颗粒在一般水流条件下并不参与运动，仅在特大洪水时才起动输移。这种粗颗粒的存在，也将通过影响水流结构、阻力以至床面可动泥沙的概率来影响推移质输沙。如果进一步把粗颗粒泥沙在床面的排列形状（例如卵石的鱼鳞状排列）以及来自上游及本河段的推移质补给条件等考虑在内，问题就更加复杂了。探讨非均匀推移质输沙率时，有必要结合天然河流的实际，分两种情况来考虑：一种是山区沙卵石河床的情况；另一种是平原沙质河床的情况。山区河流的沙卵石河床，床沙粒配分布较宽，非均匀性强，一般可达到 2～3 个数量级。特别地，大部分沙卵石河床的床沙粒配曲线具有双峰特性，一般在 10mm 以上和 1mm 以下的泥沙含量较多，而在两者之间的部分则较少。平原沙质河床的床沙粒配分布范围较窄，一般仅略大于 1 个数量级，而且很粗和很细的颗粒含量均

较少，因而由泥沙非均匀性引起的问题要小得多，在某些情况下，可简化为均匀沙看待。非均匀的床面在特大流量清水冲刷条件下，可能会形成抗冲保护层或铺盖层。

6.3.2 代表性的非均匀推移质输沙率公式

对于非均匀推移质输运而言，如果能够找到一个合适的代表粒径，就可以利用6.2节的公式直接计算总输沙率。爱因斯坦根据一些小河实测资料及水槽试验成果，建议床沙组成的 D_{35} 作为代表粒径，而梅耶-彼得建议用床沙平均粒径 D_m 作为代表粒径。钱宁曾对这两种做法用水槽试验资料做过检验，结论是：对于低强度输沙，用 D_m 较用 D_{35} 合理；对于高强度输沙，两者并无不同。这是因为在高强度输沙条件下（$\theta \gg \theta_c$），推移质输沙率与粒径无关。下面介绍基于分粒径组输沙率的计算公式。

1. 基于均匀推移质输沙率公式的推广

基于均匀推移质输沙率公式（表6.1），考虑床面泥沙级配（用 F_i 表示河床表层泥沙第 i 个粒径组的百分比，第 i 个粒径组的代表粒径记为 D_i）的影响，可直接得到分粒径组推移质输沙率。例如，Ashida 和 Michiue[26] 将其均匀推移质输沙率公式推广于非均匀推移质，得到

$$q_{bi}^* = \frac{q_{bi}}{F_i \sqrt{RgD_i} D_i} = 17(\theta_i - \theta_{ci})(\sqrt{\theta_i} - \sqrt{\theta_{ci}}), i = 1, 2, \cdots, N \qquad (6.35a)$$

式中，θ_i 为希尔兹数，$\theta_i = u_*^2/(RgD_i)$；θ_{ci} 为分粒径组泥沙起动临界希尔兹数，其计算必须考虑粗细颗粒的暴露/隐蔽效应，N 为不同泥沙粒径组份的数量。

为此，Ashida 和 Michiue 对 Egiazaroff 模式稍作如下修改：

$$\frac{\theta_{ci}}{\theta_{cg}} = \begin{cases} 0.843 \dfrac{D_{sg}}{D_i} & D_i/D_{sg} \leqslant 0.4 \\[3mm] \dfrac{\log^2 (19)}{\log^2 (19D_i/D_{sg})} & D_i/D_{sg} > 0.4 \end{cases} \qquad (6.35b)$$

式中：$\theta_{cg} = 0.05$，D_{sg} 为河床表层泥沙的几何平均粒径，m（下标 s 表明该参数与河床表层有关，例如，河床表层的算数平均粒径 D_{sm}，河床表层的中值粒径 D_{s50} 等）。

类似地，Ferguson 等[34] 和 Powell 等[35] 将 Parker[29] 公式（6.31）推广如下：

$$q_{bi}^* = 11.2 \frac{(\theta_i - \theta_{ci})^{4.5}}{\theta_i^3} \qquad (6.36a)$$

$$\theta_{ci} = 0.03 \left(\frac{D_i}{D_{s50}}\right)^{-0.74} \qquad (6.36b)$$

得到分粒径组推移质输沙率后，可按式（6.37）计算非均匀推移质总输沙率：

$$q_b = \sum q_{bi} = \sum F_i q_{bi}^* \sqrt{RgD_i^3} \qquad (6.37)$$

2. Parker 基于河床近表层卵石级配的推移质输沙率公式

Parker 等[36] 分析卵石河流（如 Oak Creek、Elbow River 等）推移质级配、河床表层（surface）和近表层（substrate）泥沙级配之间的关系后认为：卵石河流的铺盖层被破坏后，河床近表层的不同粒径组卵石泥沙具有相同的可动性（equal mobility）；长时间平均的推移质泥沙级配与河床近表层的卵石级配接近。据此，Parker 等[36] 建立了基于河床近表层卵石泥沙中值粒径（D_{sub50}）的推移质总输沙率计算方法：

$$W^* = \frac{Rgq_b}{u_*^3}$$

$$= \begin{cases} 0.0025\exp\left(14.2\left(\theta_{subD50}-1\right)-9.28\left(\theta_{subD50}-1\right)^2\right) & 0.95 < \theta_{subD50} < 1.65 \\ 11.2\left(1-\dfrac{0.822}{\theta_{subD50}}\right)^{4.5} & \theta_{subD50} > 1.65 \end{cases}$$

$$(6.38)$$

式中：$\theta_{subD50} = u_*^2/(RgD_{sub50})$，为对应于河床近表层卵石泥沙中值粒径的希尔兹数，$D_{sub50}$ 为河床近表层的卵石中值粒径（扣除粒径小于 2mm 的泥沙后，基于重新正则化的卵石泥沙级配计算）。

3. Parker 基于河床表层泥沙级配的推移质输沙率公式

基于河床近表层卵石级配的推移质总输沙率公式[式(6.38)]可用于计算河流长时间平均的推移质输沙率，但不适应于计算瞬时水流作用下的推移质输沙率。物理上而言，瞬时水流作用下的瞬时推移质输沙率应与河床表层（而非河床近表层）的泥沙级配相关。为此，Parker[37] 重新分析了相关卵石河流的实测数据，得到了基于河床表层卵石级配的推移质输沙率公式：

$$W_i^* = \frac{Rgq_{bi}}{u_*^3 F_{gravel,i}} = \begin{cases} 11.933\left(1-0.853/\phi_i\right) & \phi_i > 1.59 \\ 0.00218e^{14.2(\phi_i-1)-9.28(\phi_i-1)^2} & 1 \leqslant \phi_i \leqslant 1.59 \\ 0.00218\phi_i^{14.2} & \phi_i < 1 \end{cases} \quad (6.39)$$

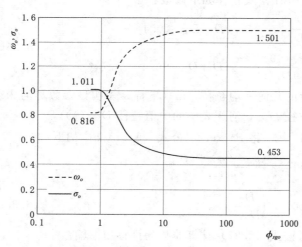

图 6.5 经验参数 σ_o 和 ω_o 随经验参数 ϕ_{sgo} 变化规律[37]

式中：$\phi_i = (1+[\omega_o-1]\sigma_s/\sigma_0)\phi_{sgo}$ $(D_i/D_{sg})^{-0.0951}$；$F_{gravel,i}$ 为河床表层卵石不同粒径组的百分比（扣除粒径小于 2mm 的细沙后正则化）；D_{sg} 为河床表层卵石的几何平均粒径，m；σ_s 为河床表层卵石泥沙粒径级配的标准差；$\phi_{sgo} = \theta_{sg}/\theta_{csg}$，$\theta_{sg} = u_*^2/(RgD_{sg})$，为对应表层卵石几何平均粒径的希尔兹数；$\theta_{csg} = 0.0386$，为表层卵石几何平均粒径泥沙的临界希尔兹数；$\sigma_o$ 和 ω_o 均为 ϕ_{sgo} 的函数（图 6.5）。

Parker[37] 和其他相关文献没有提供 σ_o 和 ω_o 与 ϕ_{sgo} 之间的函数关系式。应用时，可从图 6.5 取系列数据点，根据实际 ϕ_{sgo} 插值得到 σ_o 和 ω_o 的值。

4. Wilcock 和 Crowe 考虑细沙影响的推移质输沙率公式[38]

Parker 推移质输沙率公式［式（6.38）和式（6.39）］都没有考虑粒径小于 2mm 细沙的影响。Wilcock[39] 分析野外和水槽实验数据后指出：细沙能降低卵石的临界起动水流强度。在此基础上，Wilcock 和 Crowe[38] 基于 48 组水槽实验数据，率定得到了考虑细沙影响的非均匀推移质经验公式：

$$W_i^* = \frac{Rgq_{bi}}{u_*^3 F_i} = \begin{cases} 0.002 \ (\phi_i)^{7.5} & \phi_i < 1.35 \\ 14 \left(1 - \dfrac{0.894}{(\phi_i)^{0.5}}\right)^{4.5} & \phi_i \geqslant 1.35 \end{cases} \qquad (6.40)$$

$$\phi_i = \frac{\theta_{sg}}{\theta_{sgr}} \left(\frac{D_i}{D_{sg}}\right)^{-b} \qquad (6.41a)$$

$$\theta_{sgr} = 0.021 + 0.015 \exp(-20F_s) \qquad (6.41b)$$

$$b = \frac{0.67}{1 + \exp(1.5 - D_i/D_{sg})} \qquad (6.41c)$$

式中：$\theta_{sg} = u_*^2/(RgD_{sg})$ 为河床表层泥沙几何平均粒径（D_{sg}）对应的希尔兹数；θ_{sgr} 为河床表层泥沙几何平均粒径对应的临界起动希尔兹数（对应的临界输沙强度 $W_i^* = 0.002$），其计算式（6.41b）已考虑细沙的影响；F_s 为河床表层泥沙中细沙的百分比；F_i 为河床表层泥沙（包括细沙和卵石）的级配百分比；b 为反映暴露/隐蔽效应的指数。

5. Wu 基于泥沙级配考虑隐蔽/暴露效应的推移质输沙率公式[40]

如前所述，推移质输沙率公式对隐蔽/暴露效应的考虑是基于代表性粒径之间相对大小，没有考虑泥沙级配本身的影响（不同的泥沙级配可能得到相同的代表性粒径）。Wu 等[40]考虑泥沙级配，为每个粒径组分推导了暴露概率 p_{ei}［式（6.42a）］和隐蔽概率 p_{hi}［式（6.42b）］，据此率定得到了新的反映暴露/隐蔽效应的泥沙起动临界条件计算式（6.43）。在此基础上，参考 MPM 公式形式，采用大量实测数据，率定得到了非均匀推移质输沙率计算公式（6.44）。

$$p_{ei} = \sum_{j=1}^{N} F_j \frac{D_i}{D_i + D_j} \qquad (6.42a)$$

$$p_{hi} = \sum_{j=1}^{N} F_j \frac{D_j}{D_i + D_j} \qquad (6.42b)$$

$$\frac{\theta_{ci}}{\theta_c} = \left(\frac{p_{ei}}{p_{hi}}\right)^{-0.6}; \quad \theta_c = 0.03 \qquad (6.43)$$

$$q_{bi}^* = 0.0053 \left[\left(\frac{n'}{n}\right)^{1.5} \frac{\theta_i}{\theta_{ci}} - 1\right]^{2.2} \qquad (6.44)$$

6.3.3 非均匀推移质输沙率公式的应用示例

表 6.2 为某河床表层泥沙粒径级配（粒径小于 $D_{b,i}$ 的沙重百分比），泥沙有效容重系数 $R = 1.65$。将表 6.2 的信息转换为"粒径组 D_i 的沙重百分比"，见表 6.3。转换方法为：$D_i = \sqrt{D_{b,i} D_{b,i+1}}$；$F_i = F_{b,i+1} - F_{b,i}$；$\psi_i = \log_2 D_i$。考虑摩阻流速 u_* 范围为 0.15～0.4m/s，选择 Parker 基于河床表层泥沙级配的推移质输沙率公式（6.39）进行应用示例。应用 Parker 非均匀推移质输沙率公式（6.39）时，首先扣除细沙（$D_i < 2$mm）并将粒径级配重新正则化，见表 6.4。根据表 6.4，计算卵石几何平均粒径与卵石级配参数：

几何平均粒径：

$$D_{sg} = 2^{\overline{\psi}} = 2^{\sum\limits_{i=1}^{7} F_{\text{gravel},i} \psi_i} = 2^{5.345} \approx 40.7 \tag{6.45a}$$

ψ_i 分布的均方差：

$$\sigma_s = \sqrt{\sum\limits_{i=1}^{7} F_{\text{gravel},i} (\psi_i - \overline{\psi})} = 1.2406 \tag{6.45b}$$

粒径 D_i 分布均方差：

$$\sigma_{sg} = 2^{\sigma_s} \approx 2.36 \tag{6.45c}$$

将式（6.45）数据代入式（6.46），计算 Parker 推移质输沙率公式的自变量 ϕ_{sgo} 和 ϕ_i：

$$\phi_{sgo} = \frac{\theta_{sg}}{\theta_{csg}} = \frac{u_*^2}{R g D_{sg} \theta_{csg}} \tag{6.46a}$$

$$\phi_i = \phi_{sgo} \left[1 + (\omega_o - 1) \frac{\sigma_s}{\sigma_o} \right] \left(\frac{D_i}{D_{sg}} \right)^{-0.0951} \tag{6.46b}$$

式中：摩阻流速 u_* 范围为 $0.1 \sim 0.4 \text{m/s}$；$R = 1.65$；$g = 9.8 \text{m/s}^2$；$D_{sg} = 40.7 \text{mm}$；$\theta_{csg} = 0.0386$；$\sigma_s = 1.2406$；ω_o 和 σ_o 为 ϕ_{sgo} 的函数（查图 6.5）。

据此，可计算得到每个卵石粒径组的 ϕ_i，代入式（6.39）可得到不同摩阻流速条件下每个卵石粒径组的 W_i^*。最后，按式（6.47）求得 Parker 公式计算的总推移质输沙率，如图 6.6 所示。

$$q_b = \sum\limits_{i=1}^{7} q_{bi} = \sum\limits_{i=1}^{7} \frac{W_i^* u_*^3 F_{\text{gravel},i}}{R g} \tag{6.47}$$

表 6.2   **某河床表层泥沙粒径级配信息（一）**

$D_{b,i}/\text{mm}$ $(i=1\sim11)$	0.25	0.50	1.00	2.00	4.00	8.00	16.00	32.00	64.00	128.00	256.00
粒径小于 $D_{b,i}$ 的沙重百分比 $F_{b,i}/\%$	0	2	7	16	18	20	26	45	71	97	100

表 6.3   **某河床表层泥沙粒径级配信息（二）**

D_i/mm $(i=1\sim10)$	181.00	90.50	45.20	22.60	11.30	5.70	2.80	1.40	0.70	0.35
$\psi_i(i=1\sim10)$	7.5	6.5	5.5	4.5	3.5	2.5	1.5	0.5	−0.5	−1.5
粒径组 D_i 的沙重百分比 $F_i/\%$	3	26	26	19	6	2	2	9	5	2

表 6.4   **扣除细沙并重新正则化后的卵石级配表格**

$D_i/\text{mm}(i=1\sim7)$	181.00	90.50	45.20	22.60	11.30	5.70	2.80
$\psi_i(i=1\sim7)$	7.5	6.5	5.5	4.5	3.5	2.5	1.5
粒径为 D_i 的卵石百分比 $F_{\text{gravel},i}/\%$	3.6	31.0	31.0	22.6	7.1	2.4	2.4

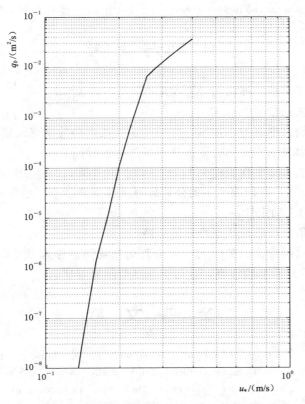

图 6.6　不同摩阻流速条件下的非均匀推移质总输沙率 [根据式 (6.39)]

延 伸 阅 读

Geomorphologists have thought for some time that rates of sediment transfer might differ markedly in ephemeral and perennial rivers, and have used this idea to explain both the changing character of sedimentary successions and the morphology of rivers in sub-humid or semi-arid areas that have experienced significant shifts in climate during the Quaternary period. But until now there has been a lack of suitable field data to confirm this suggestion, mainly because floods in arid zones are infrequent and unpredictable. Here we present bedload sediment transport data for an ephemeral river in Israel, which show it to be, on average, as much as 400 times more efficient at transporting coarse material than its perennial counterparts in humid zones. This suggests that existing predictive sediment transport equations, developed and calibrated exclusively with data obtained in perennial rivers, are inadequate for application to rivers in arid environments. It also suggests that areas that are at risk of shifting from sub-humid to semi-arid conditions as a result of prospective global changes in climate may suffer severe sedimentation problems. [LARONNE J B, REID I. Very high rates of bedload sediment transport by ephemeral desert rivers [J]. Nature，1993，366：148-150.]

练 习 与 思 考

1. 试述推移质与悬移质测量的异同及原因。

2. 为何有推移质输沙带？

3. 假定沙波纵剖面形态为三角形，推导基于沙波运动的单宽推移质输沙率公式。

4. 推移质挟沙力与水流实际输运推移质量之间的异同。

5. 某卵石河流的水流平均流速为 1.7m/s，平均水深 3.0m，水力坡降 7.7/10000，均匀推移质粒径 0.51mm，使用表 6.1 的公式计算推移质输沙率，根据其数量的差异，讨论推移质输沙率量测的不确定性。

6. 试述爱因斯坦推移质输沙率推导的思路。

7. 在 6.3.2 节示例计算的基础上，采用其他非均匀沙推移质输沙率公式，计算不同摩阻流速条件下的推移质总输沙率，并与 6.3.2 节结果对比。

参 考 文 献

［1］　EINSTEIN H A. The Bed-load Function for Sediment Transportation in Open Channel Flows [R]. Technical Bulletin 1026, U. S. Dept. of the Army, Soil Conservation Service, 1950.

［2］　BAGNOLD R A. The nature of saltation and of 'bed-load' transport in water [J]. Proceedings of the Royal Society of London. A. Mathematical and Physical Sciences, 1973, 332 (1591)：473-504.

［3］　张瑞瑾. 河流泥沙动力学 [M]. 2 版. 北京：中国水利水电出版社，1998.

［4］　HOLMES J R, ROBERT R. Measurement of bedload transport in sand-bed rivers：A look at two indirect sampling methods [R]. U. S. Geological Survey Scientific Investigations Report，2010.

［5］　REID I, LARONNE J B, POWELL D M. The Nahal Yatir bedload database：sediment dynamics in a gravel-bed ephemeral stream [J]. Earth Surface Processes and Landforms, 1995, 20 (9)：845-857.

［6］　REID I, LAYMAN J T, FROSTICK L E. The continuous measurement of bedload discharge [J]. Journal of Hydraulic Research, 1980, 18 (3)：243-249.

［7］　胡春宏，惠遇甲. 明渠挟沙水流运动的力学和统计规律 [M]. 北京：科学出版社，1995.

［8］　WU Z, FURBISH D, FOUFOULA-GEORGIOU E. Generalization of hop distance-time scaling and particle velocity distributions via a two-regime formalism of bedload particle motions [J]. Water Resources Research, 2020, 56 (1)：e2019WR025116.

［9］　CAO Z X, HU P, PENDER G. Multiple time scales of fluvial processes with bed load sediment and the implications for mathematical modeling [J]. Journal of Hydraulic Engineering, 2011, 137 (3)：267-276.

［10］　CAO Z X, HU P, PENDER G, et al. Non-capacity transport of nonuniform bed load sediment in alluvial rivers [J]. Journal of Mountain Science, 2016, 13 (3)：377-396.

［11］　胡鹏. 冲积河流多重时间尺度理论与数学模拟研究 [D]. 武汉：武汉大学，2013.

［12］　CAO Z X, HU P, PENDER G. Reconciled bed load sediment transport rates in ephemeral and perennial rivers [J]. Earth Surface Processes and Landforms, 2010, 35 (14)：1655-1665.

［13］　LARONNE J B, REID I. Very high rates of bedload sediment transport by ephemeral desert rivers

[J]. Nature, 1993, 366: 148 - 150.

[14] HU P, TAN L M, HE Z G. Numerical investigation on the adaptation of dam - break flow - induced bed load transport to the capacity regime over a sloping bed [J]. Journal of Coastal Research, 2020, 36 (6): 1237 - 1246.

[15] KENNEDY J F. The mechanics of dunes and antidunes in erodible bed channels [J]. Journal of Fluid Mechanics, 1963, 16 (4): 521 - 544.

[16] CHARRU F. Selection of the ripple length on a granular bed sheared by a liquid flow [J]. Physics of Fluids, 2006, 18 (12): 121 - 508.

[17] CHARRU F, ANDREOTTI B, CLAUDIN P. Sand ripples and dunes [J]. Annual Review of Fluid Mechanics, 2013, 45 (1): 469 - 493.

[18] ANCEY C. Bedload transport: A walk between randomness and determinism. Part 2: Challenges and prospects [J]. Journal of Hydraulic Research, 2020, 58 (1): 18 - 33.

[19] RECKING A, LIEBAULT F, PETEUIL C, et al. Testing bedload transport equations with consideration of time scales [J]. Earth Surface Processes and Landforms, 2012, 37 (7): 774 - 789.

[20] VAN RIJN L C. Sediment transport, part I: bed load transport [J]. Journal of Hydraulic Engineering, 1984, 110 (10): 1431 - 1456.

[21] PAHTZ T, CLARK A H, VALYRAKIS M, et al. The Physics of Sediment Transport Initiation, Cessation, and Entrainment Across Aeolian and Fluvial Environments [J]. Review of Geophysics, 2020, 58 (1).

[22] PAINTAL A S. Concept of critical shear stress in loose boundary open channels [J]. Journal of Hydraulic Research, 1971, 9 (1): 91 - 113.

[23] CHENG N S. Exponential formula for bed load transport [J]. Journal of Hydraulic Engineering, 2002, 128 (10): 942 - 946.

[24] MEYER - PETER E, MÜLLER R, 1948. Formulas for bed - load transport [C]. Proc. 2nd Meeting, IAHR, Stockholm.

[25] WILSON K C. Bed load transport at high shear stresses [J]. Journal of Hydraulic Engineering, 1966, 92 (6): 49 - 59.

[26] ASHIDA K, MICHIUE M. Study on hydraulic resistance and bedload transport rate in alluvial streams [C]. Transactions, Japan Society of Civil Engineers, 1972, (206): 59 - 69 (in Japanese).

[27] FERNANDEZ LUQUE R, VAN BEEK R. Erosion and transport of bedload sediment [J]. Journal of Hydraulic Research, 1976, 14 (2): 127 - 144.

[28] ENGELUND F, FREDSOE J. A sediment transport model for straight alluvial channels [J]. Hydrology Research, 1976, 7 (5): 293 - 306.

[29] PARKER G. Hydraulic geometry of active gravel rivers [J]. Journal of Hydraulic Division, ASCE, 1979, 105: 1185 - 1201.

[30] WONG M, PARKER G. Reanalysis and correction of bed - load relation of Meyer - Peter and Muller using their own database [J]. Journal of Hydraulic Engineering, 2006, 132 (11): 1159 - 1168.

[31] VANONI V A, BROOKS N H. Laboratory studies of the roughness and suspended load of alluvial streams [R]. Sedimentation Laboratory, California Institute of Technology, Report E - 68, Pasadena, Calif, 1958.

[32] KAMPHUIS J W. Determination of sand roughness for fixed beds [J]. Journal of Hydraulic Research, 1974, 12 (2): 193 - 203.

[33] LAVELLE J W, MOFJELD H O. Do critical stresses for incipient motion and erosion really exist? [J]. Journal of Hydraulic Engineering, 1987, 113 (3): 370 - 385.

[34] FERGUSON R I, PRESTEGAARD K L, ASHWORTH P J. Influence of sand on hydraulics and gravel transport in a braided gravel bed river [J]. Water Resources Research, 1989, 25 (4): 635 - 643.

[35] POWELL D M, REID I, LARONNE J B. Evolution of bed load grain size distribution with increasing flow strength and the effect of flow duration on the caliber of bed load sediment yield in ephemeral gravel bed rivers [J]. Water Resources Research, 2001, 37 (5): 1463 - 1474.

[36] PARKER G, KLINGEMAN P C, MCLEAN D G. Bedload and size distribution in paved gravel - bed streams [J]. Journal of Hydraulic Division, ASCE, 1982, 108 (HY4): 544 - 571.

[37] PARKER G. Surface - based bedload transport relation for gravel rivers [J]. Journal of Hydraulic Research, IAHR, 1990, 28 (4): 417 - 436.

[38] WILCOCK P R, CROWE J C. Surface - based transport model for mixed - size bed sediment [J]. Journal of Hydraulic Engineering, ASCE, 2003, 129 (2): 120 - 128.

[39] WILCOCK P R. Two - fraction model of initial sediment motion in gravel - bed rivers [J]. Science, 1998, 280: 410 - 412.

[40] WU W M, WANG S S Y, JIA Y F. Nonuniform sediment transport in alluvial rivers [J]. Journal of Hydraulic Research, 2000, 38 (6): 427 - 434.

第7章 悬移质运动

推移质和悬移质是河流泥沙的两大主要运动形式。就数量来说，冲积平原河流挟带悬移质的数量，往往为推移质的数十倍或数百倍；山区河流，推移质数量较大，该比值相对较小。根据悬浮泥沙是否絮凝而表现出非牛顿流体性质，可将挟沙水流分为高含沙水流［含沙量大于 $200\sim300\mathrm{kg/m^3}$，且含有一定的细颗粒（$D<0.01\mathrm{mm}$）］和中含沙水流、低含沙水流。本章介绍中、低含沙水流的悬移质运动，包括悬浮机理、对流扩散方程、含沙量沿垂线分布规律等。悬移质水流挟沙力的介绍见第 8 章，高含沙水流的相关内容见第 9 章。

7.1 基 本 概 念

7.1.1 悬移质、床沙质和冲泻质

图 7.1 为悬移质与床沙粒配曲线对比的示意图[1]。无论是同一垂线情况［图 7.1（a）］，还是断面平均情况［图 7.1（b）］，悬移质组成都比床沙细且更不均匀。这是因为河床的较细泥沙，更容易受床面附近水流紊动作用而克服重力作用随水流悬浮运动。悬移质在水中悬浮前进的迹线很不规则，时而上升到接近水面，时而下降到接近河床，有时还会与推移质及床沙发生置换，但悬浮持续时间一般很长。这种运动从沿流程的纵剖面来看，可以分为两个部分：一部分是随流输运，与主流一同向下游运动；另一部分是受重力作用及水流的紊动扩散作用而运动，时升时降，时动时停。

从理论上说，只要属于能自床面扬起的颗粒，就有机会在沉沉、浮浮的过程中达到水面流层，不过这个机会随颗粒粒径的增大而减小。据此推论，当粒径减小到一定数值 D_c 以下（或沉速降低到一定数值 ω_c 以下）时，它在床面上将失去停留的机会，因而水流有失去从床面得到小颗粒泥沙的补给的可能。对于水流中这一部分 $D<D_c$（或 $\omega<\omega_c$）的泥沙，称之为冲泻质。与此相对，水流中 $D>D_c$（或 $\omega>\omega_c$）的泥沙，有可能在床面停留或短或长的时间。对于水流中这一部分泥沙，称之为床沙质。床沙质既能以推移质或悬移质的形式存在于水流层，也能以静止的形式存在于床面层。两种形式的泥沙可以相互交换、相互补给。如果水流自床面补给得多，河床势必呈现冲刷；如果水流中的床沙质向床面落停得多，河床势必呈现淤积。冲泻质主要以浮游的形式存在于水流层，自河底至水面，单位水体中含量相差甚微，在床面层中为数极少，当河段出现冲刷现象时，不可能由床面得到充分补给。

一般而言，把粒径小于 0.0625mm 的细泥沙称为冲泻质。在具体的资料分析工作中，通常将悬移质粒配曲线与相应的（即相同的水流条件下的）床沙粒配曲线进行对比来划分悬移质中的床沙质与冲泻质。在图 7.1 中，床沙粒配曲线右端 $P<10\%$ 的范围内，如出现

比较明显的拐点，就以与这一拐点相应的床沙粒径作为区分床沙质与冲泻质的临界粒径。这样做的理由是：曲线中拐点的出现，表明一个质变，比拐点相应的粒径稍大的沙粒在床沙中所占百分数比较大，而比拐点相应的粒径稍小的沙粒在床沙中所占百分数却突然变小。这就意味着，悬移质中大于此粒径的泥沙是床沙中大量存在的，因而应该属于床沙质范围；小于此粒径的泥沙是床沙中少有或没有的，因而应该属于冲泻质的范围，这种方法可称为拐点法。在有些情况下，床沙粒配曲线在下端附近缺乏明显的拐点，这时就取曲线上与纵坐标 5% 相应的粒径作为临界粒径 D_c。这两种划分方式都不是完全严格的。韩其为和王玉成[2]、熊治平[3]及王尚毅[4]做过相关研究。

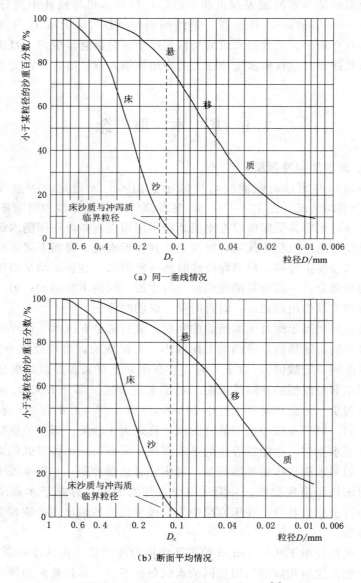

（a）同一垂线情况

（b）断面平均情况

图 7.1 悬移质与床沙粒配曲线对比[1]

7.1.2 悬浮机理：重力作用和紊动扩散作用

除特殊情况外（见 7.3.4 节关于悬移质含沙量沿垂线分布的两种类型），悬移质含沙量沿水深的分布都是上稀下浓，即存在自下而上逐渐减小的含沙量变化。这种在自然界大量出现的现象，显示了悬移质运动过程中的一条重要规律：悬移质既因承受重力作用而下沉，又因承受紊动扩散作用而上升。悬移质上升之所以成为可能，是与含沙量具有上稀下浓的垂向梯度以及水流紊动扩散作用分不开的。悬移质因受重力作用而下沉和因受紊动扩散作用而上升的效果之间的对比，便成为导致河床冲刷、淤积或暂时平衡的决定性因素。在冲刷、淤积的过程中，沿垂线的含沙量梯度起着重要的调节作用。当含沙量梯度大时，紊动扩散作用随之较大，悬移质上升和冲刷效果也较大。然而，这又势必引起含沙量梯度减小，从而使悬移质承受紊动扩散的作用降低，并使冲刷减弱。结合对悬移质对流扩散方程的推导（见 7.2 节），重力作用和紊动扩散作用可分别表示为

$$重力作用 = \omega \bar{c} \tag{7.1}$$

$$紊动作用 = -v_{sz}\frac{\partial \bar{c}}{\partial z} = \overline{w'c'} \tag{7.2}$$

式中：ω 为沙粒沉速；$\bar{c}$ 为时均含沙量；c' 为脉动含沙量；w' 为垂向脉动流速；v_{sz} 为泥沙垂向紊动扩散系数；z 为垂向坐标轴。

据此可知：如果 $\omega \bar{c} > -v_{sz}\frac{\partial \bar{c}}{\partial z}$，即重力作用强于紊动扩散作用，则河床淤积；如果 $\omega \bar{c} < -v_{sz}\frac{\partial \bar{c}}{\partial z}$，即重力作用弱于紊动扩散作用，则河床冲刷；如果 $\omega \bar{c} = -v_{sz}\frac{\partial \bar{c}}{\partial z}$，即重力作用与紊动扩散作用相当，则河床相对平衡。

需要注意的是，重力作用对于连续介质、散粒群体及散粒个体都是适用的；紊动扩散作用只能适用于连续介质以及可作为连续介质处理的散粒群体，不适用于散粒个体。在水、沙二相流中，水属于连续介质，可同时适用于重力作用及紊动扩散作用。泥沙在以散粒群体出现的情况下，既能适用于重力作用，也能适用于紊动扩散作用；但在以单独的或少数的散粒个体出现时，则只能适用于重力作用，而不能适用于紊动扩散作用。泥沙的重力作用与水流的紊动扩散作用是相互联系，相互制约的。在同一水流条件下，如果泥沙粒径较粗，所受重力作用较大，则要求较大的紊动扩散作用与之抗衡，因而形成的含沙量梯度必然较大；相反，如果泥沙粒径较细，所受重力作用较小，则只需较小的紊动扩散作用与之抗衡，因而形成的含沙量梯度也较小。悬移质之所以能够在水流中浮游前进，实现其远距离输移，是受水流对流作用、紊动扩散作用和泥沙重力作用三者相结合的结果。

式（7.2）中，泥沙紊动扩散系数不是常数，而是空间位置的函数。紊流理论认为，泥沙的紊动扩散系数与水流动量的紊动扩散系数是相当的。通常假定泥沙紊动扩散系数等于水流的动量紊动扩散系数，即 $v_{sz} = v_t$。水流的动量紊动扩散系数 v_t 与水流纵向流速沿垂线梯度和剪切力的关系为

$$v_t = \frac{\tau}{\rho \frac{\mathrm{d}u}{\mathrm{d}z}} \tag{7.3a}$$

同时，剪切力在垂向上服从线性分布：

$$\tau = \tau_b \left(1 - \frac{z}{h}\right) = \rho u_*^2 \left(1 - \frac{z}{h}\right) \tag{7.3b}$$

式中：τ_b 为床面剪切应力。

结合式（7.3a）和式（7.3b），可得

$$v_t = \frac{u_*^2 \ (1 - z/h)}{\dfrac{\mathrm{d}u}{\mathrm{d}z}} \tag{7.4}$$

根据式（7.4），采用合适的水流纵向流速沿垂线分布公式，就可求解得到水流的动量紊动扩散系数，从而得到悬移质泥沙的紊动扩散系数。实际上，泥沙紊动扩散系数与动量紊动扩散系数之间也并非严格相等。相关研究认为，直接假定它们相等是导致实测和计算悬浮指标之间存在一定差异的原因[5]。一方面，悬移质在水流的随流输运与紊动扩散作用，以及自身重力作用下发生输运；另一方面，悬移质也会通过对水流结构的影响来改造水流的对流作用与紊动扩散作用。张瑞瑾[1]详细记录了运用单向（沿流向）应变式脉动流速仪在玻璃水槽（长 87m，宽 1.2m）进行的清水水流及浑水水流试验结果的分析。试验时水温 9～11℃，量测断面设在水槽中部，离水槽出口约 20m。瞬时及脉动流速的量测在量测断面的中垂线上进行，沿垂线测量五点，自水槽底面起算的相对水深 z/h 分别为 0.06、0.12、0.25、0.50 及 0.89，每点观测历时约 2.5s。试验时，流量、断面水深和断面平均流速分别控制在 0.077m³/s、0.15m 和 0.42m/s 左右；浑水试验用沙为黄河花园口泥沙（中值粒径 $D_{50} = 0.02$mm），含沙量为 0.126kg/m³；试验过程挟沙均为冲泻质，槽底几乎不挂淤。张瑞瑾对比分析浑水和清水过程纵向脉动流速 u' 的频率分布直方图后发现：接近水面区域，无论是清水水流还是浑水水流，$-u'$ 和 $+u'$ 出现的频次较为接近，呈对称分布；但在靠近床面时（如 $z/h = 0.06$，图 7.2），清水水流脉动流速频率图表现出明显的 $-u'$ 压倒 $+u'$ 的不对称（或称"偏态"），而浑水水流 $-u'$ 和 $+u'$ 依然呈现为对

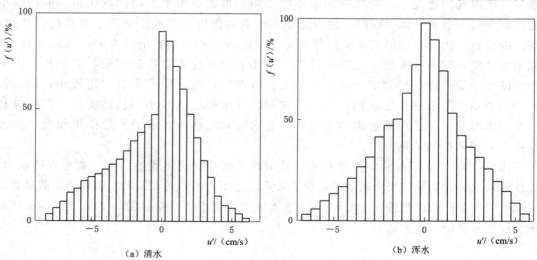

图 7.2　张瑞瑾清水和浑水实验对近底床面（$z/h = 0.06$）纵向脉动流速的频率统计[1]

称分布。这说明，浑水水流近底流层较高的含沙量对涡体的产生和发展起了抑制作用，使近底层这个普兰特尔所谓的"涡体作坊"的生产率降低：$-u'$ 居于优势的状态失去踪影。理论上而言，当水流紊动效应被抑制时，紊动对动量的传递作用减弱，从而导致垂向上更大的水流流速梯度。相应地，大量水槽实验数据表明[6-8]：相比清水过程，悬移质的确会导致更大的纵向流速沿垂线梯度；悬移质泥沙浓度越高，该现象越明显；粒径越大，该现象越不明显。图 7.3 给出了 Coleman[6] 水槽实验的例子。悬移质泥沙并非在所有情况下都会抑制紊动作

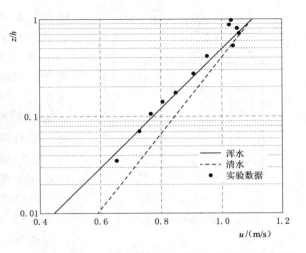

图 7.3 Coleman 水槽实验（第 31 组）的纵向流速沿垂线分布在清水和浑水条件下的对比[6,11]

用。相关研究表明[9,10]，当泥沙粒径较大并大于紊动的长度尺度时，悬移质可能促进紊动作用。无论是抑制还是促进，悬移质对紊动作用的影响都可反映在水流的动量紊动扩散系数上。记浑水的动量紊动扩散系数 v_t 和清水的动量紊动扩散系数 v_{tc} 之比为 Rv（即 $Rv = v_t/v_{tc}$），Cao 等[11] 得到了如下量化悬移质对紊动作用影响的定量表达式：

$$Rv = (10StRd)^{f\sqrt{\bar{c}}} \tag{7.5a}$$

$$f = 4.044\,(\omega/u_*)^2 + 0.163 \tag{7.5b}$$

式中：$St = T_s/T_t$ 为颗粒斯托克斯数，$T_s = \omega/g$ 为颗粒响应时间，$T_t = \lambda/u'$ 为湍流时间尺度；$Rd = D/\lambda$ 为泥沙粒径 D 与湍流长度尺度之比；$\lambda = \sqrt{15\nu u'^2/\varepsilon}$ 为湍流长度尺度；ε 为紊动能耗散率；$\bar{c}$ 为雷诺平均浓度。后文没有考虑浑水和清水之间紊动扩散系数的区别。

7.2　悬移质泥沙的对流扩散方程

如图 7.4 所示，考察水、沙两相流中微小正六面体 $\Delta x \Delta y \Delta z$ 中泥沙质量的变化。图 7.4 中，x、y 和 z 为三个坐标方向；Δx、Δy 和 Δz 为微小正六面体在三个坐标方向的边长。用 ρ_s 表示泥沙密度，c 表示瞬时的泥沙体积浓度；在两个相邻时刻 t 和 $t + \Delta t$，正六面体内悬移质泥沙质量可分别写为

时刻 t 的悬移质质量：$(\rho_s c \Delta x \Delta y \Delta z)^t$ (7.6a)

时刻 $t + \Delta t$ 的悬移质质量：$(\rho_s c \Delta x \Delta y \Delta z)^{t+\Delta t}$ (7.6b)

根据质量守恒律，微小正六面体内悬移质泥沙质量的变化可归因于从六面体的 6 个面（上、下、左、右、前和后）进出的泥沙输运量。如前所述，泥沙输运机理包括跟随水流的随流输运，重力作用下在垂向上的下沉以及紊动扩散作用等。紊动扩

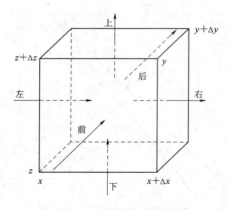

图 7.4　微小正六面体

散作用来自水流的紊动，可通过对相关水流物理参数的雷诺分解进行考虑，这里首先引入水流在三个坐标方向的瞬时速度 u、v、w 开展推导。两个相邻时刻之间，通过某界面的泥沙输运量可表达为：泥沙密度×界面面积×界面上泥沙的输运速度×界面泥沙平均体积浓度×时间段长度。由于悬移质对水流的跟随性较好，不考虑水平方向上泥沙输运速度与水流速度之间的滞后，但考虑垂向上泥沙输运速度与水流垂向速度之间存在一个沉降速度的滞后，则在三个坐标方向上泥沙输运速度分别为 u、v 和 $w-\omega$，其中 ω 为泥沙沉降速度（方向为垂向）。写出从时刻 t 到时刻 $t+\Delta t$，从六个面进出的泥沙输运量如下：

$$左面：\rho_s(\Delta y\Delta z)(uc)_{左}\,\Delta t \tag{7.7a}$$

$$右面：\rho_s(\Delta y\Delta z)(uc)_{右}\,\Delta t \tag{7.7b}$$

$$前面：\rho_s(\Delta x\Delta z)(vc)_{前}\,\Delta t \tag{7.7c}$$

$$后面：\rho_s(\Delta x\Delta z)(vc)_{后}\,\Delta t \tag{7.7d}$$

$$上面：\rho_s(\Delta x\Delta y)[(w-\omega)c]_{上}\,\Delta t \tag{7.7e}$$

$$下面：\rho_s(\Delta x\Delta y)[(w-\omega)c]_{下}\,\Delta t \tag{7.7f}$$

结合式（7.6a）、式（7.6b）和式（7.7a）～式（7.7f），应用质量守恒定律可得

$$
\begin{aligned}
(\rho_s c\Delta x\Delta y\Delta z)^{t+\Delta t}-(\rho_s c\Delta x\Delta y\Delta z)^{t}=\,&\rho_s(\Delta y\Delta z)(uc)_{左}\,\Delta t-\rho_s(\Delta y\Delta z)(uc)_{右}\,\Delta t\\
&+\rho_s(\Delta x\Delta y)[(w-\omega)c]_{下}\,\Delta t\\
&-\rho_s(\Delta x\Delta y)[(w-\omega)c]_{上}\,\Delta t\\
&+\rho_s(\Delta x\Delta z)(vc)_{前}\,\Delta t-\rho_s(\Delta x\Delta z)(vc)_{后}\,\Delta t
\end{aligned}
\tag{7.8a}
$$

对方程式（7.8a）两边同时除以 $\rho_s\Delta x\Delta y\Delta z\Delta t$，可得

$$
\frac{(c)^{t+\Delta t}-(c)^{t}}{\Delta t}=\frac{(uc)_{左}-(uc)_{右}}{\Delta x}+\frac{[(w-\omega)c]_{下}-[(w-\omega)c]_{上}}{\Delta z}+\frac{(vc)_{前}-(vc)_{后}}{\Delta y}
\tag{7.8b}
$$

取 $\Delta x\to0$，$\Delta y\to0$，$\Delta z\to0$ 和 $\Delta t\to0$，根据微积分知识，可得

$$
\frac{\partial c}{\partial t}+\frac{\partial uc}{\partial x}+\frac{\partial vc}{\partial y}+\frac{\partial(w-\omega)c}{\partial z}=0
\tag{7.9}
$$

式（7.9）为瞬时变量表示的悬移质泥沙质量守恒方程。为了将时均水流对泥沙的随流输运与水流脉动对泥沙的紊动扩散作用分开，对式（7.9）中的瞬时变量进行如下雷诺分解：

$$
c=\bar{c}+c',\; u=\bar{u}+u',\; v=\bar{v}+v',\; w=\bar{w}+w'
\tag{7.10}
$$

式中：$\bar{c}$、$\bar{u}$、$\bar{v}$、$\bar{w}$ 为变量的时均值；c'、u'、v'、w' 为相应的脉动值。

将式（7.10）代入式（7.9），可得

$$\frac{\partial \overline{c}}{\partial t} + \frac{\partial c'}{\partial t} + \frac{\partial \overline{u}\,\overline{c}}{\partial x} + \frac{\partial \overline{u}c'+u'\overline{c}}{\partial x} + \frac{\partial u'c'}{\partial x} + \frac{\partial \overline{v}\overline{c}}{\partial y} + \frac{\partial \overline{v}c'+v'\overline{c}}{\partial y}$$

$$+ \frac{\partial v'c'}{\partial y} + \frac{\partial \overline{w}\overline{c}}{\partial z} + \frac{\partial \overline{w}c'+w'\overline{c}}{\partial z} + \frac{\partial w'c'}{\partial z} - \frac{\partial \omega \overline{c}}{\partial z} - \frac{\partial \omega c'}{\partial z} = 0 \qquad (7.11a)$$

对式（7.11a）再次进行雷诺平均，并考虑到 $\overline{u'}=0,\overline{v'}=0,\overline{w'}=0$ 以及 $\overline{c'}=0$，有

$$\frac{\partial \overline{c}}{\partial t} + \frac{\partial \overline{u}\overline{c}}{\partial x} + \frac{\partial \overline{v}\overline{c}}{\partial y} + \frac{\partial \overline{w}\overline{c}}{\partial z} - \omega \frac{\partial \overline{c}}{\partial z} = -\frac{\partial \overline{u'c'}}{\partial x} - \frac{\partial \overline{v'c'}}{\partial y} - \frac{\partial \overline{w'c'}}{\partial z} \qquad (7.11b)$$

式中 $\overline{u'c'}$、$\overline{v'c'}$、$\overline{w'c'}$ 为因水流紊动导致的悬移质泥沙输运量，可做如下近似估算：

$$\overline{u'c'} = -v_{sx}\frac{\partial \overline{c}}{\partial x}; \quad \overline{v'c'} = -v_{sy}\frac{\partial \overline{c}}{\partial y}; \quad \overline{w'c'} = -v_{sz}\frac{\partial \overline{c}}{\partial z} \qquad (7.12)$$

式中：v_{sx}、v_{sy} 和 v_{sz} 为三个方向的泥沙紊动扩散系数。

将式（7.12）代入式（7.11b）有

$$\frac{\partial \overline{c}}{\partial t} + \frac{\partial \overline{u}\overline{c}}{\partial x} + \frac{\partial \overline{v}\overline{c}}{\partial y} + \frac{\partial \overline{w}\overline{c}}{\partial z} - \omega \frac{\partial \overline{c}}{\partial z} = \frac{\partial}{\partial x}\left(v_{sx}\frac{\partial \overline{c}}{\partial x}\right) + \frac{\partial}{\partial y}\left(v_{sy}\frac{\partial \overline{c}}{\partial y}\right) + \frac{\partial}{\partial z}\left(v_{sz}\frac{\partial \overline{c}}{\partial z}\right) \qquad (7.13)$$

式（7.13）为雷诺平均后的悬移质泥沙运动三维对流扩散方程：左边第一项表示悬移质泥沙体积浓度随时间变化项，受到随流输运（左边第二、三和四项）、重力作用（左边第五项）和紊动扩散（右边第一、二和三项）的影响。考虑二维恒定均匀流、平衡输沙条件：纵向泥沙浓度梯度和流速梯度为 $0(\partial \overline{u}/\partial x=0, \partial \overline{c}/\partial x=0)$，横向和垂向平均流速为 $0(\overline{v}=0,\overline{w}=0)$，横向泥沙浓度梯度为 $0(\partial \overline{c}/\partial y=0)$，泥沙浓度随时间不变 $(\partial \overline{c}/\partial t=0)$，可得

$$\omega \frac{\partial \overline{c}}{\partial z} + \frac{\partial}{\partial z}\left(v_{sz}\frac{\partial \overline{c}}{\partial z}\right) = 0 \qquad (7.14)$$

对方程式（7.14）积分后可得

$$\omega \overline{c} - \left(-v_{sz}\frac{\partial \overline{c}}{\partial z}\right) = C \qquad (7.15)$$

式中：C 为常数；$\omega \overline{c}$ 为由于重力作用下沉通过单位面积水平截面的泥沙体积；$-v_{sz}\,\partial \overline{c}/\partial z$ 为因紊动扩散作用悬浮通过单位面积水平截面的泥沙体积。

在二维恒定均匀流、平衡输沙条件下，重力作用和紊动扩散作用应该相互抵消，故常数 $C=0$。于是有

$$\omega \overline{c} + v_{sz}\frac{\partial \overline{c}}{\partial z} = 0 \qquad (7.16a)$$

为书写方便，除有必要引进脉动值时候以外，下文将表示时均值的时均符号一概略去。另根据前文的论述（7.1.2节），假定泥沙的紊动扩散系数（v_{sz}）等于水流的动量紊动扩散系数（v_t），将式（7.16a）改写为

$$\omega c + v_t \frac{\partial c}{\partial z} = 0 \qquad (7.16b)$$

早在1925年，施米特（W. Schmidt）就推导出类似的表达式，用以说明空气中的尘

埃分布；20 世纪 30 年代，美国的奥布赖恩和苏联的马卡维也夫也各自把这一理论应用于研究水流中的悬移质分布问题[12]。

7.3　悬移质相对含沙量沿垂线分布

重力作用和紊动扩散作用对悬移质影响的相对大小是导致河床冲刷、淤积或暂时平衡的决定性因素。在冲刷、淤积的过程中，沿垂线的含沙量梯度起着重要的调节作用。当含沙量梯度大时，紊动扩散作用随之较大，悬移质上升和冲刷效果也较大。然而，这又势必引起含沙量梯度减小，从而使悬移质承受紊动扩散的作用降低，并使冲刷减弱。在恒定均匀流，平衡输沙条件下，重力作用与紊动扩散作用相互平衡［式（7.16）］，悬移质能够在垂向上形成稳定的泥沙浓度分布形式。因此，悬移质浓度沿垂线分布公式的推导，一般以式（7.16）为出发点，但采用不同经验公式估算垂向紊动扩散系数 v_t，并对式（7.16）积分得到不同的相对含沙量沿垂线分布公式。下面介绍经典的悬移质相对含沙量沿垂线分布公式。

7.3.1　奥布赖恩-劳斯公式

奥布赖恩和劳斯采用卡曼-普兰特尔流速分布公式［式（7.17a）］求得水流纵向流速的沿垂线梯度［式（7.17b）］，并代入式（7.4）得到了扩散系数表达式：

$$\frac{u_{\max}-u}{u_*}=\frac{1}{\kappa}\ln\frac{h}{z} \tag{7.17a}$$

$$\frac{\partial u}{\partial z}=\frac{u_*}{\kappa z} \tag{7.17b}$$

$$v_t=\kappa u_* z\left(1-\frac{z}{h}\right) \tag{7.18}$$

将式（7.18）代入式（7.16）并稍加改写可得

$$\frac{\mathrm{d}c}{c}=-\frac{\omega}{\kappa u_*}\left(\frac{1}{z}+\frac{1}{h-z}\right)\mathrm{d}z \tag{7.19a}$$

对式（7.19a）积分可得

$$\ln\left(c\right)=\ln\left(\frac{h-z}{z}\right)^z+\ln C \tag{7.19b}$$

式中：指数 $Z=\omega/\kappa u_*$ 为悬浮指标。记 $z=a$ 处近底含沙量为 c_a（参考高度 a 不能取为 0，这是因为近底床面存在黏性底层，紊动作用无法作用到黏性底层），可得含沙量沿垂线分布为

$$\frac{c}{c_a}=\left(\frac{h/z-1}{h/a-1}\right)^z \tag{7.20}$$

式（7.20）即为奥布赖恩-劳斯公式，它表达了相对含沙量沿垂线分布的规律（图 7.5 中的虚线）。悬浮指标［$Z=\omega/(\kappa u_*)$］实质上代表重力作用（ω）与紊动扩散作用（κu_*）的相对关系。悬浮指标的数值越大，重力作用在与紊动扩散作用的对比中越强，悬移质含沙量在垂向上的分布越不均匀；悬浮指标越小，则表明重力作用在与紊动扩散作

用的对比中越弱，悬移质含沙量在垂向上的分布越均匀。当 $\omega/\kappa u_*$ 大于 5.0 时，悬移质相对含沙量接近于 0，这就表明悬浮指标还可以为河床床面泥沙的起悬提供一个临界条件；当 $\omega/\kappa u_*$ 小于 0.01 时，悬移质含沙量将接近于一条垂向直线，即含沙量沿水深接近均匀分布，可作为悬浮指标的另一个临界值，起着区分床沙质与冲泻质的作用。这与 7.1 节中所描述的区分床沙质与冲泻质的拐点，在物理意义上是相似的。悬浮指标的临界值在采用时，其大小常不完全一致。此外，由图 7.5 的虚线可见，奥布赖恩-劳斯公式有两个缺点：①水面的含沙量恒等于 0；②床面的含沙量为 ∞。这既与实际不符，又在理论上难以解释。为了克服上述缺点，张瑞瑾、陈永宽等学者弃用了卡曼-普兰特尔流速分布公式，分别推导了张瑞瑾公式、陈永宽公式等。图 7.5 中的实线是张瑞瑾公式计算的悬移质含沙量沿垂线分布（详见 7.3.2 节）。

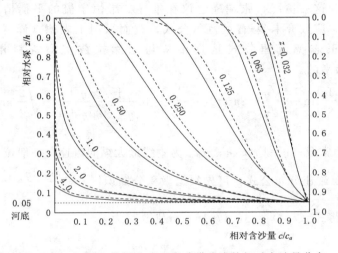

图 7.5　奥布赖恩-劳斯公式和张瑞瑾公式的相对含沙量分布

7.3.2　张瑞瑾公式

　　张瑞瑾认为用卡曼-普兰特尔流速分布公式直接计算二维紊流流速分布时，可能会有误差，精度一般还是比较好的；但用其解决与掺长、流速梯度等有关的紊动扩散系数计算问题时，可能出现较大误差。这正是奥布赖恩-劳斯公式计算的含沙量在水面恒为 0 的可能原因。图 7.6 是相对掺长 l/r_0 随相对距离 z/r_0 的分布图，包括三组数据：A 线为尼库拉兹推导的相对掺长经验式 [式（7.21a）]；B 线为卡曼-普兰特尔对数流速分布公式计算得到的曲线 [式（7.21b）]；圆圈为尼库拉兹在二维均匀管流中

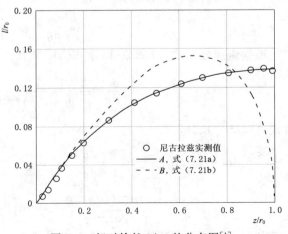

图 7.6　相对掺长 l/r_0 的分布图[1]

的试验结果。

$$\frac{l}{r_0} = 0.14 - 0.08 \left(1 - \frac{z}{r_0}\right)^2 - 0.06 \left(1 - \frac{z}{r_0}\right)^4 \tag{7.21a}$$

$$\frac{l}{r_0} = \kappa \frac{z}{r_0} \sqrt{1 - \frac{z}{r_0}} \tag{7.21b}$$

式中：r_0 为圆管半径；l 为掺混长度。

从图 7.6 可以看出，基于卡曼-普兰特尔流速分布公式［式（7.21b）］除在管壁（相当于二维明槽流渠底）附近与尼库拉兹实测值相近外，在其余各处均相差很远；在管中心（相当于二维明槽流水面），二者更是背道而驰。由此可见，由式（7.20）计算出的含沙量在水面恒为 0，在临近水面各流层一般偏小，直接与卡曼-普兰特尔公式的缺陷有关。正因为这一情况，张瑞瑾建议在推导二维恒定流的平衡情况下含沙量沿垂线分布的公式时，应放弃卡曼-普兰特尔公式，改而采用王志德（译音）流速分布公式［式（7.22）］。王志德流速公式是直接从与尼库拉兹实测资料相符的方程［式（7.21a）］推导出来的。

$$\frac{u_{\max} - u}{u_*} = \frac{1}{\kappa}\left[\ln\frac{1+\sqrt{\eta}}{1-\sqrt{\eta}} - 2\mathrm{arctg}\sqrt{\eta} - \frac{1}{\sqrt{2a}}\ln\frac{\eta+\sqrt{2a\eta}+a}{\eta-\sqrt{2a\eta}+a} + \sqrt{\frac{2}{a}}\,\mathrm{arctg}\frac{\sqrt{2a\eta}}{a-\eta}\right]$$
$$\tag{7.22}$$

式中：$a = 1.53$ 为常数；$\eta = 1 - z/h$；$u_{\max}$ 为垂线最大纵向流速（一般位于水面）。

为利用王志德流速分布公式，可先根据微积分知识$\left(\dfrac{\mathrm{d}u}{\mathrm{d}z} = \dfrac{\mathrm{d}u}{\mathrm{d}\eta}\dfrac{\mathrm{d}\eta}{\mathrm{d}z} = -\dfrac{1}{h}\dfrac{\mathrm{d}u}{\mathrm{d}\eta},\ \dfrac{\mathrm{d}c}{\mathrm{d}z} = \dfrac{\mathrm{d}c}{\mathrm{d}\eta}\right.$

$\left.\dfrac{\mathrm{d}\eta}{\mathrm{d}z} = -\dfrac{1}{h}\dfrac{\mathrm{d}c}{\mathrm{d}\eta}\right)$，将式（7.4）与式（7.16）分别改写为

$$v_t = -\frac{u_*^2\, h\eta}{\mathrm{d}u/\mathrm{d}\eta} \tag{7.23a}$$

$$\omega c - \frac{v_t}{h}\frac{\mathrm{d}c}{\mathrm{d}\eta} = 0 \tag{7.23b}$$

将式（7.23a）代入式（7.23b），得

$$\omega c \frac{\mathrm{d}u}{\mathrm{d}\eta} + \eta u_*^2 \frac{\mathrm{d}c}{\mathrm{d}\eta} = 0 \tag{7.24}$$

根据流速分布式（7.22）推导 $\mathrm{d}u/\mathrm{d}\eta$ 并代入式（7.24），可得

$$\frac{1}{\omega c}\frac{\mathrm{d}c}{\mathrm{d}\eta} = \frac{2}{\kappa}\frac{1}{u_*}\frac{1}{\sqrt{\eta}}\left(\frac{1}{1-\eta^2} + \frac{1}{2.33+\eta^2}\right) \tag{7.25}$$

对式（7.25）积分，得

$$\frac{\kappa u_*}{\omega}\ln c = 2\mathrm{arctg}\sqrt{\eta} + \ln\frac{1+\sqrt{\eta}}{1-\sqrt{\eta}}$$

$$+ \frac{\sqrt{2}}{a^{3/2}}\left[\ln\frac{\eta+\sqrt{2a\eta}+a}{\sqrt{a^2+\eta^2}} + \mathrm{arctg}\left(1+\sqrt{\frac{2\eta}{a}}\right) - \mathrm{arctg}\left(1-\sqrt{\frac{2\eta}{a}}\right)\right] + C \tag{7.26}$$

记近底 η_a 处的时均含沙量为 c_a，又令 $f(\eta)$ 代表上式等号右侧各项，式（7.26）可简写成

$$\frac{c}{c_a} = e^{\frac{\omega}{\kappa u_*}[f(\eta) - f(\eta_a)]} \tag{7.27}$$

式（7.27）是张瑞瑾于 1950 年修改奥布赖恩-劳斯公式得出的结果。相关结果见图 7.5 中的实线。由图 7.5 可见，式（7.27）与式（7.20）相比，前者水面含沙量不为 0，在临近水面区相对含沙量较后者为大。也就是说前者克服了后者在水面含沙量为 0 的主要缺点。在其余部位，式（7.27）的计算结果较式（7.20）的要小一些。

7.3.3 陈永宽公式

陈永宽[13]分析实测资料认为，在含沙量较高的水流中，指数流速分布公式比对数流速分布公式更符合实际。他采用的指数流速分布公式为

$$\frac{u}{u_{\max}} = \left(\frac{z}{h}\right)^m = \xi^m \tag{7.28a}$$

式中：m 为指数。

根据最大流速 $u_{\max}$ 与深度平均流速之间的关系 $[u_{\max} = (1+m)U$，U 为深度平均流速$]$ 和谢才公式（$U = C\sqrt{hJ} = Cu_*/\sqrt{g}$，$C$ 为谢才系数），将式（7.28a）其改写为

$$\frac{u}{u_*} = (1+m)\frac{C}{\sqrt{g}}\xi^m \tag{7.28b}$$

根据式（7.28）可得到纵向流速的沿垂线梯度 [式（7.29）]，代入式（7.4）可得到紊动扩散系数 [式（7.30）]：

$$\frac{\mathrm{d}u}{\mathrm{d}\xi} = \frac{C}{\sqrt{g}}u_* m(1+m)\xi^{m-1} \tag{7.29}$$

$$v_t = \frac{\sqrt{g}}{C}\frac{hu_*}{m(1+m)}\xi^{1-m}(1-\xi) \tag{7.30}$$

将式（7.30）代入式（7.16），积分可得陈永宽的相对含沙量沿垂线分布公式：

$$\frac{c}{c_a} = e^{-\frac{\omega C}{u_*\sqrt{g}}[f(\xi) - f(\xi_a)]} \tag{7.31a}$$

$$f(\xi) = -m(m+1)\xi^{m-1}\left[\ln(1-\xi) + (m-1)\xi\sum_{i=0}^{\infty}\frac{\xi^i}{(1+i)(m+i)}\right] \tag{7.31b}$$

式（7.31b）中，$f(\xi)$ 中的级数是收敛的；但当 ξ 接近 1 时，因 $\ln(1-\xi)$ 值甚大，级数收敛稍慢；实际计算时仅取级数前数项即可。当 $\omega C/(u_*\sqrt{g}) < 5$ 时，陈永宽建议用以下简化公式计算：

$$\frac{c}{c_a} = e^{-\omega C/(u_*\sqrt{g})(m^2+6m)(\xi-\xi_a)} \tag{7.32}$$

验证表明，式（7.32）结构合理，满足一般精度要求，特别是对于含沙量较高的情况，比奥布赖恩-劳斯公式表现更好。此外，该式计算的水面含沙量不为 0，河底含沙量不为 ∞。

7.3.4 两种含沙量沿垂线分布型式

悬移质含沙量沿垂线分布的型式，长期以来人们一直将其视为自水面到河底的上稀下浓型（或上小下大型）。尽管这样的情况是自然界中遇到的普遍现象，但是水槽、管道试

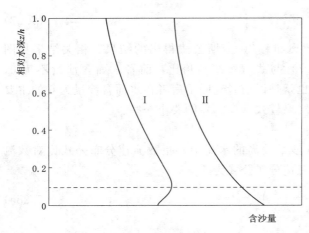

图 7.7　悬移质含沙量沿垂线分布Ⅰ型、Ⅱ型示意图

验及天然河流实测中，含沙量沿垂线分布自水面向河底先由小到大，再由大到小，并在距河底不远处达最大值的变化规律也时有所见。倪晋仁和王光谦[14-16]等分别把这两种情况的分布称为Ⅱ型（上小下大型）和Ⅰ型（先由小到大，再由大到小），如图 7.7 所示。

大部分情况下，人们把Ⅰ型分布的规律视为反常现象，排除于资料分析之外。大部分悬移质相对含沙量分布公式（7.3.1～7.3.3 节基于扩散理论的公式）只适于上小下大型，即Ⅱ型分布；对于Ⅰ型分布，扩散理论无法从机理上解释。倪晋仁和王光谦[14,16]等指出，过去在研究悬移质含沙量分布时，往往把决定泥沙悬浮主要因素的垂向脉动流速 $|w'|$ 通过卡曼-普兰特尔掺长理论假设转化成了流速分布［式（7.33）］，再通过选用纵向流速的垂线分布公式，并将其代入基于掺长理论的式（7.4），从而求得紊动扩散系数；再将紊动扩散系数代入悬移质紊动扩散与重力作用平衡式（7.16），积分得到含沙量沿垂线分布。在此基础上，大部分研究较多地把注意力集中在不同形式的流速分布公式的选用上（如劳斯选择的对数流速分布公式，张瑞瑾选择的王志德公式，陈永宽选择的指数公式等）。

$$|w'| \propto \sqrt{\overline{w'^2}} \propto l\,\frac{\mathrm{d}u}{\mathrm{d}z} \tag{7.33}$$

式中：l 为垂向脉动的特征长度。

一方面，式（7.33）中的 l 可通过式（7.34a）或式（7.34b）估算：

$$l = \kappa z \tag{7.34a}$$

$$l = \kappa z\,\sqrt{1 - z/h} \tag{7.34b}$$

另一方面，式（7.33）中的纵向流速沿垂线梯度在近底附近可以满足：

$$\frac{\mathrm{d}u}{\mathrm{d}z} = \frac{u_*}{\kappa z} \tag{7.35}$$

将式（7.34）和式（7.35）代入式（7.33）可得

$$|w'| \propto u_* \tag{7.36a}$$

$$或\,|w'| \propto u_*\,\sqrt{1 - z/h} \tag{7.36b}$$

从式（7.36）可知，垂向速度脉动强度在近底床面附近要么为常数［式（7.36a）］，要么离床面越近，其值越大［式（7.36b）］。然而，水槽试验数据表明，离床面越近，垂向速度脉动强度越小；床面越粗糙，垂向速度脉动强度在床面附近分布越不均匀（图

7.8）。显然，式（7.33）存在明显的不合理性，以至带来所得含沙量分布公式因所选流速分布公式不同而不同的问题。

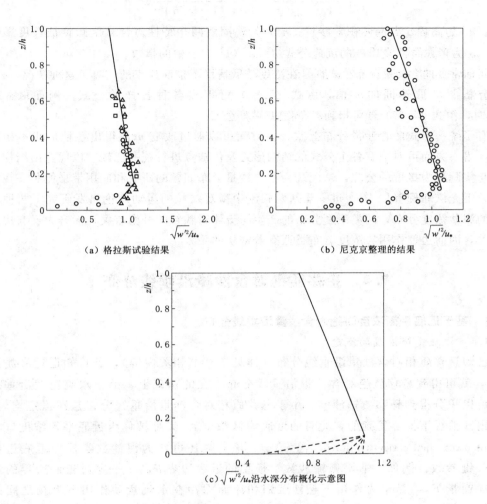

（a）格拉斯试验结果 （b）尼克京整理的结果

（c）$\sqrt{w'^2}/u_*$ 沿水深分布概化示意图

图 7.8 垂向流速脉动强度沿垂线的变化[14]

倪晋仁和王光谦等不采用这种转化，而是直接从 w' 服从正态分布（$|w'|$ 的概率分布可由 w' 的分布导出）的概率统计特性入手，给定相应的条件，从理论上证明了前述两种分布的确实存在，并推导了含沙量分布统一公式［式（7.37）］。具体而言，出现 I 型分布的原因，主要是受底面光滑度和颗粒粗细所影响。对于相同的两相流条件，底面越光滑越易出现 I 型分布；在相同的底部条件下，颗粒越粗越易出现 I 型分布。对于浓度不大的情况，I 型分布的极值位置一般在 $z/h<0.1$ 区域内。这样所得的含沙量分布公式，避开了卡曼-普兰特尔掺长假说和掺长 l 及 du/dz 随含沙量变化规律不确定的问题，同时利用了 $\sqrt{w'^2}$ 随含沙量的变化较为稳定的特性，从而免除了通常的两相流中卡曼常数 κ 与悬浮指标修正系数不易确定的麻烦。倪晋仁和

王光谦等获得的含沙量分布的统一公式形式如下[15]：

$$\int_{c_a}^{c} \frac{dc}{c(1-c)^\alpha} = \int_{a}^{h} \frac{\sqrt{2\pi}\,\omega_0/u_*}{z\,(1-z/h)^n} dz \qquad (7.37)$$

式中：c_a 为高程 a 处的体积含沙量；n 为反映固液两相特性对颗粒跳跃特征长度影响的指数；α 为考虑含沙量影响的沉速公式 $\omega = \omega_0(1-c)^\alpha$ 中的指数。

目前常见的含沙量分布公式都是在浓度较低情形下推演出来的。对于这种情况，$\alpha \approx 0$。通过分析[15]，取不同的 n 值，由式（7.37）可得出各种各样的公式。例如取 $\alpha = 0$，$n = 1$ 时，由式（7.37）便可得到奥布赖恩-劳斯公式。

有了统一形式的含沙量分布公式，一方面可以通过改变 n 值得出各种形式不相同的公式，另一方面可对现有各个公式的结构形式及优缺点进行统一比较，以优选出结构最合理、与实际最为接近的公式，这无疑会给含沙量分布问题的研究和应用带来便利。在此基础上，王光谦和倪晋仁[16,17]进一步从两相流中微观颗粒的运动理论出发研究了两种不同类型的泥沙浓度分布，两类浓度分布的产生与流体对颗粒的升力有关，而升力又与边壁条件有关，因而边壁作用与浓度分布类型有着密切的关系。

7.4 悬移质绝对含沙量沿垂线分布

7.4.1 基于近底平衡浓度的绝对含沙量沿垂线分布

7.4.1.1 近底平衡浓度的概念

已知悬移质相对含沙量沿垂线分布（详见 7.3 节相关内容），若再知道近底泥沙浓度 c_a，就可得到悬移质绝对含沙量沿垂线分布；在此基础上，结合水流速度沿垂线分布，可以积分得到悬移质输沙率。由于悬移质相对含沙量沿垂线分布是在恒定均匀流、平衡输沙前提下推导得到的，此时的近底泥沙浓度 c_a 又可被称为近底平衡浓度（equilibrium near-bed concentration），记为 c_{ae}。该参数还可作为泥沙数学模型近底边界条件的关键参数。例如，非平衡输沙数学模型的近底边界条件——穿过近底边界的法向泥沙净通量 F_a，是重力作用下悬沙沉积和床面泥沙在水流紊动作用下上扬之间的对比结果。

$$F_a = -v_{sz} \frac{\partial c}{\partial z}\bigg|_{z=a} - \omega c_a = E_a - D_a \qquad (7.38)$$

泥沙的沉降通量 D_a 可通过泥沙沉降速度和近底泥沙浓度确定（即 $D_a = \omega c_a$），床面泥沙上扬通量 E_a 的估算就成了非平衡输沙问题的近底边界条件确定的关键。众多学者建立了不同的床面泥沙上扬通量公式[18-20]。现有泥沙数学模型普遍假定泥沙上扬通量恒等于平衡输沙时的上扬通量[20,21]。由于平衡输沙时上扬通量等于沉降通量，故床面泥沙上扬通量可由近底平衡浓度 c_{ae} 和有效沉降速度的沉积计算：

$$E_a = -v_{sz} \frac{\partial c}{\partial z}\bigg|_{z=a} = \omega c_{ae} \qquad (7.39)$$

7.4.1.2　近底平衡浓度的经验关系式

Celik 和 Rodi[22]以及 Fang 和 Wang[23]令悬移质含沙量沿垂线积分平均值等于水流挟沙力，建立了近底平衡浓度与水流挟沙力之间的关系。以张瑞瑾公式［式（7.27）］为例，有

$$C_e = \int_{\eta_a}^{\eta_h} c_{ae} \exp\left(\frac{\omega}{\kappa u_*}[f(\eta) - f(\eta_a)]\right) \mathrm{d}z \tag{7.40}$$

式中：C_e 为用体积浓度表示的深度积分平均水流挟沙力（用体积含沙量表示），可用第 8 章的经验公式估算；$\eta = 1 - z/h$；η_a 和 η_h 为河床底部和水面的相对高程。注意，式（7.40）用 c_{ae} 代替了 c_a。

根据式（7.40），可得近底平衡浓度计算式如下[23]：

$$c_{ae} = \frac{C_e}{\int_{\eta_a}^{\eta_h} \exp\left(\frac{\omega}{\kappa u_*}[f(\eta) - f(\eta_a)]\right) \mathrm{d}z} \tag{7.41}$$

除上述方法外，研究人员从不同角度建立了近底平衡浓度经验公式[18, 20, 24-28]。Smith 和 Mclean 近底平衡浓度经验式为[25]

$$c_{ae} = \frac{0.65\gamma_0 T}{1 + \gamma_0 T} \tag{7.42}$$

式中：$\gamma_0 = 0.0024$；$T = (\theta' - \theta_c)/\theta_c$，$\theta'$ 为与沙粒阻力有关的希尔兹数，θ_c 为泥沙起动临界希尔兹数。

Smith 和 Mclean 采用的近底参考高度 a 为[25]

$$a = 26.3(\theta' - \theta_c) D + k_s \tag{7.43}$$

式中：k_s 为床面粗糙度。

Van Rijn 近底平衡浓度经验公式为[20]

$$c_{ae} = 0.015 \frac{D_{50}}{a} \frac{T^{1.5}}{D_*^{0.3}} \tag{7.44}$$

式中：D_{50} 为泥沙中值粒径；$D_* = D_{50}(gR/\nu^2)^{1/3}$，$R$ 为泥沙有效容重系数，ν 为水流运动黏性系数。

Van Rijn[20]近底平衡浓度所对应的参考点高度为沙波波高的一半；若沙波波高未知，则取为床面粗糙度 k_s 或 $0.01h$。Garcia 和 Parker[26]取参考点高度 $a = 0.05h$ 得到近底平衡浓度经验公式如下：

$$c_{ae} = \frac{A Z_u^5}{1 + \frac{A}{0.3} Z_u^5} \tag{7.45a}$$

$$Z_u = \frac{u_*}{\omega} Re_p^{0.6} \tag{7.45b}$$

式中：$A = 1.3 \times 10^{-7}$ 为经验系数。

Wright 和 Parker[29]发现式（7.45）应用于大底坡和小底坡河流时拟合精度较差，于是将系数 A 调整为 5.7×10^{-7}，并将河床底坡 S_b 的影响考虑在参数 Z_u 中：

$$Z_u = \frac{u_*}{\omega} Re_p^{0.6} S_b^{0.07} \tag{7.46}$$

Zyserman 和 Fredsoe[27] 认为参考点高度应为 2 倍泥沙粒径，得到经验公式：

$$c_{ae} = \frac{0.15226 \, (\theta' - 0.045)^{1.75}}{0.46 + 0.331 \, (\theta' - 0.045)^{1.75}} \tag{7.47}$$

Cao[30] 基于泥沙上扬悬浮是湍流猝发的直接作用结果的物理机制，利用湍流猝发平均周期及其空间尺度建立了近底平衡浓度公式（7.48a）及针对较低含沙量时的近似形式（7.48b）：

$$c_{ae}(1 - c_{ae})^m = \frac{A_c}{T_B^+} \frac{0.6D}{\omega\theta_c} \frac{(\theta - \theta_c)U_\infty}{h} \tag{7.48a}$$

$$c_{ae} \approx \frac{A_c}{T_B^+} \frac{0.6D}{\omega\theta_c} \frac{(\theta - \theta_c)U_\infty}{h} \tag{7.48b}$$

式中：A_c 为床面单位面积的平均猝发面积；T_B^+ 为无量纲化的猝发周期；U_∞ 为水面流速；$m = (4.45 + 18D/h)(\omega D/\nu)^{-0.1}$；Cao[30] 率定得到：$T_B^+/A_c = 160 \, Re_p^{-0.8}$。

7.4.1.3　悬移质输沙率计算

如前所述，利用近底平衡浓度，结合悬移质相对含沙量沿垂线分布可得到绝对含沙量沿垂线分布。例如，可将奥布赖恩-劳斯公式改写如下：

$$c = c_a \left[\frac{h/z - 1}{h/a - 1} \right]^z \tag{7.49}$$

式中：参考点含沙量 c_a 可由上文介绍的近底平衡浓度公式计算，参考点高度为 $z = a$。已知悬移质绝对含沙量 c 和水流流速 u 沿垂线分布，则在单位时间内通过高程 z 处单位面积的悬移质输沙率为 $u(z)c(z)$，将其沿垂线积分，可得到悬移质单宽输沙率：

$$q_s = \int_a^h u(z)c(z)\mathrm{d}z \tag{7.50}$$

式中：a 为积分下限，代表悬移质运动的最低点，并认为水深小于 a 时泥沙为推移质。

爱因斯坦假定推移质集中在高度 $a = 2D$ 的床面层运动，求得床面层推移质的平均含沙量 c_a，假定床面层表层含沙量与其平均含沙量相等，认为即可代表河底含沙量，选用对数流速分布公式得到悬移质单宽输沙率为[12,18]

$$q_s = 11.6 u'_* a c_a \left\{ 2.303 I_1 \lg \left[30.2 \frac{h\chi}{k_s} \right] + I_2 \right\} \tag{7.51}$$

式中：I_1、I_2 为 a、h 和 Z 的积分函数，可通过数值积分求得，也可采用预先做好的图表求解；χ 为 k_s/δ 的函数；δ 为近壁层厚度。

爱因斯坦方法将悬移质运动和推移质运动相互联系，理论上自成体系，有其可取之处。存在的主要问题是：天然河流的推移质运动观测困难，研究不足。而悬移质运动则观测容易，拥有丰富的资料。

7.4.2　张瑞瑾绝对含沙量沿垂线分布公式

张瑞瑾认为，7.3 节根据紊动扩散理论求得的二维均匀流平衡输沙情况下的相对含沙量公式的假设条件较多，且遗留问题不少。在这种情况下，不如在分析较广泛的一些实际资料之后，提出二维均匀流平衡情况下含沙量沿垂线分布公式所应遵循的要求，找出一个形式简单且精度不低的公式。

采用这种做法所得到的公式虽然被称为"经验公式"，但却能以简单的结构保证必要的精度、具有较宽的适用范围。同时，计算目标由相对含沙量变成绝对含沙量，从而避免了估算近底含沙量这样的麻烦。张瑞瑾记 S 为用质量表示的悬移质含沙量（$S=\rho_s c$），用 ξ 表示相对水深（$\xi=z/h$）。他在分析大量实测水文资料之后，为二维均匀流平衡情况下悬移质绝对含沙量沿垂线分布公式总结了必须满足的五条要求：

（1）S 随 ξ 的增加而减少，即 $dS/d\xi<0$，在 $\xi=0$ 处（即床面），S 达到最大值 S_{max}，但不为 ∞。

（2）在 $\xi=1$ 处（即水面），S 达到最大值 S_{min}，但不为 0。

（3）垂线的平均含沙量 $\overline{S}$ 等于水流挟抄力，即 $\overline{S}=K(U^3/gh\omega)^m$（此为张瑞瑾挟沙力公式，详见第 8 章）。

（4）自床面到水面，即随 ξ 的增大，含沙量梯度 $dS/d\xi$ 不断降低，即 $d^2S/d\xi^2<0$。

（5）$d^2S/d\xi^2$ 为悬浮指标 Z［即 $\omega/(\kappa u_*)$］的函数。

能够满足上述五个条件的含沙量 S 沿垂线分布的最简单的表达式为

$$\frac{S}{\overline{S}}=\alpha\left(\frac{1}{\beta+\xi}\right)^2 \tag{7.52}$$

式中：α 及 β 为定值系数，根据实测资料反求确定。由于

$$\int_0^1 S d\xi=\overline{S} \tag{7.53}$$

故

$$\alpha\overline{S}\int_0^1\frac{d\xi}{(\beta+\xi)^2}=\overline{S} \tag{7.54}$$

积分并整理得

$$\alpha=\beta(1+\beta) \tag{7.55}$$

由此可见，α 及 β 两个系数中只要任意一个为已知，其余一个也就决定了，即事实上方程式中只有一个系数。因此，式（7.52）又可写为

$$\frac{S}{\overline{S}}=\frac{\beta(1+\beta)}{(\beta+\xi)^2} \tag{7.56}$$

图 7.9 是由长江的一组实测资料整理出来的结果。从该图可以看到式（7.56）是简单可用的。从图中还可看出，β 越大，则实际含沙量沿垂线分布越均匀。在平衡条件下 $\overline{S}=K(U^3/gh\omega)^m$，可得到绝对含沙量沿垂线分布表达式为

$$S=K\left(\frac{U^3}{gh\omega}\right)^m\frac{\beta(1+\beta)}{(\beta+\xi)^2} \tag{7.57}$$

根据丁君松等[31]的研究，β 的近似表达式为

$$\beta=0.2Z^{-1.15}-0.11 \tag{7.58}$$

在有实测资料的情况下，用式（7.58）之前，最好先进行检验。用式（7.57）代替其他形式的公式解决实际问题可能有它的优势，因为虽然从表面上来看，它似乎在理论上不够完善，但实际上却未必如此。它的适应性、精确性以及运用的简便程度，都有可能胜过其他公式。

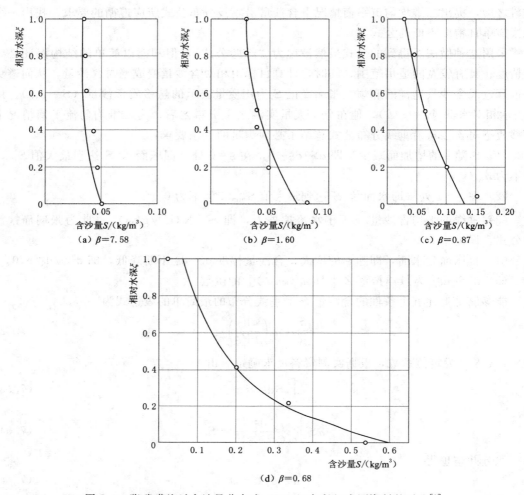

图 7.9　张瑞瑾绝对含沙量分布式（7.57）与长江实测资料的对比[1]

7.5　非平衡输沙条件下悬移质含沙量沿垂线分布

本节考虑理想条件清水冲刷过程的悬移质运动，来展示非平衡输沙条件下的悬移质含沙量沿垂线分布。如图 7.10 所示的纵向一维清水冲刷过程：河床底坡为 S_b，床沙粒径为 D，进口为恒定来流，沿程为均匀流（横向流速 $v=0$，垂向流速 $w=0$）；不考虑沙波运动，河床阻力只有沙粒阻力，曼宁糙率系数 $n=D^{1/6}/26$。已知水深 h 时，可计算床面剪切应力 $\tau_b=\rho g h S_b$，希尔兹数 $\theta=hS_b/(RD)$，深度平均流速 $U=\sqrt{S_b}h^{2/3}/n$ 和近底平衡浓度（见 7.4.1 节）。如果水流足够强（$\theta>\theta_c$），床面泥沙被起动，河床冲刷，清水水流变成浑水水流。

假设河床冲淤幅度较小不足以影响均匀流流态，水深和流速均保持恒定均匀状态，则只需数值求解悬移质泥沙对流扩散方程来定量描述这样的非平衡输沙过程。首先，考虑图

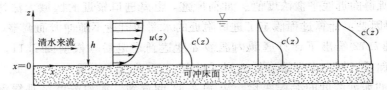

图 7.10 清水冲刷条件下悬移质非平衡输沙示意图

7.10 所描述的纵向一维清水冲刷过程，水流为恒定均匀流，可将悬移质泥沙对流扩散方程式（7.13）简化为

$$\frac{\partial c}{\partial t}+\frac{\partial uc}{\partial x}-\omega\,\frac{\partial c}{\partial z}=\frac{\partial}{\partial x}\Big(v_t\,\frac{\partial c}{\partial x}\Big)+\frac{\partial}{\partial z}\Big(v_t\,\frac{\partial c}{\partial z}\Big) \tag{7.59}$$

式（7.59）中，纵向紊动扩散（右边第一项）较纵向随流（左边第二项）相比是小量，忽略后有

$$\frac{\partial c}{\partial t}+\frac{\partial uc}{\partial x}-\omega\,\frac{\partial c}{\partial z}=\frac{\partial}{\partial z}\Big(v_t\,\frac{\partial c}{\partial z}\Big) \tag{7.60}$$

数值求解方程（7.60）的水面（$z=h$）和床面（$z=a$）边界条件为

$$F_{z=h}=\left[\Big(-v_t\,\frac{\partial c}{\partial z}\Big)-\omega c\right]\bigg|_{z=h}=0 \tag{7.61a}$$

$$F_{z=a}=\left[\Big(-v_t\,\frac{\partial c}{\partial z}\Big)-\omega c\right]\bigg|_{z=a}=\omega c_{ae}-\omega c_a \tag{7.61b}$$

对于这一清水冲刷过程，可以预见的是：离进口距离越大，悬移质泥沙浓度将越高，但在距离进口足够远且冲刷时间足够长时，悬移质可达到平衡饱和输沙状态，近底悬沙浓度将趋近于近底平衡泥沙浓度。此时，达到平衡饱和输沙状态的悬移质泥沙浓度沿垂线分布表达式为

$$\frac{c}{c_a}=\exp\left[-\frac{\omega}{v_t}(z-a)\right] \tag{7.62}$$

为了数值计算示例的简便，式（7.62）的推导过程和数值计算均假定紊动扩散系数沿垂线为常数（即 $v_t=hu_*/6$）。与距进口较远断面能够达到平衡饱和输沙状态不同的是，在距离进口较近的断面，悬移质泥沙浓度在足够长时间后也可达到稳定，但仍将处于不平衡输沙状态（这是因为假定了进口附近的水深和流速不随冲淤而调整，均保持恒定均匀状态）。选用合适的数值格式，可得到悬移质泥沙浓度的时空分布图。作为计算示例，取如下参数：水深 $h=1\text{m}$，河床底坡 $S_b=0.0005$；泥沙粒径 $D=0.1\text{mm}$；流速沿垂线分布采用指数公式 $u(z)=(1+m)U(z/h)^m$，取指数 $m=2$；紊动扩散系数取定值 $v_t=hu_*/6$；泥沙沉速用张瑞瑾沉速公式；近底平衡浓度用 Zyserman 和 Fredsoe 公式［式（7.47）］。

图 7.11 给出了 4 个断面在靠近床面处（$z=0.01\text{m}$）的泥沙浓度随时间变化。在初始时刻，各个断面的泥沙浓度均为 0。在清水冲刷作用下，各个断面泥沙浓度迅速随时间增大直至达到稳定。距离进口越远，泥沙浓度稳定值越大，并在距离足够大时趋近于式

（7.47）计算所得的近底平衡浓度值。如前所述，距离进口较近的区域无法达到平衡饱和输沙状态的原因是：计算过程假定了进口附近的水深和流速不随冲淤而调整，均保持恒定均匀状态。图 7.12 给出了计算区域内泥沙浓度达到稳定后（根据图 7.11，可近似认为 $t=100s$ 时，计算区域内泥沙浓度均达到了稳定），垂向三个位置（$z/h=1$、$z/h=0.5$ 和 $z/h=0.01$）的泥沙浓度的沿程变化。从图 7.12 可看到，泥沙浓度沿垂线满足"上稀下浓"的规律。在进口处，无论是水面还是近底床面，泥沙浓度均为 0，这是因为进口来流为清水。尽管如此，在清水冲刷作用下，随着离进口距离的增大，不同垂向高度上的泥沙浓度均增大，直至达到某稳定值；当离进口距离足够远时，不同垂向高度上的稳定浓度值将趋近于平衡饱和输沙状态下的泥沙浓度值［即式（7.62）］。图 7.13 给出了计算所得不同断面悬移质泥沙相对浓度沿垂线分布（实线，计算值）与饱和状态下浓度分布理论值［虚线，式（7.62）］的对比，进一步印证了上述结果。从图 7.13 可以看出，在距离进口较近的断面，虽然悬移质浓度沿垂线分布也达到了稳定状态，但不同垂线高度上的实际悬移质浓度值［图 7.13（a）～图 7.13（c）的实线］都小于平衡饱和输沙状态下的悬沙浓度值［图 7.13（a）～图 7.13（c）的虚线］；在距离进口较远的断面，达到稳定状态的悬移质浓度沿垂线分布［图 7.13（d）的实线］与平衡饱和输沙状态下的悬沙浓度值［图 7.13（d）的虚线］非常吻合。

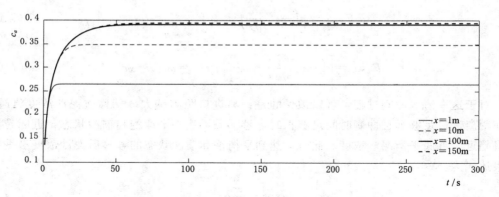

图 7.11　不同断面近底泥沙浓度随时间变化

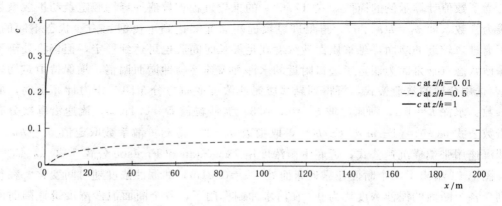

图 7.12　达到冲淤平衡后不同高度泥沙浓度的沿程变化

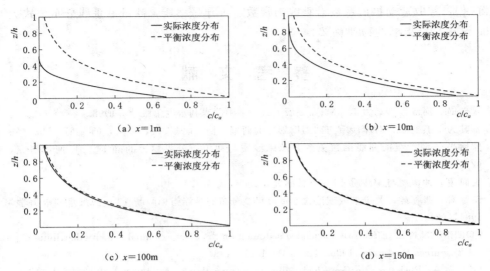

图 7.13　达到稳定后离进口距离不同的 4 个断面的实际泥沙浓度与平衡浓度分布

延 伸 阅 读

It is noteworthy of the findings concerning the particle – air two – phase flows that share considerable similarity to suspended sediment – laden flows. It has been found that turbulence may be enhanced when the suspended particles are larger than the turbulence length scale, or suppressed as they are so fine as to be enclosed within the turbulent eddies. In particular, it has been shown that turbulence is attenuated or enhanced by suspended particles respectively in relation to small or large values of St and Rd. The critical values of St and Rd for transition between turbulence attenuation and enhancement are about 1.0 and 0.1, respectively. [CAO Z X, EGASHIRA S, CARLING P A. Role of suspended – sediment particle size in modifying velocity profiles in open channel flows [J]. Water Resources Research, 2003, 39 (2): 1029.]

练 习 与 思 考

1. 悬移质与推移质运动机理有何不同？

2. 试述悬移质对水流纵向流速沿垂线分布的影响规律。

3. 试述悬移质沿垂线浓度梯度、紊动扩散、重力作用、冲刷、淤积等过程之间的关系。

4. 假定悬移质紊动扩散系数沿垂线为常数（$v_{sz} = hu_* /6$），推导悬移质含沙量沿垂线分布公式，并将其与奥布赖恩-劳斯公式进行对比。

5. 请考虑悬移质对泥沙沉降速度的影响[$\omega_e = \omega(1-c)$，其中 ω_e 为考虑悬沙影响的有效沉速〕，并取紊动扩散系数沿垂线为常数，推导悬移质含沙量沿垂线分布公式。

6. 试述悬浮指标的物理意义。

参 考 文 献

［1］ 张瑞瑾. 河流泥沙动力学［M］. 2 版. 北京：中国水利水电出版社，1998.

［2］ 韩其为，王玉成. 对床沙质与冲泻质划分的商榷［J］. 人民长江，1980，(5)：47-55.

［3］ 熊治平. 泥沙级配曲线函数关系式及床沙质与冲泻质分界粒径的确定［J］. 泥沙研究，1985，(2)：88-94.

［4］ 王尚毅. 冲泻质与床沙质［J］. 泥沙研究，1988，(2)：29-40.

［5］ 谢鉴衡，邹履泰. 关于扩散理论含沙量沿垂线分布的悬浮指标问题［J］. 武汉水利电力学院学报，1981，(3)：1-9.

［6］ COLEMAN N L. Effects of suspended sediment on the open-channel velocity distribution［J］. Water Resources Research，1986，22（10）：1377-1384.

［7］ LYN D A. Resistance in flat-bed sediment-laden flows［J］. Journal of Hydraulic Engineering，ASCE，1991，117（1）：94-114.

［8］ WANG X K，Qian N. Turbulence characteristics of sediment-laden flow［J］. Journal of Hydraulic Engineering，ASCE，1989，115（6）：781-800.

［9］ WANG Z Y，LARSEN P. Turbulent structure of water and clay suspensions with bed load［J］. Journal of Hydraulic Engineering，ASCE，1994，120（5）：577-600.

［10］ NINO Y，GARCIA M. Engelund's analysis of turbulent energy and suspended load［J］. Journal of Engineering Mechanics，1998，124（4）：480-482.

［11］ CAO Z X，EGASHIRA S，CARLING P A. Role of suspended-sediment size in modifying velocity profiles in open channel flows［J］. Water Resources Research，2003，39（2），1029. doi：10.1029/2001WR000934.

［12］ 钱宁，万兆惠. 泥沙运动力学［M］. 北京：科学出版社，1983.

［13］ 陈永宽. 悬移质含沙量沿垂线分布［J］. 泥沙研究，1984，(2)：31-40.

［14］ 倪晋仁，王光谦. 论悬移质浓度垂线分布的两种类型及其产生的原因［J］. 水利学报，1987，(7)：60-68.

［15］ NI J R，WANG G Q. Vertical sediment distribution［J］. Journal of Hydraulic Engineering，ASCE，1991，117（9）：1184-1194.

［16］ 王光谦，倪晋仁. 再论悬移质浓度垂线分布的两种类型及其产生的原因［J］. 水动力学研究与进展，1991，6（4）：60-71.

［17］ WANG G Q，NI J R. Kinetic theory for particle concentration distribution in two-phase flows［J］. Journal of Engineering Mechanics，ASCE，1990，116（12）：2738-2748.

［18］ EINSTEIN H A. The bed-load function for sediment transportation in open channel flow［R］. Tech. Bull. No. 1026，U. S. Dept. of Agriculture，Washington，D. C. 1950.

［19］ NAKAGAWA H，TSUJIMOTO. Sand bed instability due to bed-load motion［J］. Journal of Hydraulic Engineering，ASCE，1980，106（12）：2029-2051.

［20］ VAN RIJN L C. Sediment transport. Ⅱ. Suspended load transport［J］. Journal of Hydraulic Engineering，1984，110（11）：1431-1456.

［21］ PARKER G. Self-formed straight rivers with equilibrium banks and mobile bed，Ⅰ：the sand-silt river［J］. Journal of Fluid Mechanics，1978，89（1）：106-125.

［22］ CELIK I，RODI W. Suspended sediment transport capacity for open channel flow ［J］. Journal of Hydraulic Engineering，ASCE，1991，117（2）：191-204.

［23］ FANG H W，WANG G Q. Three dimensional mathematical model of suspended - sediment transport ［J］. Journal of Hydraulic Engineering，ASCE，2000，126（8）：578-592.

［24］ ENGELUND F，FREDSOE J. A sediment transport model for straight alluvial channels ［J］. Hydrology Research，1976，7（5）：293-306.

［25］ SMITH J D，MCLEAN S R. Spatially averaged flow over wavy surface ［J］. Journal of Geophysical Research，1977，82（12）：1735-1746.

［26］ GARCIA M，PARKER G. Entrainment of bed sediment into suspension ［J］. Journal of Hydraulic Engineering，1991，ASCE，117（4）：414-435.

［27］ ZYSERMAN J A，FREDSOE J. Data analysis of bed concentration of suspended sediment ［J］. Journal of Hydraulic Engineering，ASCE，1994，120（9）：1021-1042.

［28］ 钟德钰，张红武. 明渠挟沙水流中悬移质的近底平衡浓度 ［J］. 水利学报，2006，7：789-794.

［29］ WRIGHT S，PARKER G. Flow resistance and suspended load in and - bed rivers：simplified stratification model ［J］. Journal of Hydraulic Engineering，ASCE，2004，130（8）：796-805.

［30］ CAO Z X. Turbulent bursting - based sediment entrainment function ［J］. Journal of Hydraulic Engineering，ASCE，1997，123（3）：233-236.

［31］ 丁君松，杨国录，熊治平. 分汊河段若干问题的探讨 ［J］. 泥沙研究，1982，（4）：39-51.

第8章 悬移质挟沙力

8.1 明渠水流挟沙力的基本概念

明渠水流挟沙力可定义为在恒定、均匀流条件下，平衡或饱和输沙状态时的含沙量或输沙率。这一水流挟沙力定义对推移质和悬移质均适用。

除上述定义外，对于水流挟沙力的定义还有很多，但其理解却有所差异。欧美地理学者最近对河流、风沙、海岸、坡面、泥石流和冰川等环境流体下的水流挟沙力定义进行了系统综述，不同环境研究领域的定义差别较大，甚至无可比性[1]。即使是对同一环境，由于研究的水动力、泥沙和床面条件不同，对水流挟沙力的理解也有区别。需要指出的是，欧美学者将在河流中观测的含沙量直接作为挟沙力是值得商榷的，基于如此理解而对挟沙力概念提出的挑战也是不合理的。

天然情况下，水流一般处于非恒定、非均匀状态，这时水流挟沙力概念是否适用是值得商榷的。

对于推移质来说，挟沙力概念与公式普遍适用，既包括恒定、均匀流情形，也包括非恒定、非均匀流情形（如山洪强推移质输沙[2]）。这是由于推移质在河床表面运动，其与河床的泥沙交换非常迅速，可以在瞬间调整至与当地水流和床面条件相适应的"拟"或"名义"挟沙力状态（nominal sediment transport capacity）。曹志先等[3,4]通过冲积河流的多重时间尺度理论证实了上述观点。但值得注意的是，对于非均匀沙，其调整还受到不同泥沙粒径的影响，从沙粒到砾石再到卵石等，其调整时间可能差别较大。粒径越小且外界有较强泥沙扰动（如上游喂沙或支流入汇），推移质的调整时间和空间可能延长，这时用挟沙力概念或公式直接计算推移质输沙率可能不适用，需要基于非饱和输沙数学模型进行求解。

对于悬移质来说，挟沙力概念与公式则普遍不适用。这是由于悬移质在水体中沿整个水深分布，其与河床表面的泥沙交换较慢，即需要较长的时间和空间才能调整至与当地水流条件相适应的"拟"或"名义"挟沙力状态。我国河流动力学学科和工程界自20世纪60年代起就不再应用基于挟沙力假设的饱和输沙数学模型，而是通过非饱和输沙数学模型求解悬移质含沙量或者输沙率。此外，曹志先等[5,6]通过冲积河流多重时间尺度理论对悬移质输沙情况下水流、泥沙运动和河床变形的相对调整时间进行了系统地比较分析。对于强非恒定流、高含沙情况（比如黄河、溃坝等），基于非饱和输沙概念且充分考虑水流-泥沙-河床相互作用的全耦合水沙床数学模型是必要的。

8.2 维利坎诺夫重力理论

8.2.1 能量平衡理论

苏联学者维利坎诺夫（M. A. Великанов）[7]认为，携带悬移质的水流在运动过程中需要做功，除阻力功外，还有"悬浮功"。这是因为水流携带的悬移质因容重比水大，在运动过程中必然不断下沉。因此，在平衡情况下，要保持悬移质时均数量不变的悬浮状态，就需要由水流向泥沙提供将它托起的"悬浮功"。从这一观点出发，在二维均匀流的平衡情况下，维利坎诺夫认为浑水水流中的清水的能量平衡方程可写为

$$E_1 = E_2 + E_3 \tag{8.1}$$

式中：E_1 为在单位时间、单位流程、单位过水断面中，浑水水流中的清水消耗的总能量。亦即

$$E_1 = \rho g (1 - \overline{S}_v) \overline{u} J \tag{8.2}$$

E_2 代表在同样条件下，浑水水流中的清水为了克服阻力功提供的能量，亦即

$$E_2 = \overline{u} \left(-\frac{\mathrm{d}\tau(1 - \overline{S}_v)}{\mathrm{d}y} \right) = \overline{u} \frac{\mathrm{d}[\rho(1 - \overline{S}_v)\overline{u'v'}]}{\mathrm{d}y} = \rho \overline{u} \frac{\mathrm{d}[(1 - \overline{S}_v)\overline{u'v'}]}{\mathrm{d}y} \tag{8.3}$$

E_3 代表在同样条件下，浑水水流中的清水对悬移质所做的悬浮功，亦即

$$E_3 = g(\rho_s - \rho) \overline{S}_v (-\overline{v}_s) = g(\rho_s - \rho) \overline{S}_v (1 - \overline{S}_v) \omega \tag{8.4}$$

式中：$\overline{v}_s$ 为悬移质在 y 方向上的时均速度。前文已经阐明，按照重力理论的观点，$\overline{v}_s \neq -\omega$，而是 $\overline{v}_s = -(1 - \overline{S}_v)\omega$。

将方程式（8.2）～式（8.4）代入式（8.1），得

$$\rho g (1 - \overline{S}_v) \overline{u} J = \rho \overline{u} \frac{\mathrm{d}}{\mathrm{d}y} [(1 - \overline{S}_v)\overline{u'v'}] + g(\rho_s - \rho) \overline{S}_v (1 - \overline{S}_v) \omega \tag{8.5a}$$

或

$$g (1 - \overline{S}_v) \overline{u} J = \overline{u} \frac{\mathrm{d}}{\mathrm{d}y} [(1 - \overline{S}_v)\overline{u'v'}] + a g \omega \overline{S}_v (1 - \overline{S}_v) \tag{8.5b}$$

方程式（8.5）便是维利坎诺夫于 1955 年提出的水沙两相流在二维均匀流平衡情况下的所谓"重力理论"的能量平衡方程式。

8.2.2　重力理论存在的主要问题

应该明确指出，维利坎诺夫重力理论在关于能量平衡理论的论证以及相应的能量平衡方程式的建立上，是缺乏坚实理论基础的，主要有以下三个方面的问题[8]：

（1）悬移质在水流中悬浮，主要依靠水流的紊动扩散作用。悬移质具有"上稀下浓"的含沙量梯度，浑水水流中的清水具有"下稀上浓"的"含水量"梯度（在非高含沙量水流中，清水含水量的梯度数量通常很小，一般都予以忽略）。在平均时间里，虽然向上运动的浑水水体数量与向下运动的浑水水体数量恰好抵消，但浑水中泥沙是向上扩散的（清水扩散向下、量级很小，常被忽略）。在平衡情况下，这种紊动扩散作用恰与重力作用互相抵消，含沙量及其梯度和"含水量"及其梯度都呈现出不变的时均状态。因此，泥沙在向上悬浮时得自浑水中的清水的悬浮功，其来源于清水的紊动能量。

（2）维利坎诺夫指出，对于泥沙来说，在上浮过程中得之于水流的悬浮功，仍将在下沉的过程中通过付出"下沉功"等量地失去。"下沉功"的最后归宿是转化为热能从水流中散失，即通过泥沙下沉过程中所引起的水流内部的相对运动和相应的摩阻作用完成。由于泥沙下沉的方向与水流的总流向接近正交，故不论泥沙颗粒大小如何，在它们下沉过程中所引起的水流内部的相对运动，都将意味着时均流层间水体的交换，即造成一定的紊动和相应的紊动能。换句话说，一方面，泥沙在上浮过程中，通过水流的紊动能得到悬浮

功；另一方面，泥沙又在下沉过程中，通过水流的紊动能而失去悬浮功。对于水流来说，所付出和收回的能量不是直接来自水流的有效能量，而是只能以阻力功（热能）为归宿的紊动能。因此，当考察浑水水流能量平衡问题的时候，只需考虑水、沙两相流的紊动结构是怎样的，其阻力功有多大，不必在水流的有效能量的消耗中再考虑"悬浮功"。至于浑水水流中的紊动结构和相应的阻力功是否与清水水流相同，这是另外一个重要的问题，将在后文中讨论。

（3）$\rho \overline{u} \dfrac{d}{dy}\left[(1-\overline{S_v})\overline{u'v'}\right]$ 的物理意义。在二维均匀流中，如水深为 h，则时均流层间的切应力为

$$\tau = \rho g J (h-y) \tag{8.6}$$

故

$$\overline{u}\rho g J = -\overline{u}\dfrac{d\tau}{dy} \tag{8.7}$$

式中：$\overline{u}\rho g J$ 为在单位时间内通过单位过水面积的水量流经单位流程后所失去的有效能量，后文简称"当地提供能"。

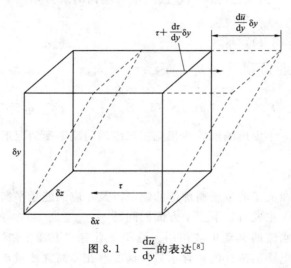

图 8.1　$\tau \dfrac{d\overline{u}}{dy}$ 的表达[8]

如图 8.1 所示，在二维均匀流中，微小矩形六面体 $\delta x \delta y \delta z$ 在单位时间内，因时均流层间的相对运动所产生的摩阻功为

$$\dfrac{d\overline{u}}{dy}\delta y\left(\tau+\dfrac{d\tau}{dy}\delta y\right)\delta x\delta z = \tau\dfrac{d\overline{u}}{dy}\delta x\delta y\delta z \tag{8.8}$$

在式（8.8）中，等号右侧忽略了高阶微小量。可以看出，在单位时间内，单位水体在当地消耗的阻力功应为 $\tau d\overline{u}/dy$，后文简称"当地消耗能"。必须注意的是，位于任意距床面距离 y 处的水体在当地的提供能往往不等于当地消耗能。

若当地提供能大于当地消耗能，则会有一部分能量自该流层传出；反之，则会有一部分能量传入（图 8.2）。其间的关系为

$$-\overline{u}\dfrac{d\tau}{dy}-\tau\dfrac{d\overline{u}}{dy} = -\dfrac{d}{dy}(\overline{u}\tau) \tag{8.9}$$

式中：$-d(\overline{u}\tau)/dy$ 为"当地传递能"（加负号是为了显示正值）。

上述二维流中各流层间的阻力损失结构，以及 $-\overline{u}\dfrac{d\tau}{dy}$、$\tau\dfrac{d\overline{u}}{dy}$ 和 $-\dfrac{d}{dy}(\overline{u}\tau)$ 的物理意义和相互关系，是流体力学中早已明确的问题[9]。而维利坎诺夫的主要著作中对此缺乏正确阐述[7,10]：$\dfrac{d}{dy}(\overline{u}\rho\overline{u'v'})$ 有时被称为"全阻力功"，有时被称为"紊动摩阻功"；而

$\overline{u}\dfrac{\mathrm{d}}{\mathrm{d}y}(\rho\,\overline{u'v'})$ 也常被称为"阻力功"。

在个别地方维利坎诺夫甚至忽略了在封闭系统中传递能 $-\dfrac{\mathrm{d}}{\mathrm{d}y}(\overline{u}\tau)$ 的积分总值势必为 0 这一事实。

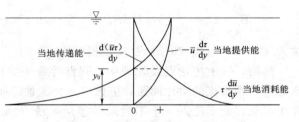

图 8.2 当地提供能、消耗能及传递能的分布[8]

按照上面的解释,对水、沙两相二维均匀紊流来说,$\rho\overline{u}\dfrac{\mathrm{d}}{\mathrm{d}y}\big[(1-\overline{S}_v)\overline{u'v'}\big]$ 即为当地提供能,它与 $\rho g(1-\overline{S}_v)\overline{u}J$ 代表同一个物理量,因而必然的数学结论只能是

$$\rho g(1-\overline{S}_v)\overline{u}J=\rho\overline{u}\dfrac{\mathrm{d}}{\mathrm{d}y}\big[(1-\overline{S}_v)\overline{u'v'}\big] \tag{8.10}$$

要在式(8.10)等号右侧另外加物理量(包括悬浮功),显然是不正确的。

8.2.3 维利坎诺夫对重力理论的维护

为了论证悬浮功一项能够在重力理论的基本能量平衡方程式出现,维利坎诺夫还采用了这样的说法[8]:众所周知,对于单相流体的二维均匀紊流来说,均时能量和脉动能量的平衡方程式可写为

$$\rho g\overline{u}J-\dfrac{\mathrm{d}}{\mathrm{d}y}(\overline{u}\rho\,\overline{u'v'})=-\mu\overline{u}\dfrac{\mathrm{d}^2\overline{u}}{\mathrm{d}y^2}-\rho\,\overline{u'v'}\dfrac{\mathrm{d}\overline{u}}{\mathrm{d}y} \tag{8.11}$$

及 $$-\rho\,\overline{u'v'}\dfrac{\mathrm{d}\overline{u}}{\mathrm{d}y}=-\mu\big[\overline{u'\Delta u'}+\overline{v'\Delta v'}\big]+\rho\dfrac{\mathrm{d}}{\mathrm{d}y}\Big[\overline{v'\dfrac{u'^2+v'^2}{2}}\Big] \tag{8.12}$$

式中:μ 为动力黏滞系数;$\mu\overline{u}\dfrac{\mathrm{d}^2\overline{u}}{\mathrm{d}y^2}$ 及 $\rho\dfrac{\mathrm{d}}{\mathrm{d}y}\Big[\overline{v'\dfrac{u'^2+v'^2}{2}}\Big]$ 为高阶微小量,可忽略不计。

令:

$$A=\rho g\overline{u}J \tag{8.13}$$

$$B=\dfrac{\mathrm{d}}{\mathrm{d}y}(\overline{u}\rho\,\overline{u'v'}) \tag{8.14}$$

$$C=-\mu\big[\overline{u'\Delta u'}+\overline{v'\Delta v'}\big] \tag{8.15}$$

表达单相清水水流的情况,A_s、B_s 及 C_s 分别表示携带悬移质的浑水水流中相应的物理量。在这样的处理过程中,维利坎诺夫除了认为 B 为"时均流层间的紊动摩阻功"以外,还指出[10]:①挟沙水流脉动作用而产生的黏滞阻力功较清水水流为小,即 $C_s<C$;②在浑水水流中,由于脉动能的降低,流层间的紊动摩阻随之降低,故 $B_s<B$;③由于紊动摩阻的降低,纵向流速增大,且在接近底层挟沙较多的区域中尤为明显,因而 $A_s>A$。由于 $A-B-C=0$,故 $A_s-B_s-C_s>0$,因而可令:

$$A_s-B_s-C_s=T \tag{8.16}$$

此处 T 为悬浮功,因

$$B_s + C_s = \frac{\mathrm{d}}{\mathrm{d}y}\left[\overline{u}\rho(1-\overline{S}_v)\overline{u'v'}\right] - \rho\,\overline{u'v'}(1-\overline{S}_v)\frac{\mathrm{d}\overline{u}}{\mathrm{d}y} = \rho\overline{u}\frac{\mathrm{d}}{\mathrm{d}y}\left[(1-\overline{S}_v)\overline{u'v'}\right] \quad (8.17)$$

故式（8.16）与式（8.5）是完全相似的。

　　然而，在上述论点及处理中，仍然存在不少问题[8]：首先，讨论二维、均匀的浑水水流与清水水流的对比问题，应该以一个能量封闭的系统（在二维流中，包括整个水深）作为对象，而不能以一个不封闭的能量系统（如二维水流中的一个或几个流层）作为对象。如图 8.2 所示，在二维流中只有水深等于 y_0 的流层，当地提供与消耗的能量相等，无能量传进、传出，即能量是封闭的，其余流层均不封闭。

　　其次，比较浑水水流与清水水流的能量损失，应以全部流层提供的能量或消耗的能量为对象，而不能以传递能量为对象，在全部流层中传递能量的总和显然为 0，无法以之作比较对象。

　　最后，$A_s > A$ 的理由是：当浑水水流与清水水流的边界条件相同时，前者的紊动摩阻较后者为小，因而前者的流速必然较后者为大。由于维利坎诺夫的讨论对象为单位厚度流层，不考虑水深的变化，在流量不等的情况下，比较总的能量损失大小，自然不能认为是合理的。

8.3　张瑞瑾水流挟沙力公式

8.3.1　悬移质对水流的影响

8.3.1.1　关于悬移质含沙量对水流阻力损失影响的研究成果

　　1. 水槽实验成果

　　1957 年，张瑞瑾等对南京水利实验处（现为"南京水利科学研究院"）在长 70 余 m、宽 1.25m 的活动钢板试验水槽所得的资料，进行了分析。图 8.3 为水槽比降调整到 1/1200～

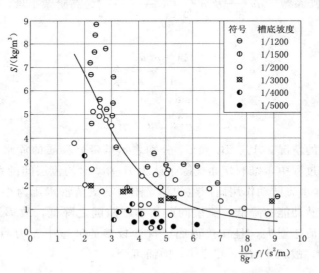

图 8.3　水槽试验中阻力系数 f 与断面平均含沙量
S 的关系（6 种槽底坡度综合情况）[8]

1/5000 的 6 种情况的综合成果。试验时，先调好比降，再在不同含沙量中得到不同的阻力系数 f。钢板水槽边界条件比较单纯，随含沙量的增加，阻力系数有明显降低趋势（见图中趋势线）。这种趋势很难说是由于底部淤积形成的微弱沙波造成的；与此相反，沙波的存在可能使阻力系数增大。

2. 黄河实测资料分析

图 8.4 为黄河下游若干测站的资料。由于天然河道的边界条件较实验室复杂很多，图中测点的分散度较大，但 n 随含沙量的增加而降低的趋势仍然很明显（见图中趋势线）。尤其值得注意的是，大量测点在含沙量较高时，n 可小于 0.01（光滑玻璃水槽糙率值），甚至小于 0.005。如果归因于比降测量中不易精确，也难于从长江、黄河下游测量的精确难度的大小对比中找出解答。因为长江中、下游的比降小于 1/50000，甚至 1/100000；黄河下游的比降为 1/5000～1/7000。因此，测量黄河下游比降的精确难度不会大于测量长江，而在长江各站的水文测验成果中，由于含沙量远比黄河小，所以未见 $n<0.01$。

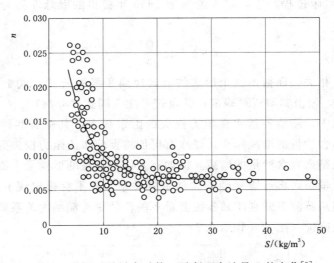

图 8.4 黄河下游糙率系数 n 随断面含沙量 S 的变化[8]

3. 长江实测资料分析

图 8.5 为长江中下游（宜昌至大通）若干测站的实测资料。尽管测点较为分散，但仍显示了 f-S 的明显关系。由于宜昌测站断面位置及水流形势比较稳定，除左岸边滩具有随流量、含沙量的变化而伸缩的情况外，主流位置变化范围不大，因而 f-S 的关系较为明显（见图中趋势线）。这说明，虽然在天然河流中影响阻力系数 f 或糙率系数 n 的因素众多，变化幅度常常很大，但 n（或 f）随 S 的增加而减小的客观事实是确实存在的。

4. 不同意见及分析

在文献中很少看到糙率系数 n（或阻力系数 f）随含沙量（高含沙量情况不在此处讨论）的增大而增大的情况。虽然，由于在能量平衡方程中"悬浮功"的处理不当，维利坎诺夫一度认为浑水水流的能量损失大于清水水流（在可比的条件下），但在他

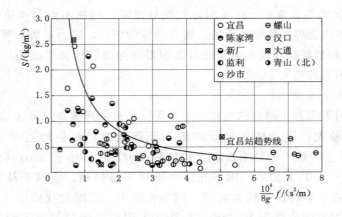

图 8.5 长江中下游阻力系数 f 与断面含沙量 S 的关系[8]

1958 年的著作《河床过程》中，却未说明于 1955 年提出的以悬浮功为理论核心的水流挟沙力公式：

$$S_* = C \frac{U^3}{gR\omega} \tag{8.18}$$

与"悬浮功理论"相关，而指出这个形式的公式应属于经验公式。式中 C 为常数，单位与含沙量 S_* 相同，须由实测资料确定；其余符号意义同式（8.44）。

然而，在文献中，影响河道水流阻力损失的因素很多，其中有些因素（如流量、水位）的增减恰恰与含沙量的增减同步，以致有可能将促使水流阻力损失变化来源于其他因素的物理过程说成是来自含沙量的增减。例如有人认为流量的增减是主要的，若将黄河资料划分为不同的流量级，再点绘 n 值与含沙量的关系，就不会再出现 n 值随含沙量增大而减小的趋势。但从黄河下游利津站各级流量下的含沙量与糙率的关系来看，并未从正面证明上述观点的正确性（图 8.6 和图 8.7）。

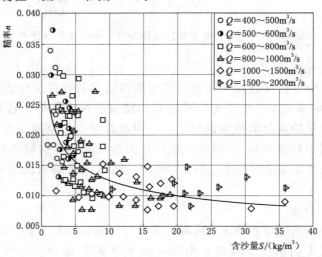

图 8.6 黄河利津站含沙量 S 与糙率 n 的关系[8]

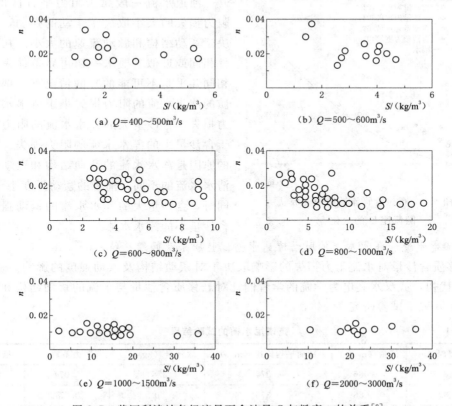

图 8.7　黄河利津站各级流量下含沙量 S 与糙率 n 的关系[8]

5. 其他实际资料

除上述实测资料外，灌溉渠道的资料（图 8.8）、布拉吉（N. S. Blatch）管流试验的资料（图 8.9）和范诺尼（V. A. Vanoni）水槽试验资料（表 8.1）[11] 等均得到了一致的结论：在边界条件相同或接近的情况下，携带悬移质的浑水水流的阻力损失小于清水水流的阻力损失，阻力系数 f 或糙率系数 n 随含沙量的增加而减小。

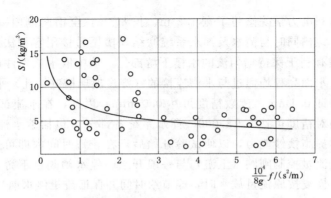

图 8.8　人民胜利渠阻力系数 f 与断面含沙量 S 的关系[8]

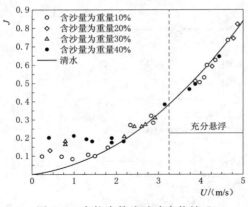

图 8.9 布拉吉管流试验中能坡 J
随流速 U 的变化[8]

河道水流一般属于阻力平方区的紊流，阻力损失的大小取决于紊动的强弱，亦即取决于紊动结构和脉动流速的大小。在边界条件相同或近似（要求一切边界条件完全绝对相同几乎是不可能的）的情况下，携带悬移质的浑水水流的阻力损失小于清水水流的阻力损失，含沙量大的浑水水流的阻力损失小于含沙量小的浑水水流的阻力损失。最根本的原因是浑水水流的紊动结构和紊动强弱与清水水流的不同，前者的紊动强度小于后者；同时，含沙量大的浑水水流的紊动强度低于含沙量小的浑水水流。

6. 清水水流、浑水水流的脉动流速水槽试验成果及问题小结

悬移质含沙量对水流阻力损失的影响取决于对紊动结构及紊动强度的影响。在 20 世纪 60 年代初，武汉水利电力学院的学者们针对悬移质含沙量与水流的紊动结构和紊动强度的关系开展了试验研究[8]。

表 8.1 范诺尼水槽的试验结果

组别	水深/cm	流量/(m³/s)	断面平均流速/(m/s)	含沙量/(kg/m³)	阻力系数 f	槽底情况
1	8.65	0.0086	0.375	3.64	0.074	沙波
	8.65	0.0086	0.375	0	0.077	沙波
2	7.43	0.0122	0.615	4.60	0.0198	小沙波
	7.43	0.0122	0.615	0	0.0246	小沙波
3	7.77	0.0144	0.694	8.08	0.0165	平床
	7.77	0.0144	0.694	0	0.0203	平床
4	7.77	0.0144	0.694	3.61	0.0207	平床
	7.72	0.0144	0.697	0	0.0230	平床

为此，武汉水利电力学院修建了宽 1.2 m、长 87 m，全槽两侧内镶玻璃，底板为混凝土的巨型水槽。该槽同时与清水及浑水系统联结，槽尾另接用容积法量测流量的水池。试验观测段选在最有利于保持均匀流的水槽下游部位，从中取水流条件最优的 37 m 作为水面比降观察段。水面高程均通过与水槽连接的（穿过玻璃槽壁钻孔）平浪筒内的测针量测，水位精度可保证 0.1mm，读数精度可达 0.05mm。因此，在水流试验段取 37 m 时，量测水面比降的绝对精度可达 1/185000。浑水系统各部分（包括蓄水池）尽量去掉或减少停沙死角。同时提高挟沙能力，以便试验开始后，在较短时间内即可达到含沙量平衡。循环管系中，设置流量控制闸阀（上游）与一般开水、停水闸阀（下游）两者配合使用，使暂时停水后重新恢复按原流量放水时，能节约时间并保证流量停水前后的精度相等。在泥沙方面，选用较细的泥沙（黄河花园口泥沙）及较小的含沙量，尽量避免放水时槽底板上落淤，以致破坏清、浑水水流边界条件的一致。为了保证水流的二维性，水深取 15cm

左右，使宽深比达 8 左右。使用的脉动流速仪为在武汉水利电力大学唐懋官教授指导下研制的单向（顺流向）应变式脉动流速仪，每次试验前后，都经过率定及校核。

从清水水流、浑水水流对比试验的主要成果可看出[8]，在流量、过水断面、断面平均流速、边界糙率等相同或接近相同的情况下，清水水流 J 与浑水水流 J_s 的比值为 $(2.19/10000)/(2.06/10000)$，前者（$J$）大于后者（$J_s$）；水槽中垂线上量得的纵向脉动流速均方根 $\sqrt{\overline{u'^2}}$ 表明（图 8.10），在水面至中点水深范围内（$y/h=0.5\sim0.89$），清水水流、浑水水流的 $\sqrt{\overline{u'^2}}$ 几无差别；而在中点水深至水槽底面的范围内（$y/h=0.5\sim0.06$），各点浑水水流的 $\sqrt{\overline{u'^2}}$ 都较清水水流小，两者差别最大值出现在槽底以上约 0.25 的相对水深处，该处浑水水流与清水水流的 $\sqrt{\overline{u'^2}}$ 的比值为 76%。因此，可得到如下结论：浑水水流较边界条件相同或极相似的清水水流的阻力损失小。同为浑水水流，含沙量越大，阻力损失越小。出现这种情况的主要原因在于悬移质在水流中的"制紊作用"，由于近底较浓的悬移质含沙量的存在对紊动的形成和发展会起一定的抑制作用，因而紊动强度减弱，阻力损失降低。

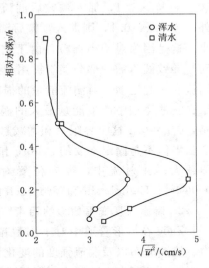

图 8.10 清水水流、浑水水流 $\sqrt{\overline{u'^2}}$ 沿垂线分布比较[8]

据此可以推断，悬移质的这种制紊作用会派生出对水流挟带悬移质的能力的控制。当水流中的含沙量增大时，制紊作用随着增大，携带悬移质的能力势必减小，减小到一定程度后，紊动强度不足以担负更多的悬移质，便达到一个临界点，即水流挟沙平衡的临界点。我们将在后文讨论这个问题。

8.3.1.2 基于流固两相流观点的悬移质对湍流影响的研究成果

1. 悬浮颗粒对湍流强度的影响（增强或减弱）

以往的实验和分析研究表明，悬浮粒子可以使湍流增强或减弱，这取决于颗粒大小与湍流尺度的关系。湍流强度是否会随着颗粒的加入而增强取决于两个重要的参数[12-15]：颗粒斯托克斯数 $St=T_s/T_t$ 和颗粒尺度与湍流长度尺度的比值 $Rd=d/\lambda$。其中，$T_s=\omega/g$，$T_t=\lambda/u'$，ω 为颗粒沉速，$\lambda=(15\nu\overline{u'^2}/\varepsilon)^{0.5}$，$\nu$ 为运动黏滞系数，u' 和 ε 的计算公式为

$$\frac{u'}{u_*}=2.3\exp(-z/h)[1-\exp(-z^+/10)]+0.3z^+\exp(-z^+/10) \tag{8.19}$$

$$z^+=zu_*/\nu \tag{8.20}$$

$$\frac{\varepsilon h}{u_*^3}=\frac{9.8\exp(-3z/h)}{(z/h)^{0.5}} \tag{8.21}$$

这两个重要的参数都表示了颗粒惯性作用和扩散作用的比值，参数值越小，颗粒惯性越小，越容易跟随流体运动，其扩散作用就越明显；反之，参数值越大，颗粒惯性越大，

颗粒运动的跟随性越不明显。斯托克斯数 St 临界值为 1，Rd 临界值为 0.1。如图 8.11 所示，当颗粒浓度小于 10^{-6} 时，颗粒对于湍流的影响可以忽略不计。当颗粒的浓度为 $10^{-6} \sim 10^{-3}$，若 $St > 1$，加入颗粒后湍流强度增强；若 $St < 1$，加入颗粒后湍流强度减弱。此外，当 $d/\lambda > 0.1$，则加入颗粒后湍流强度增大；当 $d/\lambda < 0.1$，则加入颗粒后湍流强度减小。这是因为对于小颗粒，由于它们的尺寸较小，容易在水中悬浮，跟随着湍流一起运动，导致湍流的一部分能量被用于推动颗粒运动。对于大颗粒，由于尺寸较大，难以跟随湍流涡一起运动，对湍流能量的损耗较少，此外，大颗粒的背流面由于边界层脱离，倾向于在它的尾迹中产生能量最大的涡流规模的湍流，因此增加了湍流的强度。值得注意的是，$d/\lambda = 0.1$ 这个界限只和增减趋势有关，和湍流变化的量级无关，并且，$d/\lambda = 0.1$ 这个临界值不是固定不变的。Gore 和 Crowe 就提出，在管流中，越靠近固壁，d/λ 的临界值越大；在射流中，径向位置对 d/λ 的临界值影响不大或没有影响，临界值约为 0.06[12]。Elghobashi 和 Truesdell 的研究中指出 d/λ 的临界值在 0.001 附近[13]。

2. 湍流强度变幅的影响因素

Zade 在方形管道中对不同颗粒体积分数（5%、10%、15%、20%）下，颗粒产生的阻力、流速分布以及湍流强度的变化情况进行了实验研究[16]。结果表明，随着体积分数的增大，颗粒所产生的阻力不断增大，流速梯度不断增大（在单相流中，雷诺数越低，横向的流动越弱，中心处的最大流速越大；不断地加入颗粒能够抑制湍流，导致横向的流动减弱，中心处的流速增大，且流速在管道中的梯度增大），湍流强度在整体上不断减弱。需要注意的是，实验采用的粒子颗粒较小，因此颗粒的加入均能够减弱湍流的强度。

Cao 等提出了一种湍流涡黏度的封闭模型，用于明渠悬浮颗粒流动模拟[15]。在该模型中，颗粒斯托克斯数 St 和颗粒粒径与湍流微尺度之比 Rd 是湍流增强或减弱的主要控制因素，颗粒沉降速度与剪切流速之比和颗粒体积浓度影响湍流变化的程度。公式如下：

$$Rv = \left(\frac{St}{Stc}\right)^{F_a} \left(\frac{Rd}{Rdc}\right)^{F_b} \tag{8.22}$$

式中：Rv 为相对湍流涡黏度，$Rv = \nu_t / \nu_{tc}$，其中 ν_{tc} 表示清水中的湍流涡旋黏度，当 $Rv > 1$ 时，认为湍流增强；反之，湍流减弱。Stc 和 Rdc 为临界 St 值和 Rd 值，这里分别取 1 和 0.1。

假设颗粒斯托克斯数 St 和颗粒粒径与湍流微尺度之比 Rd 对湍流涡黏度的影响相当，即有 $F_a = F_b = F$。F 按下式计算：

$$F = f \sqrt{C} \tag{8.23}$$
$$f = 4.044 \, (\omega / u_*)^2 + 0.163 \quad (r^2 = 0.812) \tag{8.24}$$

式中：C 为颗粒浓度；f 为关于颗粒沉速 ω 和剪切流速 u_* 的函数。

从 F 的定义可以看出，浓度越大，颗粒对于湍流强度的影响越强。此外，ω / u_* 体现了颗粒由于重力作用导致的垂直方向上分层现象的强弱程度，分层作用越明显，颗粒对于湍流强度的影响越强。

此外，Peng 等通过格子玻尔兹曼方法对粒子旋转的作用进行了数值模拟研究，发现粒子在旋转时能够激发出额外的湍流，从而增大湍流强度[17]。粒子的旋转速度和表面积越大，湍流强度增幅越大。因此相同体积分数的情况下，小颗粒具有更大的表面积和更高的旋转速度，能够更好地增强湍流。

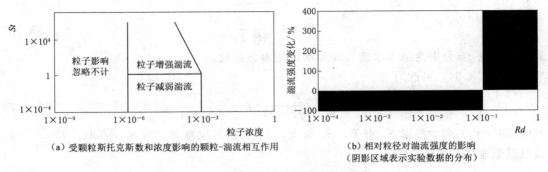

（a）受颗粒斯托克斯数和浓度影响的颗粒-湍流相互作用

（b）相对粒径对湍流强度的影响
（阴影区域表示实验数据的分布）

图 8.11　悬浮颗粒对湍流的影响[15]

8.3.2　张瑞瑾公式

张瑞瑾通过对大量实际资料的分析和水槽中阻力损失及水流脉动速度的试验研究成果，在"制紊假说"的指导下，为携带悬移质的水流写出如下的能量平衡方程式[8]：

$$E - E_s = \Delta E \tag{8.25}$$

式中：E_s 及 E 为在条件相同或极其相近情况下，均匀流中的浑水水流和清水水流在单位时间单位流程里的阻力损失。

$$E = \gamma A U J \tag{8.26}$$

及

$$E_s = \gamma (1 - S_v) A U J_s + \gamma_s S_v A U J_s \tag{8.27}$$

ΔE 为 E 与 E_s 二者之差，来自悬移质的制紊作用。这里，我们可以推想，ΔE 应与物理量 A、ω、S_v 以及泥沙在水中的有效重度 $\gamma_s - \gamma$ 等有关。因此，应用

$$\Delta E = f_1(\gamma_s - \gamma, A, S_v, \omega) \tag{8.28}$$

或

$$f_2(\Delta E, \gamma_s - \gamma, A, S_v, \omega) = 0 \tag{8.29}$$

运用 π 定律，可得

$$f_2 \left[\frac{\Delta E}{(\gamma_s - \gamma) A \omega}, S_v \right] = 0 \tag{8.30}$$

或

$$\Delta E = (\gamma_s - \gamma) A \omega f_4(S_v) \tag{8.31}$$

式（8.31）中的 $f_4(S_v)$ 不易确定。但可得知，含沙量 S_v 越大，则制紊作用（ΔE）将越大；当 S_v 为 0 时，ΔE 亦为 0。根据这两个条件，$f_4(S_v)$ 可以近似地用简单的指数形式的关系式表达，即令：

$$f_4(S_v) = C_1 S_v^\alpha \tag{8.32}$$

式中：C_1 及 α 分别为正值无量纲系数及指数。

将 E、E_s 及 ΔE 的关系式代入式（8.25），得

$$\gamma A U J - [\gamma(1 - S_v) A U J_s + \gamma_s S_v A U J_s] = C_1(\gamma_s - \gamma) A \omega S_v^\alpha \tag{8.33}$$

略去等号左侧的相对微小项 $(\gamma_s - \gamma) S_v A U J_s$，并加以整理可得

$$S_v^\alpha = \frac{\gamma}{C_1(\gamma_s - \gamma)} \frac{U}{\omega}(J - J_s) \tag{8.34}$$

143

因

$$J = f \frac{1}{4R} \frac{U^2}{2g} \tag{8.35}$$

$$J_s = f_s \frac{1}{4R} \frac{U^2}{2g} \tag{8.36}$$

式中：f 及 f_s 分别为清水水流、浑水水流的阻力系数。

故式（8.34）可改写为

$$S_v^a = \frac{\gamma}{8C_1(\gamma_s - \gamma)}(f - f_s)\frac{U^3}{gR\omega} \tag{8.37}$$

式中（$f - f_s$）与含沙量 S_v 有关，S_v 越大，（$f - f_s$）也越大；当 $S_v = 0$ 时，$f - f_s = 0$。故可近似地用下式表达：

$$f - f_s = C_2 S_v^\beta \tag{8.38}$$

式中：C_2 及 β 分别为正值无量纲系数及指数。

将式（8.38）代入式（8.37），整理得

$$S_v = \left(\frac{C_2}{8C_1}\right)^{\frac{1}{a-\beta}} \left[\frac{U^3}{\frac{\gamma_s - \gamma}{\gamma}gR\omega}\right]^{\frac{1}{a-\beta}} \tag{8.39}$$

$$\frac{1}{a - \beta} = m \tag{8.40}$$

$$\frac{\gamma_s - \gamma}{\gamma} = a \tag{8.41}$$

$$\left(\frac{C_2}{8C_1}\right)^{\frac{1}{a-\beta}} = k_v \tag{8.42}$$

且将 S_v 加下脚标"$*$"，则得

$$S_{v*} = k_v \left(\frac{U^3}{agR\omega}\right)^m \tag{8.43}$$

式中：S_{v*} 为以体积百分比计的悬移质临界含沙量；S_{v*}、k_v 及 $U^3/(agR\omega)$ 均无量纲。

式（8.43）即为悬移质水流挟沙力 S_{v*} 的表达式。它在生产、科研等部门广泛运用。由于习惯上多以 kg/m³ 作为含沙量的单位，在式（8.43）两侧同乘泥沙密度 ρ_s，且令 $k = \rho_s k_v / a^m$，则式（8.43）变为

$$S_* = k \left(\frac{U^3}{gR\omega}\right)^m \tag{8.44}$$

式中：S_* 为以质量计的悬移质水流挟沙力，kg/m³。除 S_* 与 S_{v*}、k 与 k_v 在量纲上有差别外，式（8.43）与式（8.44）完全一样。S_{v*} 以体积百分比计，S_* 以质量计，两者关系为 $S_* = \rho_s S_{v*}$。

由式（8.43）可以看出，$U^3/(agR\omega)$ 可看成由无量纲因素 $U^2/(gR)$ 与 $a\omega/U$ 之比组成，而 $U^2/(gR)$ 为水流弗劳德数，可代表水流紊动强度；$a\omega/U$ 代表相对的重力作用。故两方程式在物理本质上表达的正是紊动作用与重力作用矛盾的对比关系。因而它们不仅在力学上是正确的，在量纲上是协调的，而且在有关物理量的辩证关系中也是合理的。同时，从图 8.12 可以看出，在建立这一公式时，收集了室内和室外具有不同典型条件、精

度较高、数量较大、重要物理量变幅较广的实测资料，因而它在实际上具有比较坚实的基础。

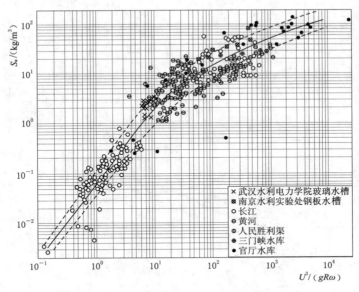

图 8.12 含沙量与 $U^3/(gR\omega)$ 的关系[8]

8.3.3 张瑞瑾公式的运用及改进

根据多年的实践经验，为了很好地运用水流挟沙力公式（8.44），以下几点需要注意[8]：

（1）任何公式都有它的运用范围，超过这个范围，就不宜去硬性搬用。这一公式是以具有中、低含沙量的牛顿式紊流为限的。建立此公式时，所引用的实测资料的变幅为：含沙量达 $10^{-1} \sim 10^2 \text{kg/m}^3$；$U^3/(agR\omega)$ 达 $10^{-1} \sim 10^4$。对于高含沙宾汉体运动情况，该公式是不能搬用的。

（2）在运用中，m 及 k（或 k_v）值的准确选定是重要的。如研究对象具有可用的实测资料，m 及 k 最好利用实测资料确定。反之，如无合适的实测资料，则可参考图 8.12 及图 8.13 慎重选定。在选定中最好能参考条件与研究对象比较接近的江河或其他水体作为比照。

（3）图 8.12 中收集的资料点据，虽然尽量以处于或接近于平衡状态为限，但对于复杂的悬移质运动，无论原体本身或观测过程，都不可能完全满足平衡的条件。加上挟沙水流的运动过程，往往处于冲刷或淤积状态，因此在图 8.12 中，除了表达平衡状态的实线以外，还在实线上、下另绘了两条虚线，供读者在分析过程中参考。当所分析的过程处于淤积状态，可酌量采用上虚线为标准；当所分析的过程处于冲刷状态，则酌量采用下虚线。诚然，在淤积过程中，通过逐步淤积最后达到平衡，需要一定的空间和时间过程。在此过程中，$S_* - U^3/(gR\omega)$ 关系线应该从图 8.12 中较高的上虚线的位置逐渐向下移动，直到靠拢代表平衡状态的实线。类似的理解可以加之于冲刷过程，$S_* - U^3/(gR\omega)$ 关系曲线应该从图 8.12 中较低的下虚线的位置逐渐向上移动，直到靠拢代表平衡状态的实线。与图 8.12 中两条虚线相应，在图 8.13 中也加绘了两条分别代表淤积状态和冲刷状态的 $k - U^3/(gR\omega)$ 的关系曲线（虚线），相应于淤积或冲刷状态的 $m - U^3/(gR\omega)$ 的关系曲线与平衡情况的实线基本重合。

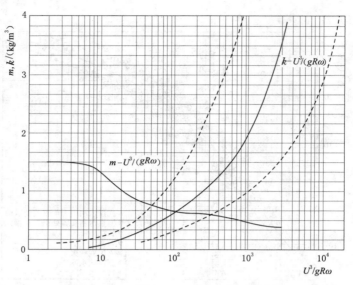

图 8.13　m、k 与 $U^3/(gR\omega)$ 的关系[8]

（4）前面曾经提到，悬移质的一个重要特点是颗粒组成往往比较复杂。在一般情况下，粗的悬移质颗粒，可以粗到 1mm 以上；细的悬移质颗粒，可以细到 0.001mm 或更小。在这种颗粒组成情况下，用一个中值粒径 d_{50} 或平均粒径 d_{pj} 去代表一组悬移质的粗细，并在公式中把相应的泥沙沉速 ω 定下来，作为计算中一个极其重要的物理量，其可靠程度不佳。实践中的某些实例也的确反映出来，这种做法所带来的误差容易超过允许的程度。为了解决这一问题，一般采用的办法是按沙样粒径大小分为若干组，分别求出各组的中值粒径，再以之作代表粒径计算各组的 ω_i 及相应的水流挟沙力 S_{*i}。必要时，可根据各组泥沙的水流挟沙力计算和分析总的水流挟沙力。所得结果用实际资料检验，误差要较不分组的办法小得多。关于分组水流挟沙力理论问题的基本概念和计算方法，后文将进一步讲述。

需要注意的是，张瑞瑾公式中的参数 k、m 并非常数，而是随 $U^3/(gR\omega)$ 变化的，不便于实际应用。郭俊克基于对数匹配方法，对张瑞瑾公式进行改进，获得了统一参数的水流挟沙力公式[18]。具体地，基于图 8.14 的实测数据，有上、下两条渐近线。对于 $U^3/(gR\omega)<10$ 的情况，有一条下渐进线为

$$S_* = \frac{1}{20}\left(\frac{U^3}{gR\omega}\right)^{1.5} \tag{8.45}$$

对于 $U^3/(gR\omega)>10^3$ 的情况，有一条上渐近线为

$$S_* = 3.98\left(\frac{U^3}{gR\omega}\right)^{0.35} \tag{8.46}$$

根据对数匹配方法，可推导出统一参数形式的水流挟沙力公式如下：

$$S_* = \frac{\frac{1}{20}\left(\frac{U^3}{gR\omega}\right)^{1.5}}{1+\left(\frac{1}{45}\frac{U^3}{gR\omega}\right)^{1.15}} \tag{8.47}$$

如图 8.14 所示，式（8.47）和实测数据吻合良好。

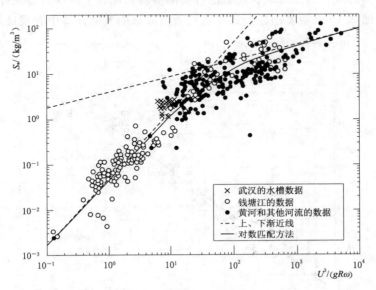

图 8.14　郭俊克改进后的张瑞瑾挟沙力公式与实测数据的比较[18]

8.4　其他水流挟沙力公式

8.4.1　波流共同作用的水流挟沙力公式

8.4.1.1　窦国仁公式

潮流和波浪通过紊动而使泥沙悬浮，因而其紊动能量中均有一部分因悬浮泥沙做功而消耗。由于潮流和波浪的紊动能量都是由时均能量提供的，因而用于悬浮泥沙的紊动能量也包括在时均能量的消耗中，成为时均能量消耗中的一小部分。窦国仁依据能量迭加原理，将潮流和波浪用于悬浮泥沙的能量相加，从理论上推导了潮流和波浪共同作用下的挟沙力公式[19,20]：

$$S_* = \alpha\frac{\gamma\gamma_s}{\gamma_s-\gamma}\left(\frac{u^3}{C^2h\omega}+\beta\frac{H^2}{hT\omega}\right) \tag{8.48}$$

式中：γ_s、γ 分别为泥沙和水的容重；u 为水流流速；h 为水深；H 为波高；T 为波周期；ω 为沉速；C 为谢才系数；系数 α 和 β 均由实测资料确定。

在无波浪的情况下，式（8.48）简化为单纯水流挟沙力公式。当谢才系数用曼宁糙率表示时，公式又可写作式（8.49）的形式，利用南京水利科学研究院水槽资料及长江和黄河资料率定得到 $\alpha=0.023$。需要注意的是，窦国仁公式对于波流共存情况的挟沙力计算未考虑波流的相互作用影响，所以理论上还有改进的空间。

$$S_{*F} = \alpha \frac{\gamma \gamma_s}{\gamma_s - \gamma} \frac{n^2 u^3}{h^{4/3} \omega} \tag{8.49}$$

窦国仁公式中的系数 α 依据南京水利科学研究院（简称"南科院"）水槽资料、长江和黄河等天然河流实测资料确定（图 8.15），系数 β 依据实测资料初步取为 0.0004。利用黄骅海域、庄河海域、营盘海域、连云港等实测资料，比较了挟沙力公式计算值与实测含沙量的大小，图 8.16 表明窦国仁公式在这些天然海域的实际计算中表现良好。

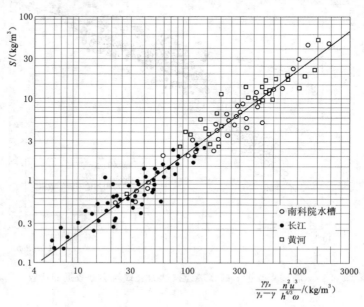

图 8.15　利用水流中实测资料确定系数 α[19]

8.4.1.2　Van Rijn 公式

基于对流-扩散理论和泥沙在水深上的罗斯分布规律，Van Rijn 于 1984 年在 *ASCE - Journal of Hydraulic Engineering* 上发表了恒定流条件下的悬沙输沙率公式[21]。但由于缺少细颗粒泥沙资料，当时的公式仅对中值粒径大于 $100\mu m$ 的泥沙进行了验证。2004年，Van Rijn 将该公式适用的泥沙粒径范围扩展到细粉砂，且可用于波流情况，相关论文于 2007 年在 *ASCE - Journal of Hydraulic Engineering* 上发表[22]。新公式形式如下：

$$q_{s,c} = 0.012 \rho_s u d_{50} M_e^{2.4} D_*^{-0.6} \tag{8.50}$$

$$q_{s,w} = \gamma V_{asym} \int_a^\delta c \, \mathrm{d}z \tag{8.51}$$

$$\phi_{floc} = [4 + 10 \lg(2c/c_{gel})]^\alpha \tag{8.52}$$

$$\phi_{hs} = (1 - 0.65 c/c_{gel})^5 \tag{8.53}$$

$$\phi_d = 1 + (c/c_{gel,s})^{0.8} - 2(c/c_{gel,s})^{0.4} \quad d_{50} \geqslant 1.5 d_{sand} \tag{8.54}$$

$$\phi_d = \phi_{fs}[1 + (c/c_{gel,s})^{0.8} - 2(c/c_{gel,s})^{0.4}] \quad d_{silt} \leqslant d_{50} \leqslant d_{sand} \tag{8.55}$$

式中：$q_{s,c}$ 和 $q_{s,w}$ 分别是水流和波浪引起的输沙率，kg/s/m；u 为包括波流相互影响的流

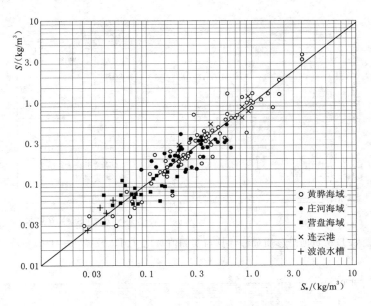

图 8.16 窦国仁挟沙能力公式计算值与实测含沙量的比较[19]

速；D_* 为无量纲的颗粒粒径；M_e 为可动参数；V_{asym} 为流速非对称性因子；δ 为近底悬浮层厚度；γ 为相位因子；a 为泥沙参考高度；ϕ_{floc}、ϕ_{hs}、ϕ_d 分别为絮凝、受阻沉降和泥沙制紊影响因子；c 为泥沙浓度；c_{gel} 为凝胶浓度；$c_{gel,s}$ 为最大河床泥沙浓度；其他相关参数和系数的计算详见 Van Rijn 的相关论文。

在式（8.50）和式（8.51）的基础上，通过式（8.52）～式（8.55），可进一步考虑絮凝，受阻沉降和泥沙制紊效应等对泥沙输移的影响。此外，公式对于细粉砂床面的河口、冲流带和破波带的计算效果仍需进一步验证。对于高含沙情况，该公式不适用。因此，Van Rijn 基于拜格诺（Bagnold）在 1962 年提出的能量观点，得到了高含沙情况下的细颗粒泥沙挟沙力与水深平均流速的关系式：

$$u=[(\rho_s K)^{-1}(c_s)(1+\alpha c_s)^{-1}(1-c_s/c_{max})^5(gh\omega_{s,0})]^{0.3333} \tag{8.56}$$

式中：u 为水深平均流速；$K=(e_s g)/[(s-1)C^2]$，e_s 为能效系数（小于 0.025），C 为谢才系数，$s=\rho_s/\rho_w=2.65$ 为相对密度；c_s 为饱和含沙量或挟沙力；$\alpha=(s-1)/\rho_s=0.00062$；$\omega_{s,0}$ 为清水条件下单颗粒静水沉速；$c_{max}=1000\text{kg/m}^3$。

Van Rijn 公式也经过了大量天然河流、河口的实测资料验证（图 8.17 和图 8.18），验证资料包含的水流、泥沙和河床形态情况见 Van Rijn 写于 2007 年的论文[22]。

8.4.2 非均匀沙挟沙力计算

对于天然非均匀泥沙，可采取先分组计算各组泥沙的水流挟沙力 S_*，然后再求和得到总的水流挟沙力 S_*（$S_*=\sum S_{*i}$），以减小计算水流挟沙力与实际水流挟沙力的误差。但因目前各种半理论的或经验的水流挟沙力公式均属均匀沙水流挟沙力公式范畴，故上述做法实际上是借用均匀沙的水流挟沙力公式去近似计算非均匀沙的水流挟沙力。

在天然河流中，水流的实际挟沙能力是异常复杂的。它不仅有量方面的问题，而且有质方面的问题。前者指的是含沙量的大小，后者指的是粒径的粗细。因此，在运用均匀沙

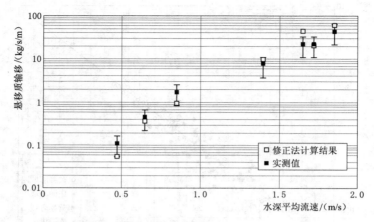

图 8.17　黄河悬移质输移计算与实测值对比（河床粒径 $60\sim100\mu m$）[22]

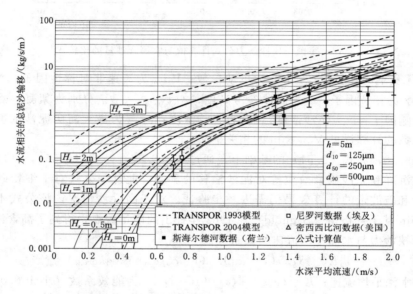

图 8.18　波流条件下总泥沙输移（$h=5m$，$d_{50}=250\mu m$）[22]

挟沙力公式进行输沙平衡计算时，无论是饱和输沙概念或非饱和输沙概念，尽管可使用平均粒径 d_{pj} 或平均流速 ω_{pj} 作非均匀沙的代表粒径或代表沉速，或按上述做法先运用均匀沙挟沙力公式分组计算再对其求和，但都只能计算含沙量的沿程变化，而不能计算泥沙级配的沿程变化。实际情形中，由于粗沙较细沙易于淤积而难于冲刷，只要河床有冲淤变化，泥沙级配总是要沿程和因时变化的。因此，必须从理论上寻求计算分组水流挟沙力的方法和公式。下面简要介绍解决这一问题的几种途径[23]。

8.4.2.1　韩其为方法

韩其为推求了冲淤变形条件下的分组水流挟沙力公式[24]。他所作的一个重要假定是取任何断面的水流挟沙力级配与该断面的实际含沙量级配相等，即

$$p_{*i} = p_i \tag{8.57}$$

而 p_i 原则上可以通过联立式（8.58）及式（8.59）来求出。

$$S p_i = S_* p_i + (S_0 - S_{0*}) p_{i0} e^{-\frac{\alpha\omega_i L}{q}} + (S_{0*} p_{i0} - S_* p_i) \frac{q}{\alpha\omega_i L}(1 - e^{-\frac{\alpha\omega_i L}{q}}) \tag{8.58}$$

$$S = S_* + (S_0 - S_{0*}) \sum_{i=1}^{n} p_{i0} e^{-\frac{\alpha\omega_i L}{q}} + S_{0*} \sum_{i=1}^{n} p_{i0} \frac{q}{\alpha\omega_i L}(1 - e^{-\frac{\alpha\omega_i L}{q}})$$
$$- S_* \sum_{i=1}^{n} p_i \frac{q}{\alpha\omega_i L}(1 - e^{-\frac{\alpha\omega_i L}{q}}) \tag{8.59}$$

式（8.58）和式（8.59）一共包括了（$n+1$）个方程式，p_1、p_2、$\cdots$、p_n 及 S 等（$n+1$）个未知数，方程组是封闭的，原则上可以联立求解，得到出口断面的总含沙量 S 及级配 p_i。除此之外，韩其为还提出了一套近似地计算级配变化的方法，这里不作详细介绍。至于水流挟沙力，韩其为仍沿用张瑞瑾公式的形式，但将其扩展到包括冲泻质在内，而且通过引进挟沙水量百分比的概念，将悬移质全沙的代表粒径取为

$$\omega = \left(\sum_{i=1}^{n} p_i \omega_i^m\right)^{1/m} \tag{8.60}$$

8.4.2.2 李义天方法

李义天研究了输沙平衡条件下的水流挟沙力级配[25]。取河床垂向紊速为正态分布，从通过河底单位面积的下沉沙量与上升沙量相等的概念出发，求得了第 i 粒径组，河底含沙量及总河底含沙量的表达式，两者相比即得河底含沙量中第 i 粒径组所占百分比，即河底水流挟沙力级配。进一步利用莱恩及卡林斯基的含沙量沿垂线分布公式，求得第 i 粒径组的垂线平均含沙量与总垂线平均含沙量的比值，即垂线平均水流挟沙力级配。其表达式为

$$p_{*i} = p_{bi} \frac{\dfrac{1 - A_i}{\omega_i}(1 - e^{-\frac{6\omega_i}{\kappa U_*}})}{\sum_{i=1}^{n} p_{bi} \dfrac{1 - A_i}{\omega_i}(1 - e^{-\frac{6\omega_i}{\kappa U_*}})} \tag{8.61}$$

$$A_i = \frac{\omega_i}{\dfrac{\sigma_v}{\sqrt{2\pi}} e^{-\frac{\omega_i^2}{2\sigma_v^2}} + \omega_i \displaystyle\int_{-\infty}^{\omega_i} \frac{1}{\sqrt{2\pi}\,\sigma_v} e^{-\frac{v'^2}{2\sigma_v^2}} dv'} \tag{8.62a}$$

$$\sigma_v = U_* \tag{8.62b}$$

上式表明，水流挟沙力级配除与床沙级配有关外，还与断面水力因素有关。有关水流挟沙力级配目前还存在不同看法：一种是，水流挟沙力是一种输沙平衡情况的概念，它的级配只与床沙级配有关，上游来沙级配的变化可通过冲淤变形造成的床沙级配变化来反映；另一种是，水流挟沙力级配应既与床沙级配有关，还与上游来沙级配有关，两者应同时得到考虑，问题尚有待进一步研究。此外，吴伟明等提出的非均匀沙输沙公式在天然河流和实验水槽中也表现出较好的适用性[26]，具体内容详见 8.5.1.3 节。

8.5　全 沙 质 输 沙 率

输沙率的量化在河流动力学的研究中是必要的。事实上，水流和输沙控制着河床的动态过程，如淤积或侵蚀。在一定的水流、泥沙、底床条件下，单位时间通过单位宽度过流断面的输沙总量为全沙质输沙率，也称总输沙率。单纯从概念上论，全沙质为悬移质（包括冲泻质）和推移质的总和。冲泻质通常存在于天然河流中，但是很难将它与悬移质中的床沙质分开。

迄今已有许多计算推移质输沙率、悬移质输沙率和全沙输沙率的公式。这些公式主要是针对床沙质的，通常不包括冲泻质，这就解释了为什么河流中的实际总输沙率不一定与计算的全沙输沙率完全相同。冲泻质的量通常取决于流域中粒径非常细的泥沙的供应，而不是河流的水动力条件，所以，不能根据河流的水动力条件计算冲泻质。计算全沙质输沙率通常有间接法和直接法两种方法。

（1）间接法：首先通过使用适当的公式分别估算推移质和悬移质，之后全沙质输沙率可以由推移质和悬移质输沙率求和得出。

（2）直接法：全沙质输沙率也可直接确定，无须将其分为推移质和悬移质两部分。这种方法常用于估计一个河段的总输沙率。此外，推移质和悬移质之间有时很难区分，因为它们通常是可以相互转换的，特别是在强悬移质输沙的条件下。

全沙质单位时间单宽体积输沙率 q_t 和单位时间单宽重量输沙率 g_t 的方程如下：

$$q_t = q_b + q_s(+q_w) \tag{8.63}$$

$$g_t = g_b + g_s(+g_w) \tag{8.64}$$

式中：q_b、q_s、q_w 分别为推移质、悬移质、冲泻质在单位时间单位宽度以体积计的输沙率；g_b、g_s、g_w 分别为推移质、悬移质、冲泻质在单位时间单位宽度以重量计的输沙率。无量纲形式下，全沙质输沙率强度可表示为

$$\Phi_t = \frac{q_t}{(\Delta g d^3)^{0.5}} = \frac{g_t}{\rho_s g (\Delta g d^3)^{0.5}} \tag{8.65}$$

式中：$\Delta = (\rho_s - \rho)/\rho$ 为泥沙的有效密度系数；ρ_s 为泥沙密度；ρ 为水的密度。

8.5.1　间接法（求和法）

8.5.1.1　Einstein 公式

Einstein 将推移质和悬移质运动概念结合研究，并将两者相加来计算床沙质输沙率[27]。按粒径组分分类，各粒径组的推移质和悬移质输沙率可分别由 $i_b q_b$ 和 $i_s q_s$ 计算，其中 i_b 和 i_s 分别为某一粒径组的推移质和悬移质输沙率的分数。因此，对某一给定粒径 d_i 的泥沙组分，全沙质输沙率 q_{ti} 可表示为

$$q_{ti} = i_t q_t = i_b q_b + i_s q_s \tag{8.66}$$

将悬移质输沙率表示为推移质输沙率的函数：

$$i_s q_s = 0.216 i_b q_b (P_E J_1 + J_2) = i_b q_b (P_E I_1 + I_2) \tag{8.67}$$

代入式 (8.66)，可得

$$q_{ti} = i_b q_b (1 + P_E I_1 + I_2) \tag{8.68a}$$

$$P_E = \ln\left(\frac{30.2h}{\Delta_k}\right) \tag{8.68b}$$

式中：h 为水深；P_E 为输移参数 (transport parameter)；Δ_k 为表观粗糙度；I_1 和 I_2 为 Einstein 积分，分别由下式和图 8.19 给出：

$$I_1 = 0.216 \frac{\tilde{a}^{\xi-1}}{(1-\tilde{a})^\xi} \int_{\tilde{a}}^1 \left(\frac{1-\tilde{z}}{\tilde{z}}\right)^\xi d\tilde{z} \tag{8.69a}$$

$$I_2 = 0.216 \frac{\tilde{a}^{\xi-1}}{(1-\tilde{a})^\xi} \int_{\tilde{a}}^1 \left(\frac{1-\tilde{z}}{\tilde{z}}\right)^\xi \ln\tilde{z}\, d\tilde{z} \tag{8.69b}$$

式中：ξ 为罗斯数，即"悬浮指标"；$\tilde{z}$ 为水深无量纲化的距床面距离。

值得一提的是，从理论角度来看，Einstein 的方法涉及相当多的泥沙输移基本概念，但就实际应用而言，这个方法相当复杂和冗长。

如上所述，最初的 Einstein 方法计算的给定流量和底床条件下的总输沙率不包括冲泻质[27]。Colby 和 Hembree 及之后其他学者对原始的 Einstein 方法进行了修正，称为修正 Einstein 公式，可用于估算给定流量下包括冲泻质在内的总输沙率[29]。这里，总输沙是由深度积分的悬沙浓度样本、流量和河床泥沙性质计算得出的。然而，由于该方法计算过程中需要用到实测数据，因而在工程设计和预测中应用较为困难。Simons 和 Sentürk[30] 和 Yang[31] 概述了 Colby 和 Hembree 提出的修正 Einstein 公式。

修正 Einstein 公式计算所需要的数据有流量 Q、断面面积 A、河道宽度 B、悬沙样本取样处的平均水深 h_m、实测悬沙浓度 C_m、所测量推移质和悬移质的分数 i_b 和 i_s 和水温 t。该公式具体的求解过程较为烦琐，这里不作展开。

8.5.1.2 Bagnold 公式

1966 年，拜格诺（Bagnold）通过引入推移质输沙效率因子，根据能量平衡概念（单位时间单位面积可获得的水流能量等同于推移质运动所需的水流做功）得到了推移质输沙率方程（单位时间单位宽度）[32]：

$$g_b = \frac{s}{\Delta} g_{bs} = \frac{\tau_0 U s}{\Delta \tan\phi_d} e_b \tag{8.70}$$

之后，Bagnold 将单位时间内用于泥沙悬浮所做的功等同于用于悬移质输沙的净水流功率，得出了悬移质输沙率计算公式（单位时间单位宽度）：

$$g_s = 0.01\tau_0 \frac{s}{\Delta} \frac{U^2}{w_s} \tag{8.71}$$

将式 (8.70) 和式 (8.71) 相加，即可得到全沙质输沙率：

$$g_t = g_b + g_s = \frac{\tau_0 U s}{\Delta}\left(\frac{e_b}{\tan\phi_d} + 0.01\frac{U}{w_s}\right) \tag{8.72}$$

式中：τ_0 为床面切应力；U 为水深平均流速；ϕ_d 为动摩擦角；w_s 为泥沙沉速；Δ 为泥

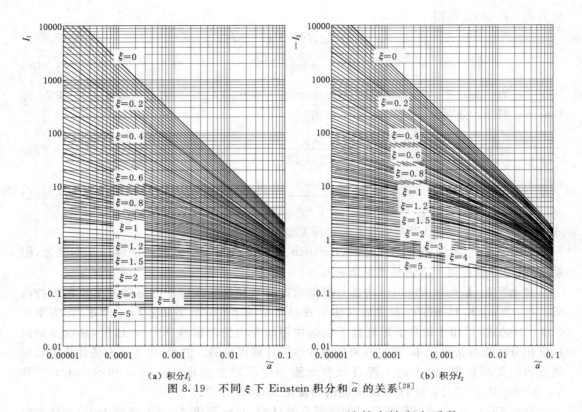

(a) 积分I_1 (b) 积分I_2

图 8.19   不同 ξ 下 Einstein 积分和 $\widetilde{a}$ 的关系[28]

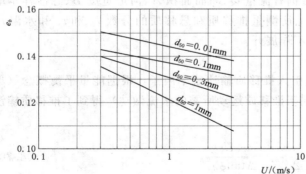

图 8.20   不同粒径下推移质输移效率和流速的关系[28]

沙的有效密度系数，$\Delta = s - 1$；$s = \rho_s / \rho$，为泥沙的相对密度；e_b 为推移质输移效率（the efficiency for bed - load transport），取值如图 8.20 所示；$\tau_0 U$ 为水流功率或沿床面作用的单位面积功率。

该公式在 $u_* / w_s < 2$ 时结果最佳。

8.5.1.3 吴伟明公式

吴伟明等提出了一个修正因子，用于描述不均匀输沙的隐蔽性和暴露性[26]。在此基础上，提出了计算非均匀泥沙起动临界切应力和分级推移质和悬移质输沙率的公式：

$$\frac{\tau_{ci}}{(\gamma_s - \gamma) d_i} = \theta_c \left(\frac{p_{ei}}{p_{hi}} \right)^m \tag{8.73}$$

$$\phi_{bi} = 0.0053 \left[\left(\frac{n'}{n} \right)^{3/2} \frac{\tau_b}{\tau_{ci}} - 1 \right]^{2.2} \tag{8.74}$$

$$\phi_{si} = 0.0000262\left[\left(\frac{\tau}{\tau_{ci}}-1\right)\frac{U}{\omega_i}\right]^{1.74} \tag{8.75}$$

式中：τ_{ci} 为非均匀沙混合物中粒径为 d_i 的颗粒的临界起动切应力；θ_c 为均匀沙或床沙平均粒径的无量纲临界切应力；p_{ei} 和 p_{hi} 分别为粒径为 d_i 的颗粒的总暴露概率和总隐蔽概率，$p_{ei}+p_{hi}=1$；ϕ_{bi} 和 ϕ_{si} 分别为粒径为 d_i 的泥沙颗粒的无量纲推移质输沙率和悬移质输沙率；τ_b 为床面切应力；τ 为整个过流断面的切应力；n 为河床的曼宁糙率系数；$n'=d_{50}^{1/6}/20$，为与颗粒粗糙度相关的糙率系数；U 为平均流速；ω_i 为粒径为 d_i 的颗粒的沉速。

将式（8.74）和式（8.75）相加，即可得到总输沙率。吴伟明利用大量实验室以及天然河流资料对上述公式进行了验证。结果表明，在均匀沙（表 8.2）和非均匀沙（表 8.3）的挟沙力计算中都具有较高的精度和可靠性[26]。

表 8.2   **吴伟明公式均匀沙的计算结果与其他公式的对比**

误差范围	计算值在误差范围内的百分比/%			
	Ackers 和 White	Yang	Engelund 和 Hansen	吴伟明
$0.8 \leqslant r \leqslant 1.25$	37.3	33.4	33.6	44.0
$0.677 \leqslant r \leqslant 1.5$	57.9	56.6	55.4	62.7
$0.5 \leqslant r \leqslant 2$	82.4	76.6	77.0	81.3

注 $r=$ 计算值/实测值。

表 8.3   **吴伟明公式非均匀沙的计算结果与其他公式的对比**

数据源和个数	计算值在误差范围内的百分比/%											
	$0.5 \leqslant r \leqslant 2$				$0.333 \leqslant r \leqslant 3$				$0.25 \leqslant r \leqslant 4$			
	PS	Zh	Ka	吴	PS	Zh	Ka	吴	PS	Zh	Ka	吴
水槽，196	10.9	56.6	36.7	61.2	18.4	77.0	52.0	79.6	27.0	87.8	62.2	88.3
实测，343	2.6	43.2	46.1	56.0	7.0	62.7	70.0	74.1	17.2	76.7	79.6	83.4
总计，539	5.6	48.1	42.7	57.9	11.1	67.9	63.5	76.1	20.8	80.7	73.3	85.2

注   PS 为 Proffit 和 Sutherland 公式；Zh 为修正张瑞瑾公式；Ka 为 Karim 公式；吴为吴伟明公式。

8.5.2 直接法（经验公式法）

8.5.2.1 Engelund - Hansen 公式

Engelund 和 Hansen 应用 Bagnold 的水流功率概念和相似原理，忽略冲泻质，得到了有床面形态发育情况下的总输沙方程[33]。单位时间、单位宽度内用于将泥沙颗粒从床面抬升至床面形态特征高度 η_d 所消耗的能量 E_s 为

$$E_s = (\Delta\rho g)q_t\eta_d \tag{8.76}$$

另外，单位时间单位宽度内水流提供给泥沙颗粒使其运动距离等于床面形态特征长度 λ_d 的能量 E_f 为

$$E_f = k_1(\tau_0'-\tau_{0c})u_*\lambda_d \tag{8.77}$$

其中，k_1 为常数。运用能量守恒定律，$E_s=E_f$，可得

$$q_t = k_1(\tau_0'-\tau_{0c})\frac{u_*}{\Delta\rho g}\frac{k_2}{\lambda_f} \tag{8.78a}$$

$$k_2 = \frac{\lambda_d\lambda_f}{\eta_d} \tag{8.78b}$$

$$\lambda_f = \frac{2gR_bS}{U^2} = \frac{2g}{C_R^2} \tag{8.78c}$$

式中：λ_f 为摩擦系数；C_R 为谢才系数。

Engelund 和 Hansen 由实验数据发现 k_2 近似为常数。可将上式写为无量纲形式：

$$\Phi_t = \frac{k_3}{\lambda_f}(\Theta' - \Theta_c)\Theta^{0.5} \tag{8.79a}$$

$$k_3 = k_1k_2 = \frac{\lambda_d\lambda_f}{\eta_d} \tag{8.79b}$$

$$\Theta' = \frac{\tau_0'}{\Delta\rho gd} \tag{8.79c}$$

式中：Θ 为 Shields 数；Θ' 为沙粒阻力引起的无量纲切应力。

对于低能态流区（$\Theta \leqslant 0.7$），他们给出 $\Theta' = 0.06 + 0.4\Theta^2$，$\Theta_c \approx 0.06$，$k_3 = 0.25$，由此式（8.79a）可改写为

$$\Phi_t = \frac{0.1}{\lambda_f}\Theta^{2.5} \tag{8.80}$$

上式可改写为单位时间内单位宽度的总输沙量 q_t 和深度平均的质量浓度 $\overline{c}_t$：

$$q_t = 0.05U^2\left(\frac{d}{\Delta g}\right)^{0.5}\Theta^{1.5} \tag{8.81}$$

$$\overline{c}_t = \frac{s\overline{C}_t}{1 + \Delta\overline{C}_t} \tag{8.82a}$$

$$\overline{C}_t = \frac{q_t}{q} \tag{8.82b}$$

根据相似原理，式（8.80）～式（8.82）适用于水流流经沙波底床的情况，然而，他们发现该方法对高能态流区（$\Theta > 0.7$）、粒径大于 0.15mm 的情况也同样适用。

8.5.2.2 杨志达公式

杨志达（C. T. Yang）假定总输沙是由水流的能量耗散率引起的[34]。在恒定均匀流中，由于水流的动能不变，能量耗散率是由势能的变化率决定的，其可表示为速度和河床坡度的乘积 US_0，称为单位水流功率。由于泥沙输移主要发生在紊流条件下，Yang 和 Molinas 推导了平均泥沙质量浓度 $\overline{c}_{pt}$（以百万分之一或 ppm 计）与单位水流功率的关系式[35]：

$$\lg\overline{c}_{pt} = M + N\lg P_s \tag{8.83}$$

式中：M、N、P_s 为经验参数。

不同粒径范围泥沙的计算方法见表 8.4。

表 8.4　　　　　　　　　　　　杨志达公式参数的计算方法

M	N	P_s
沙粒[36]		
$5.435 - 0.286\lg Re + 0.457\lg w_s^+$	$1.799 - 0.409\lg Re + 0.314\lg w_s^+$	$(U - U_{cr})(S_0/w_s)$
高浓度时的沙粒和粉沙[37]		
$5.165 - 0.153\lg Re + 0.297\lg w_s^+$	$1.78 - 0.36\lg Re + 0.48\lg w_s^+$	US_0/w_s
砾石[38]		
$6.681 - 0.633\lg Re + 4.816\lg w_s^+$	$2.784 - 0.305\lg Re + 0.282\lg w_s^+$	$(U - U_{cr})(S_0/w_s)$

表 8.4 中，Re 为颗粒雷诺数，$Re = w_s d_{50}/\nu$，w_s 为泥沙沉速，$w_s^+ = w_s/u_*$，U_{cr} 为泥沙的深度平均临界起动流速，可由下式计算：

$$U_{cr} = \begin{cases} w_s \left(\dfrac{2.5}{\lg R_* - 0.06} + 0.66 \right) & 0 < R_* < 70 \\[2mm] 2.05 w_s & R_* \geqslant 70 \end{cases} \tag{8.84}$$

式中：$R_* = u_* k_s/\nu$，为剪切雷诺数，u_* 为剪切流速，k_s 为床面粗糙度。

延 伸 阅 读

The notion of sediment-transport capacity has been engrained in geomorphological and related literature for over 50 years, although its earliest roots date back explicitly to Gilbert in fluvial geomorphology in the 1870s and implicitly to eighteenth to nineteenth century developments in engineering. Despite cross fertilization between different process domains, there seem to have been independent inventions of the idea in aeolian geomorphology by Bagnold in the 1930s and in hillslope studies by Ellison in the 1940s. Here we review the invention and development of the idea of transport capacity in the fluvial, aeolian, coastal, hillslope, debris flow, and glacial process domains. As these various developments have occurred, different definitions have been used, which makes it both a difficult concept to test, and one that may lead to poor communications between those working in different domains of geomorphology. We argue that the original relation between the power of a flow and its ability to transport sediment can be challenged for three reasons. First, as sediment becomes entrained in a flow, the nature of the flow changes and so it is unreasonable to link the capacity of the water or wind only to the ability of the fluid to move sediment. Secondly, environmental sediment transport is complicated, and the range of processes involved in most movements means that simple relationships are unlikely to hold, not least because the movement of sediment often changes the substrate, which in turn affects the flow conditions. Thirdly, the inherently stochastic nature of sediment transport means that any capacity relationships do not scale either in time or in space. Consequently, new theories of sediment transport are needed to improve understanding and prediction and to guide measurement and management of all geomorphic systems. (WAINWRIGHT J, et al. The concept of transport capacity in geomorphology [J]. Reviews of Geophysics, 2015, 53 (4): 1155 - 1202.) *Please read carefully, and identify the concept of sediment transport capacity.*

练 习 与 思 考

1. 什么是水流挟沙力？它的描述对象和适用条件是什么？在实际天然河流的非恒定

非均匀流条件下的适用性如何？

2. 什么是制紊假说？试从流固两相流角度说明悬移质对湍流的影响。

3. 试述张瑞瑾公式的理论基础和物理含义。

4. 已知水深 3m，流速 1m/s，泥沙中值粒径 0.1mm，请选择不同的公式计算悬移质挟沙力并比较结果异同。

5. 在第 4 题的基础上，探讨挟沙力计算对水深、流速、泥沙粒径的变化的敏感性。

（1）水深为 1.5m，其他条件不变，计算不同公式的悬移质挟沙力。

（2）流速为 2m/s，其他条件不变，计算不同公式的悬移质挟沙力。

（3）泥沙中值粒径为 0.05mm，有哪些公式适用于该粒径范围？悬移质挟沙力如何？

综合比较上述计算结果，分析水深、流速、泥沙粒径的变化对挟沙力的影响规律及程度。

参 考 文 献

［1］ WAINWRIGHT J，PARSONS A J，COOPER J R，et al. The concept of transport capacity in geomorphology [J]. Reviews of Geophysics，2015，53（4）：1155-1202.

［2］ LARONNE J B，REID I. Very high rates of bed load sediment transport by ephemeral desert rivers [J]. Nature，1993，366：148-150.

［3］ CAO Z，HU P，PENDER G. Multiple time scales of fluvial processes with bed load sediment and implications for mathematical modeling [J]. Journal of Hydraulic Engineering，2011，137（3）：267-276.

［4］ CAO Z，HU P，PENDER G，et al. Non-capacity transport of non-uniform bed load sediment in alluvial rivers [J]. Journal of Mountain Science，2016，13（3）：377-396.

［5］ CAO Z，LI Y，YUE Z. Multiple time scales of alluvial rivers carrying suspended sediment and their implications for mathematical modeling [J]. Advances in Water Resources，2007，30（4）：715-729.

［6］ CAO Z，XIA C，PENDER G，et al. Shallow water hydro-sediment-morphodynamic equations for fluvial processes [J]. Journal of Hydraulic Engineering，2017，143（5）：02517001.

［7］ ВЕЛИКАНОВ М А. Динамика русловых потоков [M]. Том Ⅱ，1955.

［8］ 张瑞瑾. 河流泥沙动力学 [M]. 2 版. 北京：中国水利水电出版社，1998.

［9］ BAKHMETEFF B A，ALLAN W. The mechanism of energy loss in fluid friction [J]. Transactions of the American Society of Civil Engineers，1946，111（1）：1043-1080.

［10］ ВЕЛИКАНОВ М А. Русловой процесс [M]，Москова：Государстренное иэдателство Фиэикоматематического литературы，1958.

［11］ VANONI V A，NOMICOS G N. Resistance properties of sediment-laden streams [J]. Journal of Hydraulics，1959，85（5）：77-107.

［12］ GORE R A，CROWE C T. Effect of particle size on modulating turbulent intensity [J]. International Journal of Multiphase Flow，1989，15（2）：279-285.

［13］ ELGHOBASHI S，TRUESDELL G C. On the two-way interaction between homogeneous turbulence and dispersed solid particles. I：Turbulence modification [J]. Physics of Fluids A，1993，5（7）：1790-1801.

[14] ELGHOBASHI S. On predicting particle – laden turbulent flows [J]. Applied Scientific Research, 1994, 52 (4): 309 – 329.

[15] CAO Z, EGASHIRA S, CARLING P A. Role of suspended – sediment particle size in modifying velocity profiles in open channel flows [J]. Water Resources Research, 2003, 39 (2): 1 – 15.

[16] ZADE S, LUNDELL F, BRANDT L. Turbulence modulation by finite – size spherical particles in Newtonian and viscoelastic fluids [J]. International Journal of Multiphase Flow, 2019, 112: 116 – 129.

[17] PENG C, AYALA O M, WANG L P. A direct numerical investigation of two – way interactions in a particle – laden turbulent channel flow [J]. Journal of Fluid Mechanics, 2019, 875: 1096 – 1144.

[18] GUO J. Logarithmic matching and its applications in computational hydraulics and sediment transport [J]. Journal of Hydraulic Research, 2002, 40 (5): 555 – 565.

[19] 窦国仁，董风舞，DOU X. 潮流和波浪的挟沙能力 [J]. 科学通报，1995，40 (5): 443 – 446.

[20] DOU G, DONG F. Sediment transport capacity of tidal currents and waves [J]. Chinese Science Bulletin, 1995, 40 (13): 1096 – 1101.

[21] VAN RIJN L C. Sediment transport. Part II: Suspended load transport [J]. Journal of Hydraulic Engineering, 1984, 110 (11): 1613 – 1641.

[22] VAN RIJN L C. Unified view of sediment transport by currents and waves. II: Suspended transport [J]. Journal of Hydraulic Engineering, 2007, 133 (6): 668 – 689.

[23] 中国水利学会泥沙专业委员会. 泥沙手册 [M]. 北京：中国环境科学出版社，1992.

[24] 韩其为. 非均匀悬移质不平衡输沙的研究 [J]. 科学通报，1979，(17): 804 – 808.

[25] 李义天. 冲淤平衡状态下床沙质级配初探 [J]. 泥沙研究，1987，(1): 82 – 87.

[26] WU W, WANG S S Y, JIA Y. Nonuniform sediment transport in alluvial rivers [J]. Journal of Hydraulic Research, 2000, 38 (6): 427 – 434.

[27] EINSTEIN H A. The bed – load function for sediment transportation in open channel flows [R]. Technical Bulletin number 1026, United States Department of Agriculture, Soil Conservation Service, Washington, DC, 1950.

[28] DEY S. Fluvial hydrodynamics: Hydrodynamic and sediment transport phenomena [M]. Berlin: Springer, 2014.

[29] COLBY B R, HEMBREE C H. Computations of total sediment discharge Niobrara River near Cody, Nebraska [R]. Geological survey water – supply paper 1357, United States Government Printing Office, Washington, 1955.

[30] SIMONS D B, SENTÜRK F. Sediment transport technology [M]. Fort Collins: Water Resources Publication, 1976.

[31] YANG C T. Sediment transport: Theory and practice [M]. McGraw – Hill, New York, 1996.

[32] BAGNOLD R A. An approach to the sediment transport problem from general physics [R]. Geological survey professional paper 422 – I, United States Government Printing Office, Washington, 1966.

[33] ENGELUND F, HANSEN E. A monograph on sediment transport in alluvial streams [M]. Copenhagen: Technical Press (Teknisk Forlag), 1967.

[34] YANG C T. Unit stream power and sediment transport [J]. Journal of the Hydraulics Division, 1972, 98 (10): 1805 – 1826.

[35] YANG C T, MOLINAS A. Sediment transport and unit stream power function [J]. Journal of the Hydraulics Division, 1982, 108 (6): 774 – 793.

[36] YANG C T. Incipient motion and sediment transport [J]. Journal of the Hydraulics Division, 1973, 99 (10): 1679 – 1704.

[37] YANG C T. Unit stream power equations for total load [J]. Journal of Hydrology，1979，40（1 - 2）：123 - 138.

[38] YANG C T. Unit stream power equation for gravels [J]. Journal of Hydraulic Engineering，1984，110（12）：1783 - 1797.

第9章 高含沙水流

高含沙水流表现在水流挟带大量泥沙运动，其含沙量通常介于一般挟沙水流和泥石流之间。一般挟沙水流可看作固液两相牛顿流体，水流与泥沙间相互作用弱，紊流是泥沙运动的主要动力。泥石流或泥流通常被看作是伪一相流，表现出非牛顿流体的特征，体积含沙量常超过 0.6；其可携带大块的卵石和砾石运动，泥沙颗粒之间的碰撞与离散作用强烈，铺床过程没有明显的挟沙水流成层沉积特征。高含沙水流的泥沙运动受到紊流、颗粒间离散力及浮力的共同作用，河床强冲强淤是其河床演变的主要特征，其物理特性主要取决于水体中泥沙颗粒的粒径分布、细颗粒含量和化学组成。

自然界中，高含沙水流的发生环境多种多样。许多高含沙水流发生在火山喷发地区，泥石流向下游流动的过程中不断被稀释，最终形成高含沙水流。此外，山区暴雨引发的滑坡、淤地坝和堰塞湖溃决，冰川洪水、沙漠半干旱河流的暴洪及海底泥石流都可能形成高含沙水流。在我国，黄河流经内蒙古托克托县后，黄土高原侵蚀的大量泥沙流入黄河，使得其中游干支流、下游干流经常出现高含沙水流。

9.1 高含沙水流特性

9.1.1 高含沙水流含义

20 世纪 60 年代，Beverage 和 Culbertson 首次将高含沙水流的体积含沙量界定在 20%～60%[1]。然而，这一含沙量并不具有普适性。比如考虑流体的流变特性时，部分学者将出现可量测的屈服应力直至屈服应力变化趋于稳定的区间作为高含沙水流的判别标准[2]。对于不同的泥沙种类和粒径分布，屈服应力出现的临界含沙量差异极大。对于纯蒙脱石黏土悬浮液，临界体积含沙量仅 1%；对于非黏性或粗颗粒泥沙（比如石英砂），其值可达 30%。在我国的黄河，泥沙以黏土-粉砂细颗粒为主，万兆惠和王兆印通过收集黄土高原上黄河中游支流数据，认为该值在 8%～11%，若含沙量达 19%～37%则可看作泥石流或泥流[3]。

然而，高含沙水流并非都是非牛顿流体。钱宁和万兆惠先生[4,5]认为高含沙水流可分为以下两种：一是伪一相流的非牛顿流体，以黏性细颗粒泥沙为主；二是两相流的牛顿流体，以非黏性泥沙颗粒为主。高含沙水流的两种流态有时在同一河段上同时存在。在黄河干流上，高含沙水流通常可认为是紊流，含沙量大于 200kg/m³[3]。在黄土高原的黄河中游支流上，含沙量大于 400kg/m³可看作高含沙水流[6]。近年来，也有国外学者通过理查德数和雷诺数将高含沙水流按流态和含沙量进一步量化，得到更为细致的分类判别标准[7]。

9.1.2　流变特性与本构关系

9.1.2.1　流变特性

流变特性是指流动液体在受剪切力作用时，其切变速率 du/dy 与剪切力 τ 的变化关系，表示这种关系的曲线即流变曲线，这种曲线的方程即流变方程（或称本构方程）。下面根据流变特性的不同，分别对牛顿流体、宾汉流体、幂律流体、屈服伪塑性流体予以阐述[8,9]。

1. 牛顿流体

牛顿流体在受剪切力作用流动时，其切变速率与剪切力的关系为一通过坐标原点的直线［图 9.1 所示（a）线］，其流变方程即牛顿内摩擦定律：

$$\tau = \mu \frac{du}{dy} \tag{9.1}$$

式中：τ 为剪切力；μ 为动力黏滞系数。

2. 宾汉流体

宾汉流体在静止时具有足够刚度的三维结构，能承受一定剪切力，当剪切力 τ 小于某临界值 τ_f 时，液体不能克服黏滞阻力而流动，其 $du/dy = 0$；当 τ 大于 τ_f 时，液体才开始流动，此时的剪切应力称为静剪切应力。随着 τ 增大，du/dy 也增大，开始二者为曲线关系，随后二者即呈直线变化，此直线的斜率即表示液体黏度的大小，称为刚性系数或塑性黏度，通常以 η 表示，直线的延长线与纵坐标的交点 τ_B 称为动剪切力或宾汉极限剪切力［图 9.1 所示（b）线］。

宾汉流体的流变曲线为一条不通过坐标原点的开始部分为曲线，其余绝大部分为直线的 τ 与 du/dy 的关系线，由于曲线部分很小，且不易精确测定，可将其忽略，即可获得 1922 年宾汉（B. C. Bingham）提出的宾汉流变方程：

$$\tau = \tau_B + \eta \frac{du}{dy} \tag{9.2}$$

3. 幂律流体

幂律流体的剪切力和切变速率的关系为通过坐标原点的曲线，其流变方程可表示如下：

$$\tau = k \left(\frac{du}{dy} \right)^n \tag{9.3}$$

式中：k 为稠度系数，其值越大，液体的黏度越大；n 为流动指数，表征偏离牛顿流体性质程度的量度。当 $n = 1$ 时，即为牛顿流体；当 $n < 1$ 时，为伪塑性流体［图 9.1 所示（c）线］；当 $n > 1$ 时，为膨胀流体［图 9.1 所示（d）线］。

4. 屈服伪塑性流体

屈服伪塑性流体的性质与宾汉流体类似，但其剪切力和切变速率的关系为一不通过坐标原点的曲线［图 9.1 所示（e）线］，其流变方程如下：

$$\tau = \tau_B + \eta \left(\frac{du}{dy} \right)^{n'} \tag{9.4}$$

含有细颗粒的高含沙水流的流变曲线有时较符合上式，其指数 n' 值接近于 1。

从以上各式可以看出，对牛顿流体而言，表征其层流状态性质的参数只有一个黏滞系数

μ，而对其余非牛顿流体而言，反映其黏性的参数至少有 2 个。瓦斯普(E. J. Wasp)[10] 曾提出表观黏度(apparent viscosity)这一概念及其表达式，各种流体的表观黏度表达式如下：

$$\text{牛顿流体} \qquad \mu_a = \frac{\tau}{du/dy} \qquad\qquad (9.5)$$

$$\text{宾汉流体} \qquad \mu_a = \frac{\tau_B}{du/dy} + \eta \qquad\qquad (9.6)$$

$$\text{幂律流体} \qquad \mu_a = k\left(\frac{du}{dy}\right)^{n-1} \qquad\qquad (9.7)$$

$$\text{屈服伪塑性流体} \qquad \mu_a = \frac{\tau_B}{du/dy} + \eta\left(\frac{du}{dy}\right)^{n'-1} \qquad\qquad (9.8)$$

图 9.2 为各种流体表观黏度随切变速率变化的示意图。牛顿流体的 μ_a 为一常数，其黏度不变。宾汉流体的 μ_a 随 du/dy 值增大而变小，当 du/dy 趋近于无穷大时，其 μ_a 值即趋于刚性系数 η。伪塑性流体的 μ_a 值也随 du/dy 的增大而减小，膨胀流体则相反。对非牛顿流体而言，μ_a 值的变化，反映了其综合黏度的变化。

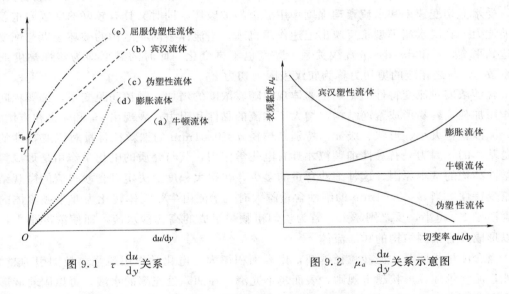

图 9.1 $\tau - \dfrac{du}{dy}$ 关系 　　　　图 9.2 $\mu_a - \dfrac{du}{dy}$ 关系示意图

除以上流变方程外，近年还有一些学者提出更适合低切变速率的 Worrall - Tuliani 模型和双宾汉塑性模型等，读者可参阅相关文献[11]。需要注意的是，以上流变方程适用于恒定流条件，对于有波浪作用的河口海岸环境需要考虑海泥的黏弹特性，常用的有 Kelvin - Voigt 黏弹模型：

$$\tau = G'\gamma + \eta\gamma' \qquad\qquad (9.9)$$

式中：γ 为剪切变形；γ' 为切变速率；η 为动力黏滞系数；G' 为塑性剪切系数。

9.1.2.2　流变特性的机理及其影响因素

流变特性是通过其流变参数来体现的，实质上是反映了流体黏性的大小变化，影响其变化的因素主要包含两个方面：①介质的化学性质，如介质的类型，所含盐离子性状等；②所含固体颗粒的条件，如浓度、颗粒级配、粒径 $d < 0.01mm$ 的黏性细颗粒含量、颗粒

形状、矿物成分等,特别是黏性细颗粒含量对流变特性的影响更为显著和重要。

从流变学观点来说,含有黏性细颗粒的高含沙水流为有结构的流体,由于细颗粒泥沙和介质的电化学作用,当浓度较低时,颗粒可结合在一起形成絮团,随着浓度的增加,各絮团之间可互相搭接成网状结构,网状结构的密度也随浓度的增加而变大,可由松散型发展为较紧密型、紧密型和极紧密型,如图 9.3 所示。

（a）松散型　　　　（b）较紧密型　　　　（c）紧密型　　　　（d）极紧密型

图 9.3　网状结构类型示意图[12]

网状结构的密度越大,其结构强度也越大,反映出的黏性也越大,但网状结构并不稳固,受水流切变速率和水流紊动强度作用后极易被破坏,同时又具有较好的恢复和重新形成的能力。宾汉水流模型正反映出上述作用机理,当流体中网状结构的破坏速度与恢复速度达到平衡,τ 和 du/dy 呈直线关系,黏度也不再变化,此时的黏度即为塑性黏度或刚性系数 η,与之相应的剪切力称为宾汉极限剪切力 τ_B。

含沙浓度对流变特性的影响主要体现在随着浓度的增加,颗粒间距变小,细颗粒间吸附作用加强,容易形成絮网结构,增大了水流的黏性和阻力,表现出 τ_B 和 η 也相应增大。

泥沙颗粒大小、形状、级配,特别是粒径 $d < 0.01$mm 的细颗粒含量对流变特性的影响是基本的,因为只有黏性细颗粒才具有电化学作用,其与介质的电化学作用是形成絮凝和絮网结构的基本原因。这种细沙含量的多少,在很大程度上决定高含沙水流的微观结构和流变特性。当 $d < 0.01$mm 的细沙含量越大时,水流由牛顿流体转化为非牛顿流体的临界含沙量 S_{vc} 越小,反之则越大。若为均匀粗颗粒组成的高含沙水流,即使浓度很大,也难以形成具有絮网结构的宾汉流体。

当含沙量相同时,泥沙粒径越细,比表面积越大,电化学作用越强,粒间引力越大。另外,泥沙越细,形状越不规则,表面越不光滑,在凹陷处充满的水液,可以固着液形式成为泥沙颗粒的组成部分,因而增加了有效浓度。所有这些都将使流变参数 τ_B 和 η 值增大。

对粗颗粒而言,由于水流和颗粒流速的差异,当发生绕流时,一方面颗粒对水体起阻尼作用,另一方面当浓度较高时,绕流水体之间可互相作用,颗粒可互相碰撞,这些均增大了流体的阻力和黏性,影响流变参数的变化。

至于介质的电化学作用,泥沙矿物成分等因素对流变参数的影响问题,由于对同一地区同一河段而言变化不大,可不予考虑。另外,水流强度和紊动对流变参数的影响,将在以后有关部分加以阐述。

9.1.2.3　流变参数的确定

本节主要阐述宾汉流体流变参数 τ_B 及 η 的确定[9]。如上所述,影响流变参数的因素较多，且机理复杂，要完全从理论上解决这一问题较困难，一般多采用理论分析和试验相结合的方法进行研究。

1. 刚性系数 η

关于泥沙对浑水黏度的影响问题，爱因斯坦[13]在进行了一些假设之后，推导出如下的理论公式：

$$\mu_r = \frac{\eta}{\mu_0} = 1 + 2.5 S_v \tag{9.10}$$

这些假设条件是：泥沙颗粒为刚性球体，粒径相对于介质的分子而言较粗，含沙浓度很小，粒间距离很大，可以认为颗粒对周围介质流动的影响范围互不干扰，其间无力的作用等。由此看来，式（9.10）的计算结果与实际偏离较大。

当含沙浓度较高时，颗粒间距变小，颗粒之间互相有力的作用，促使黏度增大，特别是当含有细颗粒泥沙时，颗粒周围有薄膜水存在，流体中出现絮网结构，此时应考虑薄膜水等因素对水流黏度增大的作用，更增加了问题的复杂性。在解决这类问题时，一般多采用试验方法，建立经验公式。

（1）钱宁、马惠民公式[14]。在爱因斯坦理论公式的基础上，1958 年钱宁和马惠民对郑州、官厅等地含沙浓度 $S_v = 8.7\% \sim 17.4\%$ 的 8 种泥沙进行试验分析，获得了相对黏度的下述公式：

$$\mu_r = \frac{\eta}{\mu_0} = (1 - K S_v)^{-2.5} \tag{9.11}$$

式中：μ_r 为相对黏度；μ_0 为清水动力黏滞系数；S_v 为体积含沙量；K 为与含沙量和粒径有关的系数，其值在 $2.4 \sim 4.9$ 之间变化。

（2）褚君达公式[15]。1980 年及 1983 年褚君达在前人研究的基础上，认为在研究高浓度浑水黏性时，细颗粒周围的薄膜水和絮网结构孔隙中的封闭自由水也应作为有效浓度考虑在内。基于此，他对式（9.11）进行了修正，提出以下公式：

$$\frac{\eta}{\mu_0} = (1 - \theta K S_v)^{-2.5} \tag{9.12}$$

式中：K 为考虑薄膜水的有效浓度系数，对于均匀沙，若设颗粒为球体，则 $K = 1 + 6\delta/d$；对于非均匀沙，$K = 1 + 6\int_0^1 (\delta/d)\mathrm{d}p$；$\theta$ 为孔隙系数，$\theta = (V_s + V_h + V_\theta)/(V_s + V_h) = \frac{9}{2\pi} = 1.4$。

将 K 及 θ 代入式（9.12），即得高浓度浑水的相对黏度系数的公式：

$$\eta/\mu_0 = \left\{ 1 - 1.4 \left[1 + 6\int_0^1 (\delta/d)\mathrm{d}p \right] S_v \right\}^{-2.5} \tag{9.13}$$

实际运用时，可采用分组计算，将式中 $\left[1 + 6\int_0^1 (\delta/d)\mathrm{d}p \right]$ 一项改用 $\left[1 + 6\sum_{i=1}^{n} (\delta/d_i)\Delta p_i \right]$ 即可。

以上各式中，δ 是薄膜水厚度，对于一般含沙浑水，可采用 $1\mu m$；Δp_i 是某一粒径

（d_i 作代表粒径）的体积占全部颗粒体积的百分数；V_s、V_h、V_θ 分别是浑水中颗粒体积、薄膜水体积和封闭自由水体积；其他符号同前。式（9.13）与各家有关试验资料验证，较为符合。

（3）费祥俊公式[16]。1982—1991 年费祥俊对流变参数进行了较多研究[16,17]。在式（9.10）的基础上，分析求出了不同粒径组成下的高含沙水流的相对黏度公式为

$$\frac{\eta}{\mu_0} = \left(1 - k\frac{S_v}{S_{vm}}\right)^{-2.5} \tag{9.14}$$

式中：k 为有效浓度修正系数，既考虑了细颗粒表面的薄膜水，又考虑了粒间封闭水对浓度的影响；S_v 和 S_{vm} 分别为浑水体积浓度及极限浓度。根据黄河流域干支流 54 组泥沙沙样的试验结果，获得 k 的下述表达式：

$$k = 1 + 2.0\left(\frac{S_v}{S_{vm}}\right)^{0.3}\left(1 - \frac{S_v}{S_{vm}}\right)^4 \tag{9.15}$$

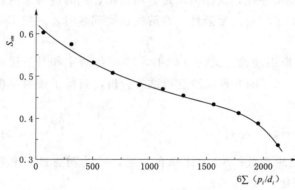

图 9.4　极限浓度与颗粒比表面积系数关系[18]

以上各式中有一个很重要的问题，即浑水的极限浓度 S_{vm}，其定义为：一定颗粒组成的悬液，具有相应的最大浓度，即极限浓度。这时混合液中已不存在自由水，其黏滞系数 μ（或 η）接近无限大。根据这一概念，对不同颗粒组成的沙样的浑水进行黏度试验，以 $\mu_r \to \infty$ 时的浓度为极限浓度，即可建立 S_{vm} 与相应颗粒级配的 $6\sum(p_i/d_i)$ 的关系曲线，如图 9.4 所示。图中 d_i、p_i 分别为某一粒径级的平均粒径及其相应的重量百分比。

2. 宾汉极限剪切力 τ_B

影响宾汉极限剪切应力的因素已如前述。最初，在研究宾汉极限剪切力时，主要考虑了含沙浓度的因素，所建立的公式形式为 $\tau_B = KS_v^n$，而将其他因素包含在系数和指数中，这种公式显然是很粗略的，应用时受到很大限制。之后，除了考虑含沙浓度外，还考虑了泥沙颗粒组成，特别是细颗粒的含量，如费祥俊认为，对含有一定细颗粒泥沙的高含沙水流，产生 τ_B 时的起始含沙量 S_{v0} 与极限浓度 S_{vm} 有关，根据试验分析，获得下面 τ_B 的公式[18]：

$$\tau_B = 9.8 \times 10^{-2} \exp(\beta\varepsilon + 1.5) \tag{9.16}$$

式中：τ_B 以 N/m^2 计；系数 β 对水浆和煤浆分别为 8.45 及 6.87。

其中

$$\varepsilon = \frac{S_v - S_{v0}}{S_{vm}} \tag{9.17}$$

式中：$S_{v0} = AS_{vm}^{3.2}$，采用 $\tau_B = 0.5N/m^2$ 时的浓度为起始浓度 S_{v0}，根据试验，A 值分别为 1.26（沙浆）及 1.87（煤浆）。

关于用毛细管及转筒式黏度计进行试验测定流变参数 τ_B 及 η 的方法积累了很多经验，取得了很大进展，但限于篇幅，这里均不作介绍。

9.1.3 受阻沉降

高含沙水流中，泥沙颗粒的沉降表现出与清水或低含沙水流中不同的特征。在清水或低含沙水流中，泥沙颗粒越粗，沉降越快，沉降形式以彼此互不干扰的单颗粒下沉为主。在高含沙水流中，由于网状结构和絮凝作用等，泥沙颗粒的沉降彼此干扰，其有效沉速往往比在清水或低含沙水流中要小。根据泥沙颗粒的大小不同和水体中絮团的情况，有效沉速的计算可分为以下几种情况[9]。

9.1.3.1 粗颗粒均匀沙群体沉速

所谓粗颗粒沙系指泥沙颗粒相对较粗（$d > 0.01$mm），可不考虑其黏性影响，且泥沙粒径、重度及沉降过程中粒间距离都基本相同的泥沙，在这种情况下，影响其沉速的主要为含沙浓度、泥沙粒径、浑水重度及黏性等，可通过量纲分析及试验建立经验公式。这里，介绍应用范围最广的里查森（J. F. Richardson）及扎基（W. N. Zaki）公式[19]：

$$\omega_s = \omega_0 (1 - \varphi)^m \tag{9.18}$$

式中：ω_0 为单颗泥沙在清水中的沉速；ω_s 为群体沉速，即浑水中泥沙颗粒下沉过程中彼此互相影响而形成的沉速；$\varphi = c / \rho_f$，其中 c 为含沙量，ρ_f 为参考泥沙密度；指数 m 为颗粒绕流雷诺数 $\left(Re_{vp} = \dfrac{\omega_0 d}{\nu} \right)$ 的函数。

对于不同的泥沙颗粒，ρ_f 和 m 的取值不同。费祥俊[18]在综合分析了一些试验资料之后，认为 $m = 2 \sim 8$，在实际应用时，应通过试验具体确定。对于黄河下游泥沙，国内学者通常取 $m = 7$，$\rho_f = \rho_s = 2650$kg/m³。国外学者[20]将 ρ_f 等同于水体中开始出现网状结构时的泥沙密度，沙粒 ρ_f 通常取 1600kg/m³，黏土 ρ_f 为 $30 \sim 180$kg/m³，对于松散粉砂，可估算 $\rho_f = (1 - n)\rho_s$，$n = 0.45$ 为床面孔隙率，m 通常取为 5。

此外，张红武和张清[21]建立的半经验半理论公式也被广泛用于黄河泥沙的有效沉速计算：

$$\omega_s = \omega_0 \left(1 - \frac{S_v}{2.25\sqrt{d_{50}}} \right)^{3.5} (1 - 1.25 S_v) \tag{9.19}$$

式中：S_v 为体积含沙量；d_{50} 为悬沙中值粒径，mm。

9.1.3.2 含较多细颗粒的非均匀沙沉速

含有较多细颗粒的非均匀沙，由于在沉降过程中，将发生絮凝现象，并形成絮团和网状结构，其沉降过程和机理甚为复杂，钱宁、万兆惠[4]在综合分析各家研究成果的基础上，将上述沉降过程依据含沙量和物质组成（以黏性极限浓度 S_{vm} 来反映）不同，划分为三个沉降区，如图 9.5 所示。

Ⅰ区，离散颗粒与离散絮团制约沉降区。在该区中，细颗粒已开始形成絮团，粗颗粒及絮团分别以离散状态自由下沉，在沉降中互相制约。

Ⅱ区，离散颗粒在絮网结构体中沉降区。在该区，絮团互相搭接形成絮网结构，开始出现宾汉极限剪切力，粗颗粒在絮网结构中沉降，

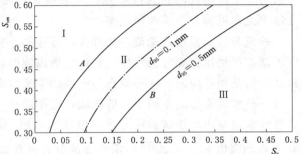

图 9.5 含有细颗粒的高含沙水流中泥沙的沉降分区[9]

受到后者的阻尼作用。

Ⅲ区，絮网结构体作整体缓慢下沉区。在该区，絮网结构体作整体缓慢下沉趋于密实，粗细颗粒泥沙均由于结构效应不能自由下沉，而成为均匀悬液体的伪一相流。

图中 A 线为自Ⅰ区向Ⅱ区过渡开始形成宾汉体的临界条件，B 线为自Ⅱ区向Ⅲ区过渡，即由两相流向伪一相流过渡的临界条件。

以上各区泥沙的沉降计算较为复杂，读者可参阅万兆惠和王兆印编著的专著 *Hyperconcentrated flow*[3] 及荷兰 Van Rijn 于 2007 年在 *ASCE - Journal of Hydraulic Engineering* 上发表的波流泥沙运动综述的相关文献[22,23]。这里仅以第Ⅰ区为例，简要给出沉速计算方法。

对于Ⅰ区，离散颗粒的沉速可用下面的公式计算：

$$\omega_s = \omega_0 (1-S_{vc})^m (1-\alpha S_{vf})^{4.65} \tag{9.20}$$

式中：S_{vc} 为离散粗颗粒的体积含沙量；S_{vf} 为细颗粒黏土的体积含沙量；α 为有效絮团浓度与黏土浓度的比值，根据实验取为 29.5。

离散絮团的沉降公式为

$$\omega_A = \omega_{A0}[1-(S_{vc}+\alpha S_{vf})]^{4.65} \tag{9.21}$$

式中：ω_{A0} 为单个絮团的沉速，其他变量同上。

9.1.3.3　伪一相宾汉体所能支持的不下沉的最大粒径

苏联学者希辛柯（Р. И. Шищенко）[24] 曾假定当球体在宾汉液体中处于平衡状态时，球体表面上的最大剪切力与球体在液体中的重量成正比，与其表面积成反比，从而建立了下式：

$$d_{\max} = K \frac{\tau_B}{\gamma_s - \gamma_m} \tag{9.22}$$

之后，蔡树棠[25] 经理论分析，也获得与式（9.22）相同的公式，K 值取为 6；钱意颖、杨文海等[26] 用黄河花园口泥沙做试验，结果 K 值为 5.7。当泥沙中最粗的颗粒小于上式所示时，只要水流具有足够的坡降或压差，能够克服阻力损失，就可以维持流动，不存在一般意义上所说的挟沙能力问题。

9.1.4　流动特性

9.1.4.1　流态及流区

黄河干支流出现的高含沙水流，一般都含有泥沙粒径小于 0.01mm 的细沙，这样的高含沙水流常见的有下述两种流态[9]。

一种流态是高强度的紊流，比降大，流速高，雷诺数比降大，水流汹涌，大尺度和小尺度紊动都得到比较充分的发展。水流之所以能够具有特别高的含沙量，与这种充分发展的紊动结构是相适应的。这种流态与一般的紊流没有什么不同。

另一种水流流态既不同于一般紊流，也不同于一般层流，在采用黄河花园口泥沙进行的高含沙水流室内水槽试验研究中，发现当水流中有效雷诺数 $Re_m < 2000$ 时，其纵向流速 u 和紊动强度 σ_u（$=\sqrt{\overline{u'^2}}$）沿垂线的分布具有自己的特点，如图 9.6 所示。

这种水流为宾汉流体，$\tau_B > 0$。在水流沿水深方向的上部水流剪切力 $\tau < \tau_B$ 的流区

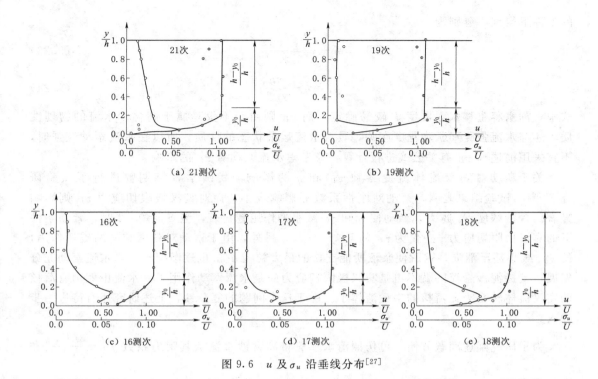

图 9.6 u 及 σ_u 沿垂线分布[27]

$\left[\text{其中 } \tau = \gamma_m(h-y)J\right]$，即图 9.6 中 $\left(\dfrac{h-y_0}{h}\right)$ 以上的流层为流核区，在水流的下部 $\tau > \tau_B$ 的流区，即 $\dfrac{y_0}{h}$ 以下部分为非流核区。流核区的流速梯度 $du/dy = 0$，紊动强度 σ_u 也近似为 0，未发现泥沙有分选沉降现象。说明流核区水流为各流层间无相对运动、泥沙也无分选沉降的一个有结构的浆液整体，被下面非流核区的流体所运载。非流核区的流速梯度和紊动强度沿水深都是变化的，其紊动强度约为时均流速的 $2.7\% \sim 6.0\%$，最大值出现在 $y/h = 0.1$ 左右。流速梯度的最大值多出现在中间部分，向上向下均急剧变小，在本区已能观测到泥沙有分选沉降现象，含沙量梯度 ds/dy 不等于 0。由于本区有紊动存在，剪切速率又较大，沿水深分布不均，所以水流的内部结构就较复杂，在紊动和剪切速率最大处，浆液的网状结构有可能被完全破坏，使该层水流由宾汉流体变为牛顿流体。

由以上分析可见，对高含沙宾汉流体，尽管其有效雷诺数 $Re_m < 2000$，但在非流核区仍有紊动存在，而在流核区，水流各流层间又无平行分层流动，所以将这种流动称为层流是不确切的。在天然河流中，当水流流速不大时，由于高含沙水流有宾汉极限切应力 τ_B 存在，真正的各流层平行流动的层流也属罕见，即使是"浆河"的前奏状态，也应是属于非流核区行将消失的沿河床滑动的流核区的整体流动。在充分研究了这些材料后，张瑞瑾建议将这种流态称为"复杂结构流"，它既包括宾汉体的结构流，又包括牛顿体的紊流及黏滞流。

在含有细颗粒的高含沙二维均匀明渠流中，由于有 τ_B 存在，理论上便应有流核区存在，流核区的厚度和非流核区的厚度可用水流剪切应力 τ 与宾汉极限切应力 τ_B 相平衡时

的条件下得到，分别为

$$h - y_0 = \frac{\tau_B}{\gamma_m J} \tag{9.23}$$

$$y_0 = h - \frac{\tau_B}{\gamma_m J} \tag{9.24}$$

式中，浑水容重和水力坡度 J 较易确定，而 τ_B 则由于不仅是属于高含沙水流的物理性质，还与水流强度和紊动程度有关，具有水流运动状态的性质，所以在水流紊动较强时，不宜采用前述的 τ_B 有关公式进行计算，应考虑水流紊动对 τ_B 的影响。

关于紊动对宾汉流体流变参数 τ_B 和 η 的影响，我国学者早期曾进行了试验研究[28-30]。试验结果表明，紊动对刚性系数 η 影响较小，而对宾汉极限切应力 τ_B 则影响显著。含沙浓度 S_v 越大，紊动使 η 和 τ_B 减小的作用越显著，当 $S_v = 0.12$ 时，紊动条件下的宾汉极限切应力 τ_{BT} 仅为 τ_B 的 $5\% \sim 18\%$。另外，由于紊动对絮网结构的破坏作用，使 τ_{BT} 减小甚至消失，这就使浆液所能支持的最大粒径 d_{max} 也逐渐变小。当水流紊动充分发展，支持泥沙悬浮的就不再是宾汉极限切应力而是水流紊动作用了。水流也就由有流核的宾汉流体转变为无流核的牛顿流体了。由于这个问题的复杂性，上述研究还有待进一步深入。

为了研究阐述问题方便，可仿照清水水流将高含沙水流依其阻力系数 $f\left(= \frac{8gRJ}{u^2}\right)$ 和有效雷诺数 $Re_m\left[= \rho_m U4h \Big/ \eta\left(1 + \frac{1}{2}\frac{\tau_B h}{\eta U}\right)\right]$ 的关系划分为"层流流区""紊流光滑区""过渡区"及"紊流粗糙区"（阻力平方区），如图 9.7 所示。图 9.7 中实线为清水通过光滑边壁时的曲线，各种符号的试验点为有关单位在不同含沙浓度及管壁光滑度条件下的试验结果。

当 $Re_m \leqslant 2000$ 时，水流属于层流流区，与清水水流一样，黏滞力起主要作用，但其流态则表现为具有流核厚度很大的复杂结构流。当 $Re_m \geqslant 2000$ 时，水流进入紊流区，紊动切应力也逐渐在增大，随着 Re_m 继续增加，紊动强度也变大，流核厚度则逐渐变小，最后当 Re_m 增大到一定程度（与管壁光滑度有关），水流便进入阻力平方区，此时水流流态发展为无流核的紊流了。位于层流流区与紊流粗糙区之间的区域相当于清水水流的光滑区和过渡区。由以上可以看出，尽管流区的名称相同，但高含沙水流与清水和低含沙水流的性质是有所区别的。

9.1.4.2 流速分布

1. 紊流流速分布

含有黏性细颗粒的高含沙二维均匀明渠流由于有 τ_B 存在，即使在紊流区也有流核存在，其流速分布公式也应区分为流核区与非流核区，其厚度可分别由式（9.23）及式（9.24）进行计算，若令 α 及 β 分别代表相对流核区及非流核区的厚度，则

$$\alpha = 1 - y_0/h = \frac{\tau_B}{\tau_0} \tag{9.25}$$

$$\beta = \frac{y_0}{h} = 1 - \frac{\tau_B}{\tau_0} \tag{9.26}$$

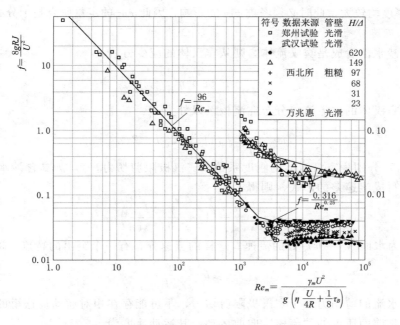

图 9.7 阻力系数和有效雷诺数的关系[9]

此时，由于水流处于紊流区，随着水流强度和紊动强度增大，絮网结构渐遭破坏，τ_B 和 α 值变得越来越小，β 值变得越来越大，即相对非流核区厚度越来越大，对于清水水流和低含沙水流，或高含沙水流充分紊动情况下（相当于阻力平方区），τ_B 均为 0，其相对非流核区厚度 $\beta=1$，即全部水深均为非流核区。因此，求出包括有 β 值在内的非流核区的流速分布公式，即可应用于从清水到高含沙宾汉体和牛顿体的全部水流中。

另外，对高含沙宾汉体紊流来说，其切应力不仅包括宾汉切应力 τ_B、黏滞力 $\eta\,\dfrac{du}{dy}$，还应包括紊动切应力 $-\rho_m\,\overline{u'v'}$。在建立其流速分布公式时，应加以考虑。

王明甫等[28]从雷诺方程出发，先简化求出高含沙宾汉体紊流的切应力方程：

$$\tau = \tau_{BT} + \eta_T\,\frac{du}{dy} - \rho_m\,\overline{u'v'} \tag{9.27}$$

然后，采用在清水明槽二维均匀紊流建立对数流速分布公式的思路，建立了下述形式的高含沙紊流的流速分布公式：

$$\frac{u_{\max}-u}{\sqrt{\dfrac{\tau_0-\tau_{BT}}{\rho_m}}} = \frac{1}{\kappa}\ln\frac{\beta h}{y} \tag{9.28}$$

式（9.28）为高含沙二维恒定均匀明渠流的流速沿垂线分布公式，既适用于高含沙水流，也适用于清水和低含沙水流。当水流为有流核的高含沙紊流时，$u_{\max}$ 和非流核区交界面流速 u_0 相同。

天然河流中，由于水流强度和雷诺数很大，絮网结构被破坏，流核趋于消失，在应用式（9.28）时，可认为 $\tau_{BT}=0$。至于在渠道或管道水流中，高含沙水流有时可处于过渡区，

τ_{BT} 及流核厚度均较大，此时必须考虑 τ_{BT} 的影响，因此 τ_{BT} 的定量研究是十分必要的。

2. 层流流速分布

把高含沙水流看成是宾汉流体，则从宾汉体的流变方程：

$$\tau = \tau_B + \eta \frac{du}{dy} \tag{9.29}$$

可导出宾汉体的层流流速分布在流核区以外为

$$u = \frac{y}{2\eta}(2\gamma_m hJ - \gamma_m yJ - 2\tau_B) \tag{9.30}$$

式中：η 及 τ_B 分别为宾汉流体的刚度系数及宾汉极限剪切力；γ_m 为高含沙水流的容重。

将上式写成流速差的形式，则得

$$\frac{u_{\max} - u}{u_{\max}} = \left(1 - \frac{\gamma_m yJ}{\gamma_m hJ - \tau_B}\right)^2 \tag{9.31}$$

式中：$u_{\max}$ 为水面（$y=h$）处的流速。这样的流速分布有一个突出的特点，即在

$$y \geqslant h - \frac{\tau_B}{\gamma_m J} \tag{9.32}$$

的区域内，水流的剪切力小于宾汉极限剪切力，不可能存在相对运动。这里的水流作为一个整体也就是前面所说的"流核"向前运动，其运动速度为

$$u_p = \frac{1}{2\eta\gamma_m J}(\gamma_m hJ - \tau_B)^2 \tag{9.33}$$

顺便指出，层流流核的存在并不仅限于宾汉体，在伪塑性体的塑性指数 m 很大时，在水面附近的流速变化同样很小。另外，层流型高含沙水流也有可能以牛顿流体挟带泥沙做层移运动的形式出现，这时的流速分布将不同于式（9.30），相关内容详见钱宁和万兆惠编著的《泥沙运动力学》中有关水石流的讨论[5]。

9.1.4.3　紊动特性

在挟沙水流中，不仅悬移质是靠水流紊动、水团交换而悬浮，而且床沙的起动和推移质的运动也和近底部水流的紊速和脉动压力密切相关，所以挟沙水流的紊动特性是十分重要的。在 20 世纪 60 年代初期，张瑞瑾曾在水槽试验的基础上，明确提出在一般挟沙水流中，泥沙有"制紊作用"的重要观点[31]。对高含沙水流的紊动特性来说，由于水流既可能是牛顿体，也可能是宾汉体，水流内部网状结构将影响紊动漩涡的产生和尺度、交换和运动，因此无论在理论上和实际上，研究工作都比一般挟沙水流更为困难。特别是由于测试仪器的限制，这方面的研究还很不够。

80 年代初，武汉水利电力学院的王明甫等人对高含沙水流的紊动特性进行了试验研究和理论探讨[32]，流速的测量采用唐懋官等人创制的紊动流速仪[33]，所用泥沙为黄河花园口泥沙，通过对试验资料的分析研究，获得了以下几点主要认识。

1. 紊动强度沿垂线的分布

对含有细颗粒的高含沙水流，当其他条件相近，含沙量增大到一定程度或有效雷诺数减小到一定程度时，沿水深将出现流核。在流核区，紊动强度近似为零。在非流核区，则存在明显的紊动强度；非流核区紊动强度 σ_u/U_* 沿垂线的分布规律基本上和清水相似，即自非流核区向下逐渐增强，其最大值多位于 $y/h = 0.1 \sim 0.15$ 的范围内。

至于不存在流核时的高含沙水流，全部水深均存在紊动。

2. 紊动频率及紊速的概率密度分布

紊动频率即单位时间内（每秒）紊动的次数，用式 $f=1/T$ 表示。此处，f 为频率，单位为赫兹（Hz），T 为周期。

对水槽中不同含沙量水流的瞬时流速分布实测资料进行分析后，得出的结果表明瞬时流速紊动频率的概率密度分布均为偏态分布。相应于最大频率密度的频率（主频率）随含沙量的增大而变小，都属于低频范围。

紊速的频率密度分布和清水相似，虽然在一般处理中，常被视为接近高斯正态分布，但在剪切效应越大，紊动越不均匀的区域，偏离高斯正态分布将越大。

除此以外，国外学者也对泥沙的制紊作用开展了许多试验、理论和数值模拟研究，其主要观点是泥沙引起的浮力效应会抑制水流的垂向紊动作用，特别是对泥沙的垂向扩散影响较大。由此，在计算泥沙扩散系数时，对于高含沙水流，Prandtl - Schimidt 数通常取 2，而一般挟沙水流则近似为 1。但值得注意的是，也有部分研究表明，泥沙不一定仅有制紊作用。若泥沙颗粒的尺寸大于紊动特征长度，紊动可能会增强；反之，泥沙颗粒会被包裹在紊流涡旋中，紊动反而减弱。相关内容参见本书8.3.1节。

9.1.4.4 阻力特性

影响高含沙水流阻力的主要因素为水流的黏度、紊动程度及河床边界条件，这些都和含沙浓度有关。对含有细颗粒的高含沙水流而言，由于絮网结构存在，且絮网结构随含沙浓度及水流紊动强度而变化，所以其阻力变化规律更为复杂。另外，无论在天然河流中或室内水槽试验中，水面比降的精确测量也较为困难，其误差程度往往因人而异，这些都给高含沙水流的阻力问题的研究带来困难。关于清水和不同含沙浓度的高含沙水流的阻力损失（能量损失）的比较，应该有一个共同的正确的比较标准，依据的比较标准不同，所得结论也往往不一样。现采用同流量条件下清、浑水的比降的大小作为阻力损失的比较标准，进行清、浑水阻力损失对比，将其结果综合整理于表 9.1。应该指出，由于同流量下清、浑水的有效雷诺数并不相同，这种条件也一并列于表中。

表 9.1　　　　　　　相同 U、H 条件下 J_m 与 J_0 的对比[34]

水流所属阻力区		相同 U、H 条件下高含沙与低含沙水流所需比降的对比
清水	高含沙水流	
紊流粗糙床面	紊流粗糙床面	$J_m = J_0$
紊流粗糙床面	过渡区	$J_m < J_0$
紊流粗糙床面	紊流光滑床面	一般 $J_m > J_0$
紊流粗糙床面	层流	$J_m > J_0$
紊流光滑床面	紊流光滑床面	$J_m > J_0$
紊流光滑床面	层流	$J_m > J_0$
层流	层流	$J_m > J_0$

表 9.1 和图 9.7 均可以说明，含有细颗粒的高含沙水流，在过渡区存在减阻现象；在紊流粗糙区，高含沙水流的阻力损失与清水水流相同；在紊流光滑区，特别是层流流区，

高含沙水流的阻力损失大于清水水流，这是在处理实际问题时应加以注意的。

目前，对于明渠流中常用的曼宁糙率系数和谢才阻力系数，也有考虑高含沙影响的半经验半理论公式。比如，黄河干流上广泛应用的赵连军-张红武公式[35]：

$$n = \frac{h^{1/6}}{\sqrt{g}} c_n \frac{\delta_*}{h} \left\{ 0.49\left(\frac{\delta_*}{h}\right)^{0.77} + \frac{3\pi}{8}\left(1 - \frac{\delta_*}{h}\right)\left[\sin\left(\frac{\delta_*}{h}\right)^{0.2}\right]^5 \right\}^{-1} \tag{9.34}$$

式中：δ_* 和 c_n 为摩阻厚度和涡团参数，分别由下列公式计算：

$$c_n = 0.375\kappa \tag{9.35}$$

$$\delta_* = D_{50}\left[1 + 10^{8.1 - 13Fr^{0.5}(1 - Fr^3)}\right] \tag{9.36}$$

式中：浑水卡门常数 $\kappa = 0.4 - 1.68(0.365 - S_v)\sqrt{S_v}$；$D_{50}$ 为床沙中值粒径；Fr 为弗劳德数。

荷兰代尔伏特理工大学 Winterwerp 教授[36]建立了有效谢才系数公式：

$$\frac{C_{\text{eff}}}{\sqrt{g}} = \frac{C_0}{\sqrt{g}} + \frac{C_{\text{SPM}}}{\sqrt{g}} = \frac{C_0}{\sqrt{g}} + 4hRi_*\beta \tag{9.37}$$

$$Ri_* = \frac{(\rho_b - \rho_w)gh}{\rho_b u_*^2} \tag{9.38}$$

$$\beta = \frac{\sigma_T \omega_s}{\kappa u_*} \tag{9.39}$$

式中：C_{eff} 为有效谢才系数；C_0 和 C_{SPM} 分别为清水谢才系数和泥沙对谢才系数的影响；Ri_* 是体积理查德数；β 为罗斯数；σ_T 为 Prandtl-Schmidt 数。

9.1.5　流动不稳定性与浆河现象

9.1.5.1　流动的不稳定性

从水槽试验中可以看到，当含沙量超过某一临界值，刚度系数或稠度系数急剧上升，水流成为均质浆液的层流流动时，各断面的水位往往呈周期性的起伏变化，周期短的为 3～5min，长的达 0.5～1h。这种阵流现象与槽底停滞层的形成、发展和破坏密切相关。图 9.8 为黄河水利委员会水利科学研究所观察到的阵流现象的一个例子[26,37]。当水流强度不是很大时，槽底常常有一层浑水停滞下来，它不同于一般挟沙水流的泥沙落淤，并不形成坚实的床面，而是依然保持一定的流动性。随着停滞层的发展增厚，水位也相应有所抬升。停滞层的增厚和水位的抬升主要发生在水槽的中、上段，其结果是使水面线变陡，水流流速也略有增加。停滞层增厚到一定程度，便突然破坏，水位相应急剧下降，水面线变平，流速略有减小。然后又再一次出现新的停滞层，如此周而复始，造成水面周期性的升降。

在黄河的小支流上，有时也可以看到这种高含沙水流的不稳定流现象。图 9.9 为 1967 年 7 月 16 日在黑河兰西坡站观测到的一次水位周期性起伏[38]，周期为 8～10min，水位涨落幅度为 15～26cm，当时的水流弗劳德数仅为 0.23 左右。这种规则的波动应该和水流的内在不稳定性有关。

在研究明渠不稳定流的形成条件时，一般都是先假定在水面上出现一个较小的扰动，然后再分析这样的扰动在传递过程中是否将不断成长或逐渐衰减。万兆惠和王兆印在专著 *Hyperconcentrated flow* 中基于特征线理论对不稳定流的机理作了详细阐述[3]。他们的分析表明，高含沙不稳定流（或者阵流）的出现与宾汉极限剪切应力相关，流体的黏性或刚

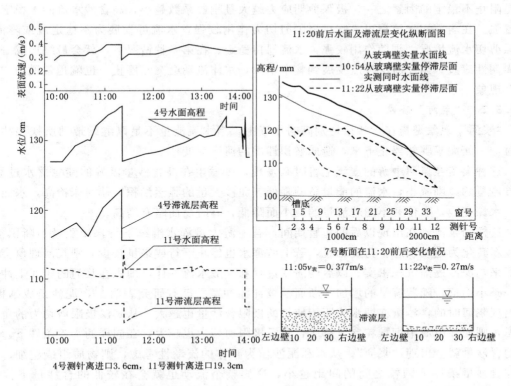

图 9.8 水槽中观察到的高含沙阵流现象（含沙量 $730\mathrm{kg/m^3}$，$Fr = 0.17$）[5]

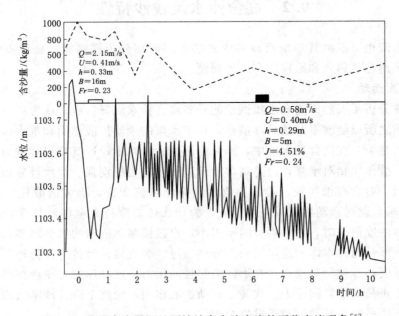

图 9.9 蒲河支流黑河兰西坡站高含沙水流的不稳定流现象[5]

性是阻止不稳定的因素之一。极限剪切应力越大且刚性系数越小，高含沙水流的不稳定性就越强。在弱剪切水流情况，宾汉极限剪切力作用较强，水流可发展为不稳定流或阵流；在强剪切水流情况，刚性作用较强，水流保持稳定。在第一种情况下，就会最终形成一系列周期性滚波。当停滞层厚度发展到整个水深，水体流动会突然停止，也就是常说的"浆河"现象。

9.1.5.2　"浆河"现象

"浆河"现象是指在含沙量特别高的水流中，当水流能量不足以继续带动所挟泥沙前进时，一河泥浆骤然停止下来，造成淤积性质的河床突变[9]。

这种突变在黄河中游的支流上曾时有发现，多发生在高含沙量洪峰的陡急落水过程。随着流量的急剧减小，水流的能量急剧降低，泥沙大量的骤然淤积，使河床抬高，水面增宽，水深变浅，水位并不随着流量的减小而降低，有时反而略有增高。

这样的浆河，在出现以后的短暂期间，若上游大量浑水继续下行，使能量不断积蓄，将重新转化为运动状态。与此相反，若上游浑水也停止下行或来量较少，则浆河现象会持续下来，泥沙逐渐沉积密实。以后的演变过程和一般水流一样，即先在浆河的床面上冲刷成一条小沟槽，随着流量的增加，断面继续冲深冲宽。已有研究表明[5]，泥沙组成越粗，则出现浆河时的含沙量亦即水流所能挟带的极限含沙量也越大。从宾汉极限剪切力的角度考虑，则泥沙组成中细颗粒含量越多，宾汉极限剪切力也越大，在同样的水流条件下，较低的含沙量就会出现"浆河"。从水和泥沙作为整体的流动性考虑，则物质组成越细，在同样含沙量条件下颗粒之间的间距越小，这样整个流动也就会在较低的含沙量下停滞下来。

9.2　高含沙水流输沙特性

高含沙水流也可根据其运动机理和形式的不同而划分为推移质、悬移质和异重流运动。本章只阐述与悬移质和推移质有关的问题。

9.2.1　悬移质运动

张瑞瑾在分析了天然河流和水槽试验的一些高含沙水流资料后，认为对一般挟沙水流而言，悬移质之所以能够不断被悬浮推移，在于水流的紊动扩散作用和重力作用这一对矛盾相互作用的结果。在高含沙水流中，沙粒的沉速大为减小，这就意味着重力作用大为减弱，而紊动扩散作用相对增强，这是高含沙水流挟沙能力特别强、含沙量分布较均匀等特点的基础原因。对含有细颗粒泥沙的高含沙复杂结构流而言，当雷诺数较小，处于所谓"层流流区"时，此时紊动极弱或完全消失，为什么还能维持大量泥沙悬浮而不下沉？这是由于当含沙浓度很大时，泥沙颗粒间距很小，直接接触和碰撞的机会增多，上下各流层的切力，除一部分通过水体传递，另一部分则通过沙粒直接接触传递。另外，由于各流层间存在流速梯度，沙粒间碰撞必然在垂向引起粒间斥力，这种斥力可使沙粒离散，使之维持疏松状态。正是由于粒间斥力，代替了紊动扩散作用，使整个高含沙水流能够维持一种疏松结构状态缓慢向前蠕动，而不发生淤积。

根据天然河流及试验室水槽实测资料[39]（图 9.10 中所示天然河流测站及水槽实验资

料，其中测次 86 为光滑玻璃槽底，测次 87 为当量粗糙度为 3mm 的粗糙槽底），高含沙水流含沙量沿垂线分布较一般挟沙水流均匀。由图 9.10 可见，当含沙量大于 $300kg/m^3$ 时，沿垂线分布较均匀；当含沙量超过 $800kg/m^3$ 时，其分布已基本上没有什么梯度。

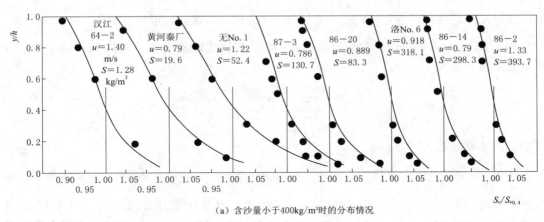

（a）含沙量小于 $400kg/m^3$ 时的分布情况

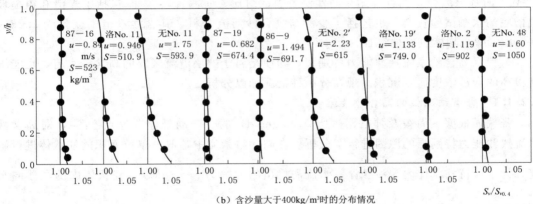

（b）含沙量大于 $400kg/m^3$ 时的分布情况

图 9.10　实测含沙量分布与计算公式（9.41）的对照[9]

　　由于高含沙紊流含沙量分布仍是由于重力作用与紊动扩散作用相互作用的结果，一些作者认为仍可用扩散方程加以描述，但在计算悬浮指标 $z=\omega/(\kappa U_*)$ 时，ω 应采用高含沙水流的群体沉速公式，卡门常数 κ 值也应考虑含沙量的影响。

　　考虑到高含沙紊流中含沙量的分布主要受重力作用与紊动扩散作用相互作用的影响外，还和水流的流变特性、沉降速度等因素有关。考虑上述因素后，对二维恒定均匀流输沙平衡条件下的高含沙水流含沙量分布进行研究，通过一些近似假定对下述微分方程求解：

$$\omega S_v + \varepsilon_s \frac{\mathrm{d}S_v}{\mathrm{d}y} = 0 \qquad (9.40)$$

最后获得了下述形式的含沙量分布公式[39]：

$$f(S_v) - f(S_{vb}) = \frac{\omega_0 U'_*}{\kappa U^2_* \beta} \ln \frac{(1+\sqrt{1-\varepsilon y/\beta h})(1-\sqrt{1-\varepsilon b/\beta})}{(1-\sqrt{1-\varepsilon y/\beta h})(1+\sqrt{1+\varepsilon b/\beta})} \qquad (9.41)$$

式中：$\omega = \omega_0 (1-S_v)^m$，此处 m 近似采用 5。

$$f(S_v) = \frac{1}{4} \frac{1}{(1-S_v)^4} + \frac{1}{3} \frac{1}{(1-S_v)^3} + \frac{1}{2} \frac{1}{(1-S_v)^2} + \frac{1}{1-S_v} + \ln \frac{v}{1-S_v} \qquad (9.42)$$

式中：S_{vb} 为参考点 $y/h = b$ 点的含沙量；$f(S_{vb})$ 与 $f(S_v)$ 式相对应；U_* 与 U_*' 分别为清水及宾汉流体的摩阻流速，$U_*' = \sqrt{\dfrac{\tau_0 - \tau_B}{\rho_m}}$；$\beta$ 为相对非流核区厚度，$\beta = \dfrac{y_0}{h} = 1 - \tau_B/\tau_0$；$\kappa$ 为卡门常数；ε 为对泥沙扩散系数修正的系数，根据实际确定，采用 0.91。修正后的泥沙扩散系数公式为

$$\varepsilon_s = \frac{\kappa U^2_* \beta}{\sqrt{\dfrac{\tau_0 - \tau_B}{\rho_m}}} y \sqrt{1 - \beta y/\beta h} \qquad (9.43)$$

式中：其他符号意义同前。

从式 $\beta = 1 - \dfrac{\tau_B}{\tau_0}$ 可以看出，当水流为低含沙水流时，$\tau_B = 0$，则 $\beta = 1$，流核消失，所以该公式既适用于低含沙水流，也适用于高含沙水流含沙量分布的计算。图 9.10 为选 $b = 0.4$ 时式 (9.41) 的计算结果与实测资料的对比，实测资料[39]既包括了光滑和粗糙玻璃槽底的水槽试验资料，也包括了少沙与高含沙河流资料，其含沙量范围变化为 $1.28 \sim 1050 \text{kg/m}^3$，均能较好地符合。

为什么高含沙紊流挟沙能力特别大，即使是属于"层流流区"的高含沙水流，也能维持很高的含沙浓度而不沉积。现在分两种情况加以分析。

9.2.1.1 含有细颗粒的高含沙紊流

张瑞瑾根据王尚毅及拜格诺（R. A. Bagnold）的"自动悬浮"论点[40,41]，对高含沙水流挟沙能力特别强的原因进行了分析。在高含沙紊流中，取一单位面积的柱状体进行研究，为了保持柱状体内泥沙悬浮，水流需付出的功率为 $\dfrac{\rho_s - \rho}{\rho_s} gM\omega$，柱状体内的泥沙向水流提供的功率为 $\dfrac{\rho_s - \rho}{\rho_s} gMUJ$，其中 M 为单位面积柱状体内全部泥沙的质量，其余符号意义同前。显而易见，当

$$\frac{\rho_s - \rho}{\rho_s} gMUJ \geqslant \frac{\rho_s - \rho}{\rho_s} gM\omega \qquad (9.44)$$

即 $UJ \geqslant \omega$ 时，水流挟带泥沙的能力在理论上便不再有一个限度，只取决于泥沙提供的条件。由于高含沙水流泥沙的沉速 ω 大大降低，这就使得上式能够适用的泥沙粒径变得很宽，一方面为特别高的含沙量的出现提供了条件，另一方面使高含沙水流所挟带的泥沙中值粒径增大。但是对于不满足上式要求的较粗泥沙，原则上水流挟沙力仍有一定限度。

曹如轩[42]从上述概念出发，将沙玉清的群体沉速 ω 公式代入上式，即

$$UJ = \omega_0 \left(1 - \frac{S_v}{2\sqrt{d_{50}}}\right)^3 \qquad (9.45)$$

若式 (9.45) 中单颗粒泥沙沉速 ω_0 采用斯托克斯公式 $\left(\omega_0 = \dfrac{1}{18} \dfrac{\gamma_s - \gamma}{\gamma} g \dfrac{d^2}{\nu}\right)$，即可得水流所能挟带的最大临界粒径为

$$d_0 = \sqrt{\frac{18\nu UJ}{\frac{\gamma_s - \gamma}{\gamma} g \left(1 - \frac{S_v}{2\sqrt{d_{50}}}\right)^3}} \tag{9.46}$$

水流中泥沙粒径小于 d_0 的部分为冲泻质，大于 d_0 的部分为床沙质。

高含沙紊流的挟沙力公式可参照一般挟沙力的概念和公式形式建立，根据悬浮功与势能的关系，在考虑了含沙量对沉速和粒径的影响后，利用有关实测资料，曹如轩获得了含沙量与水流条件的关系式为

$$S_v = 0.00019 \left[\frac{U^3}{\frac{\gamma_s - \gamma_m}{\gamma_m} gR\omega}\right]^{0.9} \tag{9.47}$$

式中：S_v 为以百分比计的床沙质含沙量；ω 为床沙质部分的群体沉速；γ_m 为浑水重度。

由式（9.47）可知，只要注意到高含沙水流中含沙量对 γ_m 和 ω 的影响，就可以看出高含沙紊流与一般挟沙水流的挟沙力规律是一致的。由于高含沙水流中群体沉速 ω 和 $\frac{\gamma_s - \gamma_m}{\gamma_m}$ 均随含沙量增大而大幅度减小，所以高含沙水流的挟沙力比一般挟沙水流可增大很多。

顺便指出，若群体沉速公式不采用沙玉清公式而采用其他形式的公式，便可获得其他形式的最大临界粒径 d_0 和水流挟沙力 S_v 的公式。究竟采用何种公式为宜，应根据实际情况决定。除上述公式外，还有许多学者对高含沙水流挟沙力做了大量研究，下面进行简要介绍。

基于张瑞瑾提出的制紊假说，吴保生等通过大量实测数据率定出适用于黄河的张瑞瑾挟沙力公式形式的输沙公式[43]：

$$S_* = K \left(\frac{\gamma_m}{\gamma_s - \gamma_m} \frac{u^3}{gh\omega_s}\right)^m \tag{9.48}$$

式中单位采用国际单位制，ω_s 为浑水沉速或有效沉速，$K = 0.4515$，$m = 0.7414$。

张红武和张清[21] 从水流能量消耗应为泥沙悬浮功和其他能量耗损之和的关系出发，考虑了泥沙存在对卡门常数及沉速等的影响，给出了半理论半经验的水流挟沙力公式：

$$S_* = 2.5 \left[\frac{(0.0022 + S_v)U^3}{\kappa \frac{\gamma_s - \gamma_m}{\gamma_m} gh\omega} \ln\left(\frac{h}{6D_{50}}\right)\right]^{0.62} \tag{9.49}$$

式中单位采用国际单位制，D_{50} 为床沙中值粒径；浑水沉速 ω 及卡门常数 κ 分别采用以下公式：

$$\omega = \omega_0 \left[\left(1 - \frac{S_v}{2.25\sqrt{d_{50}}}\right)^{3.5} (1 - 1.25S_v)\right] \tag{9.50}$$

$$\kappa = \kappa_0 [1 - 4.2\sqrt{S_v}(0.365 - S_v)] \tag{9.51}$$

式中：d_{50} 为悬沙中值粒径，mm；κ_0 为清水卡门常数，采用 0.4。

式（9.49）经实测资料验证，计算值与实测值符合较好，实测资料既包括了少沙河流，也包括了多沙河流和水槽试验资料，含沙量变化范围为 $0.15 \sim 1000 \text{kg/m}^3$，所以该公式也可用于高含沙水流挟沙力的计算。

基于单位水流功率原理，杨志达（C. T. Yang）等推导了适用于黄河的挟沙力公式[44]：

$$\lg S_t = 5.165 - 0.153\lg\frac{\omega_m d}{\nu_m} - 0.297\lg\frac{U_*}{\omega_m}$$

$$+ \left(1.780 - 0.360\lg\frac{\omega_m d}{\nu_m} - 0.480\lg\frac{U_*}{\omega_m}\right) \times \lg\left(\frac{\gamma_m}{\gamma_s - \gamma_m}\frac{VS}{\omega_m}\right) \quad (9.52)$$

式中：S_t 为床沙质含沙量（单位：ppm）；S 为水面比降；V 为水流流速；m 为水沙混合体。

舒安平和费祥俊基于固液两相流的紊动能平衡方程，推导了适用于高含沙水流的挟沙力公式，并用黄河、无定河和洛惠渠的实测资料进行了验证[45]。验证所用实测含沙量为 $2.91\sim1051\text{kg/m}^3$，泥沙粒径为 $0.005\sim0.5\text{mm}$。具体公式形式如下：

$$S_* = 0.3551\left[\frac{\lg\,(\mu_r + 0.1)}{\kappa^2}\left(\frac{f_m}{8}\right)^{3/2}\frac{\gamma_m}{\gamma_s - \gamma_m}\frac{U^3}{gh\omega}\right]^{0.72} \quad (9.53)$$

式中：μ_r、f_m 分别为无量纲化的流体动力黏滞系数和水流阻力系数。

2017 年，马宏博等人将基于能量守恒原理的 Engelund - Hansen 公式的适用范围推广到粉砂细颗粒泥沙，并用黄河下游实测资料进行了验证[46]。验证泥沙平均粒径范围为 $15\sim158\mu\text{m}$，含沙量范围为 $0\sim140\text{kg/m}^3$。无量纲化的输沙率公式形式如下：

$$C_f q_s^* = \alpha\tau^{*n} \quad (9.54)$$

式中：q_s^* 为无量纲化的单宽输沙率；τ^* 为无量纲化的切应力；C_f 为床面阻力系数，对于黄河，α 取 0.9，n 取 1.68。

9.2.1.2 含有细颗粒的高含沙复杂结构流

如前所述，当这种水流含沙量很大雷诺数很小，处于所谓"层流流区"时，使泥沙悬浮的因素已不再是重力作用和紊动扩散作用间的矛盾，而是层间斥力和那些能使挟沙水流处于疏松运动状态的因素[9]。现仍在水流中取一单位面积的柱状体来分析，使柱状体内全部泥沙保持运动状态，水流需付出的功率为 $\xi\dfrac{\rho_s - \rho}{\rho_s}gMU$，全部泥沙向水流提供的功率为 $\dfrac{\rho_s - \rho}{\rho_s}gMUJ$，当后者大于或等于前者时，即得下式：

$$J \geqslant \xi \quad (9.55)$$

式中：J 为水力坡度；ξ 为综合摩阻系数，反映了复杂结构流中水与沙、沙与沙间的动摩阻关系，尚难以具体确定。所以目前上式只具有理论意义，待 ξ 值具体确定后，式 (9.55) 将能发挥其概念明确、形式简单、应用方便的重要作用。

将上述流体看作泥沙不再分选的均质流整体，则在单位时间单位流程水流所提供的功率为 $\gamma_m AUJ$，为了维持流动，必须克服由边壁切应力所形成的阻力，而此边壁切应力最小极限条件为宾汉极限切应力 τ_B，克服 τ_B 的功率为 $\tau_B\chi U$，当

$$\gamma_m AUJ \geqslant \tau_B\chi U \quad (9.56)$$

或

$$\tau_0 \geqslant \tau_B \quad (9.57)$$

时，水流即可保持流动。否则，水流将停止流动，出现"浆河"现象。式中 A 为过水断面面积；χ 为湿周；τ_B 为河床边壁切应力。

9.2.2 推移质运动

二相紊流型高含沙水流中的推移运动问题实质上也就是与清水性质不同的浆液挟带粗

颗粒推移质的问题[5]。清水与浆液体系的差别主要表现为：

（1）浆液的单位容重比清水大，使前者沿流动方向的拖曳力大于后者，并使泥沙在运动中所承受的浮力也要大得多。

（2）浆液的黏性比清水大，泥沙颗粒一旦跳离床面以后，其下沉速度要比在清水中小。

（3）浆液体系的紊动强度要比清水弱，固然使作用在床面泥沙颗粒上的有效作用力减小，但另一方面，对于粗糙边壁来说，由于近壁层流层的加厚和相对糙率的减小，却也减少了水流所承受的阻力。

这三重影响的综合效应将使浆液挟带推移质的能力比清水大。据宝鸡峡引渭灌区的实测资料，高含沙水流挟带推移质的能力较低含沙水流要大 45～87 倍。

拉勃柯娃（E. K. РАБКОВА）曾在沙质河床上用含沙量达到 450kg/m^3 的浆液进行推移质运动试验[47]。试验结果发现，由于一部分小于 0.02mm 的泥沙填塞到床面沙粒之间的空隙中，甚至覆盖了一部分床面，使床沙组成发生变化，造成沙波运动趋于终止，底部趋于平坦。这一过程使床面粗糙度减小，流速分布趋于均匀，底部流速增大，推移质的挟运能力也相应增大。

应该指出，在有的情况下，高含沙水流中所带来的细粉沙及黏土在床面沙粒间落淤以后，也有可能增大了床面泥沙的黏结性，以致河床的冲刷强度反而有减低的趋势。C. A. Wright[48]就曾在清水中加入高岭土搅拌而成浑水，然后在水槽中观测清水及浑水在通过两种不同的泥沙所组成的河床时的冲刷作用。试验结果证明，在同样的冲刷速率下，浑水所需要的流速要比清水大 10％～25％。类似的研究结论也在荷兰学者的研究中得到证实，他们认为对于中等密实度的细颗粒泥沙，孔隙体积的增大可能导致孔隙负压力，反而增加了泥沙起动需要的临界切应力。Van Rijn 于 2007 年发表在 $ASCE$ - $Journal\ of\ Hydraulic\ Engineering$ 上的一系列文章就提出了考虑这一影响的临界起动切应力计算公式[22,23]。

9.3　高含沙水流作用下的河床演变

9.3.1　高含沙水流河床演变的一般规律

高含沙水流河床演变的基本原理及影响因素与一般挟沙水流河床演变相比较，无原则性的区别，但由于高含沙水流在物理特性和运动特性等方面有自己的特点，所以表现在河床演变规律方面也应有所不同[9]。

（1）在一定的水沙条件和河床断面形态条件下，可以保持很高的水流挟沙能力，进行远距离输送而不淤积。

一定的水沙条件包括高含沙水流应含有一定量的黏性细颗粒泥沙，使水流黏性增大，沉速减小，挟带粗沙的能力提高，这样的水沙组成才能在紊流条件下不发生淤积。在天然河流中，这样的高含沙水流多处于紊流粗糙区或过渡区，其阻力损失也是较小的。

就河床断面形态而言，高含沙水流通过的河道，往往被塑造成为窄深的断面形态，这与窄深断面河槽的单宽流量大、输沙能力强有关，特别是高含沙水流对河槽断面形态是较为敏感的，只要河床边界组成条件允许，总会形成窄深断面以适应高含沙水流通过，这种例子在实际中屡见不鲜。

（2）淤滩刷槽、大冲大淤。高含沙水流的含沙量很大，且往往是在洪峰过程中发生，随着洪峰流量和沙量的变化，难以始终保持满足高含沙水流远距离输送的条件，所以往往发生大冲大淤。当高含沙水流通过宽浅游荡性河道时，在涨峰阶段，由于含沙量大且分布均匀，比降、流速也很大，水流可处于阻力平方区，挟沙力很高，主槽便会严重冲刷。但漫滩的高含沙水流，由于滩地糙率大，水深浅，流速和挟沙力大幅度降低，在一些水深很浅的地方，甚至水流处于层流流区，大量泥沙便在滩地落淤。由于滩地面积比主槽面积大得多，所以淤积的泥沙量往往超过主槽的冲刷量。总体而言，高含沙水流通过时，往往造成河道大量淤积。在落峰阶段，若主槽水流仍能保持高含沙水流挟沙力高的特性，则仍有可能处于继续冲刷状态，否则主槽可能处于塌滩淤积状态。根据文献的研究结果，认为当来沙系数 $\xi(=S/Q)>0.015$ 时，滩槽均淤；当 $\xi<0.015$ 时，槽冲滩淤[49]。

9.3.2 黄河下游河床演变的特点

本节以黄河下游为例，从纵向冲淤和平面变形两个角度对高含沙水流作用下的河床演变特征进行简要概述[50]。

9.3.2.1 纵向冲淤特点

（1）黄河下游冲淤幅度大，河道极不稳定，这种情况是黄河流域产沙量特别大的必然结果。由于沿程边界条件及河槽特性各处不一，冲淤变化在纵向上的分布也极不均匀。

（2）汛期涨水阶段，主槽沿程虽有冲淤交替的情况，但在长距离内，还是冲多于淤。水流上涨越猛，主槽的冲刷也越大，如遇伊洛、沁河发水，来沙量显著偏低时，则在沁河口以下的河段都会普遍发生冲刷。汛期落水阶段，主槽一般均有淤积。经过一个汛期，主槽总的来说冲刷降低。只有在上游来沙量特别偏大时，主槽经过一个汛期才会出现淤积。汛后主槽开始回淤，经过一个非汛期的堆积，至次年汛前，河底高程比前一年汛前一般均有抬高。

（3）滩地随水位升降而发生淤积和冲刷，变化比较规则。涨水期间，凡漫水所及地区，滩面都有落淤，落水期的滩地冲刷则多为滩坎坍塌后退或聚流成沟，发生沟蚀，一般看不到面蚀的现象。每经过一个汛期，滩面有所抬高，洪水漫滩越广，含沙量越大，滩地的落淤量也越大。非汛期滩地沿程冲淤交替，反映了边滩的移动。滩槽高差汛后略有增加，至汛前又见减小，在长时期内，滩槽相对高差的变化是不大的。

（4）黄河下游存在着宽广的滩地，而沿程河身宽窄相间。从束窄段进入扩张段，大量水流自主槽分入滩地，而自扩张段进入下一个束窄段，来自滩地的水又和主槽的水发生强烈的掺混。这样的自然形式促使洪峰涨水期泥沙不断自主槽搬至滩地，引起滩地的淤积和主槽的冲刷。在黄河下游的冲淤变化中，滩槽泥沙交换具有特殊重要的意义。

（5）就水文站断面来说，由于位置在窄段或弯道，断面变化遵循涨冲落淤的规律。

（6）游荡性河流的河床冲淤与主槽摆动有密切的关系，主槽摆动越大，河床的冲淤幅度及发生变化的频率均有增加。

9.3.2.2 平面变形特点

（1）黄河下游河槽横向摆动具有两种基本类型，一种是在河床堆积抬高至一定程度后，主流移夺另一股汊流，老河道逐渐死亡；另一种则是由于边滩的移动、沙洲的冲刷下移、河湾的裁直及滩岸的坐湾刷尖而引起的，这些局部滩岸线的变化时常又和流量的涨落有密切关系。在前一种类型中，河槽摆动通常是通过渐变的累积，最后以突变的形式完成的，每次可以达到相当大的摆幅；在后一种类型中，主槽摆动多表现为渐变的方式，如果摆动不断朝一个方向发展下去，日久以后也可以达到很大的摆幅。

（2）河槽平面位置发生变化以后，由于险工挑溜角度的改变或滩岸的坐湾刷尖，河势变化会向下游传播。沿河群众有"一弯变、弯弯变""一枝动、百枝摇"的经验。这样的河势变化引起滩岸的大量坍塌，在变化剧烈、发生横河或斜河时，时常全河顶冲一点，造成险情。

（3）游荡性河段沿程宽窄相间，其中收缩段有如镶嵌在河流中的节点，对河势有理直作用。黄河下游具有两级节点，一级节点两岸均有依托（险工、高滩、山头等），位置固定，在中水位以上起到控制河势作用；二级节点一岸有依托，另一岸则为可以冲动的嫩滩，水流顺着固定的一岸坐湾。二级节点的位置有"小水上提，大水下挫"的趋势。黄河下游各年的河势虽有很大不同，但由于节点的控制作用，长期以来仍有一定的基本流路。

（4）黄河下游弯曲性河段因受两岸大堤及险工的约束，河湾平面变化一般不大，主要是水流顶冲点在湾内有上提下挫。过渡性河段内，一方面河湾有发展余地，流路弯曲程度更过于弯曲性河段，另外，由于泥沙较细，滩面很少植被覆盖，河湾平面外形的变化十分迅速。一个河湾自形成至裁直的全部发展过程时常在几年内或甚至一个水文年内即已完成。河湾的死亡一般都是由于涨水以后在滩面冲出串沟，日久后串沟扩大，夺溜裁直，以至于在河曲充分发育以后湾顶切穿而造成的正常裁湾现象反而不多见。

9.3.2.3 河床演变的特殊现象

1. "揭河底"现象

黄河"揭河底"冲刷是高含沙大洪水过程中短时段内发生的河床大幅度剧烈冲刷现象，其特点是大片的沉积物从河床上掀起，有的露出水面，然后坍落、破碎，被水流冲散、带走。这样强烈的冲刷，在几小时到几十小时内，使河床降低一两米以至近十米。

黄河龙门—潼关的小北干流河段长 132.5km，全河段呈藕节状，平均河宽 8.5km，河道总落差 52m，纵比降上陡下缓，使得该河段成为天然的滞洪滞沙区，是黄河干流上出现"揭河底"冲刷次数最多的河段。表 9.2 展示了 1950 年以来黄河小北干流河段共发生的 13 次"揭河底"现象[51]。该现象发生时，龙门水文站实测洪峰含沙量最大为 1040kg/m³（2002 年 7 月），最小为 212kg/m³（1995 年 7 月）。1950—1985 年的 8 次"揭河底"现象引起河道长距离冲刷，6 次河槽发生了大摆动。1985 年后的 5 次"揭河底"现象多为局部冲刷。龙门河段"揭河底"冲刷一般不沿河宽全面发生，而是沿水流方向成带状发生。

关于"揭河底"冲刷期河道形态调整过程，江恩惠等[52]根据龙门、潼关水文站的原型观测资料，认为可划分为 4 个阶段：

（1）"揭河底"冲刷前的一般冲刷阶段。这一阶段一般为胶泥层表面沉积物的冲刷阶段。高含沙洪水首先把河床中表层松散淤积物冲走，河床中较长时期形成的黏性土淤积层顶面暴露，此时河床高程一般有较小幅度的下降。

（2）河底高程基本不变阶段。此阶段高含沙水流开始淘刷黏性土淤积层前沿及侧面，由于淤积体在河道中沉积时间较长、密实度较高，洪水对胶泥块的淘刷需持续一定时间，此时河床高程不降低或降低很少，甚至在深泓点部位还可能出现少量上升，此时是发生"揭河底"剧烈冲刷的前奏。

（3）胶泥块揭起河床快速下降阶段。河床中黏性土淤积物被掀起，河床高程快速下降。河床的快速下降首先发生在水流集中的河槽主流带上，表现为河床深泓点急剧冲刷下降，并逐步稳定在下一个成型淤积体表面；之后，冲刷逐渐向河槽横向发展，河床平均河底高程快速下降。经过剧烈冲刷下切后，河道断面形成了相对窄深的河槽，水流汇集，动能加大，此时河势较易发生改变，导致工程出险。

（4）"揭河底"后期持续冲刷及回淤阶段。此阶段为"揭河底"停止后、高含沙洪水落峰阶段，"揭河底"洪水塑造的窄深河槽使水流相对集中，冲刷能力增强，因此高含沙洪水落峰阶段，河床首先表现为持续一段时间的小幅度冲刷，然后随着洪水能量减弱，河床出现一定程度的回淤。

图 9.11、图 9.12 分别展示了 1977 年 7 月洪水"揭河底"期间龙门水文站和潼关水文站的断面形态变化。

表 9.2　　　　　1950 年以来黄河小北干流河段"揭河底"现象统计[51]

序号	时　　间	龙 门 断 面			冲刷长度 /km	河槽变化 情况
		最大流量 /(m³/s)	最大含沙量 /(kg/m³)	最大冲深 /m		
1	1951 年 8 月 15 日	13700	542	2.19	132	
2	1954 年 8 月 31 日—9 月 6 日	17500	605	1.69	132	大摆动
3	1964 年 7 月 6—7 日	10200	695	3.50	90	大摆动
4	1966 年 7 月 16—20 日	7460	933	7.50	73	
5	1969 年 7 月 26—29 日	8860	740	2.85	49	大摆动
6	1970 年 8 月 1—5 日	13800	826	9.00	90	大摆动
7	1977 年 7 月 4—9 日	14500	690	4.00	71	大摆动
8	1977 年 8 月 2—8 日	12700	821	2.00	71	大摆动
9	1993 年 7 月 12 日	1040	436	1.27		
10	1995 年 7 月 18 日	3880	487	1.43		
11	1995 年 7 月 27—30 日	7860	212	1.37		
12	2002 年 7 月 4—5 日	4580	790	1.25		
13	2017 年 7 月 28 日	6010	291			

与河床调整规律相对应，"揭河底"冲刷期的洪水位也呈规律性变化，且与常见的高含沙洪水差别较大。图 9.13 展示了龙门水文站 1971 年 7 月未发生"揭河底"的高含沙洪水和 1977 年 7 月发生"揭河底"的高含沙洪水的水位变化过程。可见，"揭河底"洪水水位-流量关系曲线较为陡峭，洪水前后的水位变化过程呈明显的顺时针绳套。非"揭河底"的常见高含沙洪水水位-流量关系曲线较为平缓，洪水前后的水位变化过程是明显的逆时针绳套。

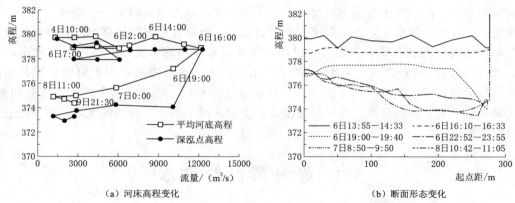

（a）河床高程变化 （b）断面形态变化

图 9.11 龙门水文站 1977 年 7 月洪水"揭河底"期间断面形态变化[52]

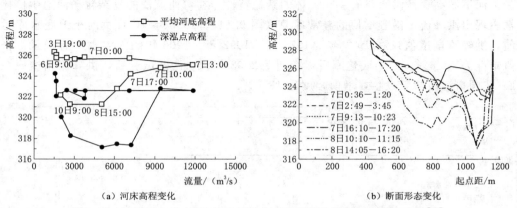

（a）河床高程变化 （b）断面形态变化

图 9.12 潼关水文站 1977 年 7 月洪水"揭河底"期间断面形态变化[52]

关于"揭河底"现象发生的原因，很多学者开展过大量的研究。目前已基本达成共识，认为该现象发生应具备两个前提条件：一是河床呈明显的层理淤积结构特征，存在着具有一定强度的成块的胶泥层沉积，且下面有胶结强度极低的散粒体淤积物；二是"揭河底"河段发生一定的洪水过程，水流能量达到揭掀条件。很多学者对成块沉积物的起动进行了力学分析，得到了起动的临界判别条件，具体可参看相关书籍和文献。

2. 淦

在流速高、含沙量大时，河底形成沙浪，水面也有相应的波状起伏，在黄河上被称为"淦"，以区别于水面风生波[50]。在京广铁桥以下至高村一带断

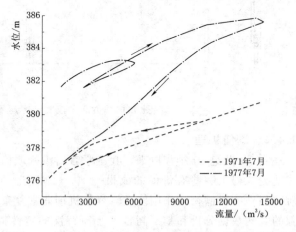

图 9.13 龙门水文站 1971 年 7 月未发生"揭河底"的高含沙洪水和 1977 年 7 月发生"揭河底"的高含沙洪水的水位变化过程对比[52]

185

面宽阔的地方，淤多发生在靠近滩岸、水浅流急之处，只占河宽的很小一部分。到了下游山东境内，在顺直河段上，例如弯道下首的直段内，特别容易起淤。据观测，淤的出现时常是很突然的。河水本来平稳地向前流动，在几百米以内都不见水花。忽然一连串的波浪，数目一般为 6～10，也有多达 20 的，在水面出现。这些波浪在很短时间便成长而达到它们最后的尺寸，经过十几分钟以后，又徐徐隐没不见，也有在消失以前，波峰相重，浪头破碎，发出如雷的巨声。乍看时波浪的位置似乎固定不变，仔细观测后，才发现它们徐徐向上游后退。

9.4　黄河高含沙洪水

9.4.1　洪峰增值概况

黄河下游高含沙洪水具有牛顿流体的紊流特性，在弯曲宽浅的复杂滩槽河道中传播时常常表现出洪峰流量沿程增值的异常现象（图 9.14）。1999 年 10 月黄河小浪底水库运用之前，洪峰流量增值仅在 1973 年、1977 年、1992 年、1996 年的大洪水中有记录，平均增值幅度为 18.6%。小浪底建库后，特别是 2002 年调水调沙试验后，洪峰流量增值在小浪底-花园口河段频繁发生，增值幅度达 43.4%。

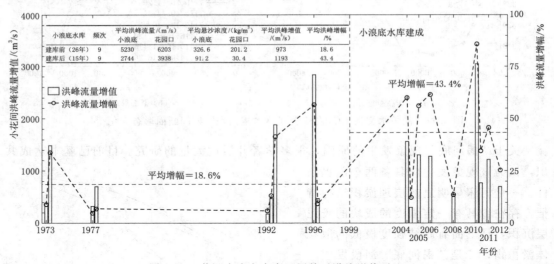

图 9.14　黄河小浪底水库运用前后洪峰增值对比

9.4.2　增值机理

自 20 世纪 90 年代以来，我国学者对洪峰增值的异常现象展开了大量研究，在其机理研究上也取得了一些有价值的成果[53-58]。20 世纪 70—90 年代，黄河下游河道宽、洪水易漫滩，强烈的滩槽相互作用使洪峰增值机理非常复杂。目前对漫滩洪水洪峰增值的研究仍以有限的实测数据分析和基于高含沙水流特性的定性描述为主[59]。比如，洪水中的淤滩刷槽过程使河槽形态由宽浅变得窄深，一方面导致洪水传播速度发生变化，形成后浪赶前浪之势而引起下游流量增加；另一方面，主槽刷深可能导致水位迅速降低，前期漫滩洪水归槽时与接踵而来的洪水叠加，也是洪峰增值的重要原因。此外，这一时期的洪水含沙量相对较高，以齐璞、曹志先等为代表的学者们将洪峰增值归因于强烈的河床冲刷[56,59,60]。

2002 年小浪底水库调水调沙后，下游河道冲刷剧烈，洪水期间基本不漫滩。目前对非漫滩洪水洪峰增值的解释有以下观点：①高含沙水流使床面阻力（或河道糙率）减小，洪水波加速并与下游洪水叠加，产生流量增值[53]。赵连军和张红武[35]基于黄河实测资料建立了糙率与含沙量、水流流态的半经验半理论关系式，广泛应用于黄河的定量计算。床面阻力减小可能与高含沙水流制絮导致的近底较高浓度梯度及高含沙水流中黏性底层变厚有关，也可能与前期沙垄消失导致的床面形态阻力减小相关。②高含沙洪水演进过程中流动失稳，使洪峰集中、放大，发生流量增值[55]。这与高含沙水流床面附近由于流凝现象形成具有屈服应力的宾汉流体停滞层，而上方主流层仍是湍流牛顿流体的垂向分层流动相关。

需要注意的是，以上认识大多基于概念性的描述或仅针对某一特定洪水，不具有普适性，不同洪水的增值机理可能不同。近期，李薇等学者通过特征线理论统一分析并归纳了黄河 18 场洪水的洪峰增值机理及其主导因素的异同[58]。但考虑到实测洪水资料有限，想要全面认识洪峰增值的根本原因，尚需开展更加细致的洪水前期和洪峰期间的水沙和河床形态观测。

9.4.3　实例分析

2004 年 8 月 21 日，黄河中游出现强降雨过程，受此影响，黄河干流和泾河、渭河干支流相继形成洪水过程。为控制小浪底水库不超汛限水位、实现三门峡和小浪底水库减淤、不加重黄河下游河道主槽淤积、兼顾汛后洪水利用等多重目标，黄河水利委员会于 8 月 22 日 14 时至 30 日 12 时对小浪底水库实施异重流排沙运用。此次洪水在下游河道演进过程中局部河段出现了洪峰增值的异常现象，23 日 14 时，小浪底站瞬时洪峰流量 2550m^3/s，到花园口站 24 日 1 时出现了 4150m^3/s 的洪峰，洪峰增幅达 62.7%。

基于小浪底—夹河滩河段沿程各个断面的实测地形数据，插值得到计算河段的汛前实际河道地形（图 9.15），通过平面二维水—沙—床耦合数学模型模拟"04·8"洪水在实际河道中的演进。模型计算时选用中值粒径为 0.02mm 的均匀沙，河床孔隙率取 0.45，模型中水流挟沙力采用马宏博等提出的泥沙输移公式（9.54）进行计算。在恒定低流量且不考虑河床变形的情况下将模型运行至稳定，用此时的水流条件作为洪水过程的初始起算条件。洪水计算过程中，河段上游边界条件为洪水过程中小浪底的实测水沙过程（图 9.16），下游边界为夹河滩实测水位流量关系拟合曲线。

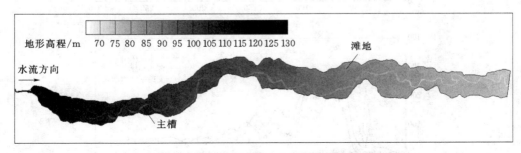

图 9.15　小浪底—夹河滩河段汛前地形

通过 4 种计算方案探讨高含沙洪水水沙特征、地形冲淤、糙率变化对洪峰增值的影响。其中，通过定床的清水和浑水算例单独分析高含沙对洪水演进的影响，糙率变化公式

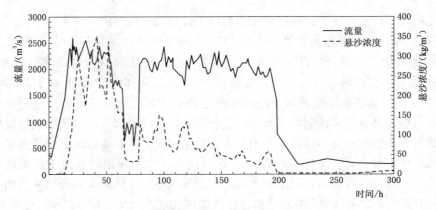

图 9.16　小浪底实测水沙过程

采用广泛运用于黄河干流的赵连军-张红武公式 [式 (9.34)]。表 9.3 给出了 4 种方案下的花园口洪峰流量计算值及其与实测数据的比较。

表 9.3　　　　　　　　　　　　　"04·8" 洪水模拟方案

方案	高含沙影响	地形冲淤	床面糙率变化	花园口洪峰流量 / (m³/s)	计算流量误差/%	计算洪峰增值/%
1	清水	定床	$n=0.013$	1325	−68.1	−48.0
2	浑水	定床	$n=0.013$	2933	−29.3	15.0
3	浑水	动床	$n=0.013$	2946	−29.0	15.5
4	浑水	动床	式(9.34)	4453	7.3	74.6

花园口站的计算流量和含沙量如图 9.17 所示。定床情况下，考虑实际水沙过程，花

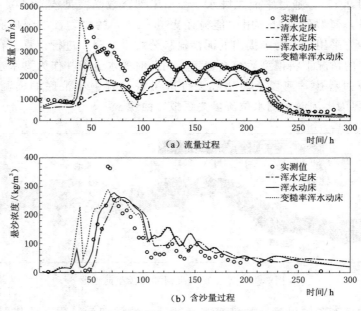

图 9.17　花园口站 "04·8" 洪水过程

园口洪峰值为 2933m³/s，相较于小浪底流量增幅为 15.0%；仅考虑清水过程而不考虑高含沙影响时，流量坦化，无洪峰增值现象。对于动床计算，在床面糙率恒定情况下，花园口洪峰流量为 2946m³/s，洪峰增幅为 15.5%；在变糙率情况下，能较好复演花园口的洪峰流量增值现象，花园口洪峰计算值为 4453m³/s，略高于花园口实测峰值，与小浪底实测洪峰相比，增幅可达 74.6%。由此可见，对于"04·8"高含沙洪水，洪峰流量增值是高含沙过程、床面糙率变化和地形冲淤共同作用的结果。地形冲淤对洪峰增值有所贡献，但并非主导因素。糙率变化是影响洪峰增值的可能因素之一。近几十年以来，黄河水沙和河势发生了巨大变化，不同时期洪峰增值机理可能存在差异，进一步研究是必要的。

延 伸 阅 读

Sediment concentration distribution in horizontal closed conduit with low average concentration（S<31kg/m³）still follows Rouse function, as proved by Ismail（1952）. Nevertheless, concentration distribution in hyperconcentrated flow in closed conduit is quite different from Rouse function. All available experimental data, such as Newitt et al.'s, Ayukawa's, Stevens', and Charles' indicate that the concentration distribution is distinctly different from those in open channel flow. With sufficiently high concentration, a turning point appears in the central zone of the pipe flow and the concentration distribution curve transforms from concave downward to convex upward. With further higher concentration, positive concentration gradient may be observed in the lower part of the flow.（WAN Z H, WANG Z Y, 1994. Hyperconcentrated flow［M］. Rotterdam：Balkema.）

练 习 与 思 考

1. 简述高含沙水流分类及我国黄河的高含沙水流定义。
2. 简述高含沙水流的流变特性及本构关系。
3. 什么是受阻沉降？其对高含沙水流的泥沙运动有什么影响？
4. 简述高含沙水流的泥沙运动特性。
5. 高含沙水流的河床演变有什么主要特点和哪些特殊现象？
6. 谈谈对黄河洪峰增值现象及其产生机理的认识。
7. 在相同的水流和泥沙条件下，比较不同高含沙挟沙力公式的适用性。

参 考 文 献

［1］ BEVERAGE J P, CULBERTSON J K. Hyperconcentrations of suspended sediment［J］. Journal of the Hydraulics Division, 1964, 90（6）：117－128.

［2］ 钱宁. 高含沙水流运动［M］，北京：清华大学出版社，1989.

[3] WAN Z H，WANG Z Y. Hyperconcentrated flow [M]. Rotterdam：Balkema，1994.

[4] 钱宁，万兆惠. 高含沙水流运动研究述评 [J]. 水利学报，1985，(5)：35－42.

[5] 钱宁，万兆惠. 泥沙运动力学 [M]. 北京：科学出版社，1983.

[6] XU J X. A study of physico－geographical factors for formation of hyperconcentrated flows in the Loess Plateau of China [J]. Geomorphology，1998，24 (2－3)：245－255.

[7] VAN MAREN D S，WINTERWERP J C，WANG Z Y，et al. Suspended sediment dynamics and morphodynamics in the Yellow River，China [J]. Sedimentology，2009，56 (3)：785－806.

[8] 张瑞瑾，谢鉴衡，王明甫，黄金堂. 河流泥沙动力学 [M]. 北京：水利电力出版社，1989.

[9] 张瑞瑾. 河流泥沙动力学 [M]. 2 版. 北京：中国水利水电出版社，1998.

[10] WASP E J，KENNY J P，GANDHI R L. Solid－liquid flow slurry pipeline transportation [M]. Germany：Trans. Tech. Publications，1979.

[11] HUANG Z H，AODE H. A laboratory study of rheological properties of mudflows in Hangzhou Bay，China [J]. International Journal of Sediment Research，2009，24：410－424.

[12] 吴积善. 泥石流体的结构 [C]. 全国泥石流学术会议论文集，1980.

[13] 爱因斯坦. 爱因斯坦论文集，第二卷 [M]. 北京：商务印书馆，1979.

[14] 钱宁，马惠民. 浑水的黏性及流型 [J]. 泥沙研究，1958，3 (3)：52－77.

[15] 褚君达. 高浓度浑水的基本特性 [C]. 中国水利学会，国际水文计划中国国家委员会：第二次河流泥沙国际学术讨论会论文集. 北京：水利电力出版社，1983.

[16] 费祥俊. 黄河中下游含沙水流黏度的计算模型 [J]. 泥沙研究，1992，(2)：1－13.

[17] FEI X，YANG M. The physical properties of flow with hyperconcentration of sediment [C]. International Workshop on Flow at Hyperconcentrations of Sediment. Beijing：Series of Publication IRT-CES，1985.

[18] 费祥俊. 高含沙水流的颗粒组成及流动特性 [C]. 中国水利学会，国际水文计划中国国家委员会：第二次河流泥沙国际学术讨论会论文集. 北京：水利电力出版社，1983.

[19] RICHARDSON J F，ZAKI W N. Sedimentation and Fluidization：Part I [J]. Transactions of the Institution of Chemical Engineers，1954，32 (1)：35－53.

[20] TE SLAA S，HE Q，VAN MAREN D S，WINTERWERP J C. Sedimentation processes in silt－rich sediment systems [J]. Ocean Dynamics，2013，63：399－421.

[21] 张红武，张清. 黄河水流挟沙力的计算公式 [J]. 人民黄河，1992，(11)：7－9.

[22] VAN RIJN L C. Unified view of sediment transport by currents and waves. I：Initiation of motion，bed roughness，and bed－load transport [J]. Journal of Hydraulic Engineering，2007a，133 (6)：649－667.

[23] VAN RIJN L C. Unified view of sediment transport by currents and waves. II：Suspended transport [J]. Journal of Hydraulic Engineering，2007b，133 (6)：668－689.

[24] ШИЩЕНКО Р И. Гидравлика глинистых расгворов [M]. Баку：Азнефтеиздат，1951.

[25] 蔡树棠. 泥浆的水力性质和沙粒在泥浆中运动时所受的阻力 [J]. 应用数学和力学，1981，2 (3)：17－22.

[26] 钱意颖，杨文海，等. 高含沙水流的基本特性 [C]. 中国水利学会，河流泥沙国际学术讨论会论文集. 北京：光华出版社，1980：175－184.

[27] 王明甫，王运辉，王木山，等. 高含沙水流流速及紊动强度沿垂线的分布 [J]. 武汉大学学报（工学版），1981，(3)：13－29.

[28] 王明甫，段文忠，谈广鸣，等. 高含沙水流的水流结构及运动机理 [J]. 中国科学（A 辑），1987，(5)：103－114.

[29] 陈立，王明甫. 水流强度对高含沙水流流变参数影响的试验研究 [J]. 泥沙研究，1993，(2)：

57 – 66.

[30] 杨美卿，钱宁. 紊动对泥沙浆液絮凝结构的影响 [J]. 水利学报，1986，(8)：23 – 32.

[31] 张瑞瑾. 河流动力学 [M]. 北京：中国工业出版社，1961.

[32] 王明甫，詹义正，等. 高含沙水流紊动特性的试验研究 [C]. 中国水利学会，国际水文计划中国国家委员会：第二次河流泥沙国际学术讨论会论文集. 北京：水利电力出版社，1983.

[33] 唐懋官，陆安国，徐德华. 水流紊动流速传感器 [J]. 武汉水利电力学院学报，1983，(1)：35 – 42.

[34] 中国水利学会泥沙专业委员会泥沙手册 [M]. 北京：中国环境科学出版社，1992.

[35] 赵连军，张红武. 黄河下游河道水流摩阻特性的研究 [J]. 人民黄河，1997，(9)：17 – 20.

[36] WINTERWERP J C, LELY M, HE Q. Sediment – induced buoyancy destruction and drag reduction in estuaries [J]. Ocean Dynamics, 2009, 59：781 – 791.

[37] 万兆惠，钱意颖，杨文海，赵文林. 高含沙水流的室内试验研究 [J]. 人民黄河，1979，(1)：55 – 68.

[38] 钱宁. 西北地区高含沙水流运动机理的初步探讨 [C]. 黄河泥沙研究报告选编第 4 卷，1980：244 – 267.

[39] 冷魁，王明甫. 明渠高含沙水流含沙量沿垂线分布的试验研究 [J]. 泥沙研究，1989，(1)：10 – 18.

[40] 王尚毅. 论挟沙明流中泥沙的有效悬浮功概念兼论区分造床质与非造床质的标准问题 [J]. 科学通报，1979，24 (9)：410 – 413.

[41] BAGNOLD R A. Experiments on a gravity – free dispersion of large solid spheres in a Newtonian fluid under shear [J]. Proceedings of the Royal Society of London. Series A. Mathematical and Physical Sciences, 1954, 225 (1160)：49 – 63.

[42] 曹如轩. 高含沙水流挟沙力的初步研究 [J]. 水利水电技术，1979 (5)：57 – 63，36.

[43] WU B, VAN MAREN D S, LI L Y. Predictability of sediment transport in the Yellow River using selected transport formulas [J]. International Journal of Sediment Research, 2008, 23 (4)：283 – 298.

[44] YANG C T, MOLNAS A, WU B. Sediment transport in the Yellow River [J]. Journal of Hydraulic Engineering, 1996, 122 (5)：237 – 244.

[45] SHU A, FEI X. Sediment transport capacity of hyperconcentrated flow [J]. Science in China Series G: Physics, Mechanics & Astronomy, 2008, 51 (8)：961 – 975.

[46] MA H, NITTROUER J A, NAITO K, FU X, ZHANG Y, MOODIE A J, WANG Y, WU B, PARKER G. The exceptional sediment load of fine – grained dispersal systems: Example of the Yellow River, China [J]. Science Advances, 2017, 3：e1603114.

[47] РАБКОВА Е К, О движении Селевых Потоков [J], Гидротехника и мелиорация, 1955, 12：14 – 23.

[48] WRIGHT C A. Experimental study of the scour of a sandy river bed by clear and muddy water [J]. Transactions American Geophysical Union, 1936, 17 (2)：193 – 206.

[49] 赵业安，潘贤弟，等. 黄河下游河道冲淤情况及基本规律 [C]. 黄科所论文集（Ⅰ）. 郑州：河南科技出版社，1989.

[50] 钱宁，周文浩. 黄河下游河床演变 [M]. 北京：科学出版社，1965.

[51] 李军华，张清，江恩惠，许琳娟. 2017 年黄河小北干流"揭河底"现象分析 [J]. 人民黄河，2017，39 (12)：31 – 33.

[52] 江恩惠，曹永涛，张清，李军华，袁敏洁，刘月兰. 黄河"揭河底"冲刷期河道形态调整规律 [J]. 水科学进展，2015，26 (4)：509 – 516.

[53] 江恩惠，赵连军，韦直林. 黄河下游洪峰增值机理与验证 [J]. 水利学报，2006，37 (12)：1454 - 1459.

[54] 李国英. 黄河洪水演进洪峰增值现象及其机理 [J]. 水利学报，2008，39 (5)：511 - 517.

[55] 钟德钰，姚中原，张磊，刘磊. 非漫滩高含沙洪水异常传播机理和临界条件 [J]. 水利学报，2013，44 (1)：50 - 58.

[56] CAO Z，LI Z，PENDER G，HU P. Non - capacity or capacity model for fluvial sediment transport [J]. Water Management，2012，165 (4)：193 - 211.

[57] LI W，VAN MAREN D S，WANG Z B，DE VRIEND H J，WU B. Peak discharge increase in hyperconcentrated floods [J]. Advances in Water Resources，2014，67 (4)：65 - 77.

[58] 李薇，谢国虎，胡鹏，贺治国，王远见. 黄河洪水洪峰增值机理及影响因素研究 [J]. 水利学报，2019，50 (9)：1111 - 1122.

[59] 齐璞，孙赞盈，齐宏海. 黄河下游泄洪输沙潜力和高效排洪通道构建 [M]. 郑州：黄河水利出版社，2010.

[60] CAO Z，PENDER G，CARLING P. Shallow water hydrodynamic models for hyperconcentrated sediment - laden floods over erodible bed [J]. Advances in Water Resources，2006，29 (4)：546 - 557.

第 10 章 异 重 流

10.1 异重流的基本概念

两种或两种以上的流体互相接触，其密度有一定的差异，如果其中一种流体沿着交界面的方向流动，在流动过程中不与其他流体发生全局性的掺混现象，这种流动称为异重流，也称密度流[1]。异重流在自然环境和工程实际中都是较为常见的现象[1]。在河道及水库中，水流由于携带泥沙而形成的泥沙异重流很容易改变河流航道及水库库容，工程上经常使用人工产生泥沙异重流的方式对水库进行排沙清淤（例如我国黄河流域的小浪底水库排水排沙等）；在湖泊中，上游注入的温度较低的河水由于和湖水之间的温度差异而产生的组分异重流对于湖泊物质输运、水体水质、河湖生态系统影响很大[2]；在河口海岸处，由于河水和海水之间的密度差形成的异重流对河流泥沙输运、河口海岸水质、海底地形演变有决定性的作用。源自河口处形成的异重流对泥沙的搬运距离可达几百乃至上千千米[3]，河口海岸处形成的泥沙异重流是地球上大陆向海洋输运泥沙最主要的形式；在深海环境中，海底由于地震、海啸、滑坡等原因形成的异重流对于海洋物质运移、地形演变、油气形成及勘探、海底电缆的埋藏和保护等有着重要的意义。由于异重流的重要性，来自水利工程、海洋工程、流体力学、环境科学、大气科学等多个学科的学者均对其进行了大量的研究。

就水流而言，促使密度发生变化而形成异重流的主要因素有温度、溶解质含量及含沙量。当密度差异是由盐分、糖分、温度等非颗粒物原因造成时，所形成的流动一般被称为组分异重流[2]；当密度差异是由于流体携带的泥沙等颗粒物（由于湍流作用所悬浮）所造成时，形成的流动一般被称为泥沙异重流或浊流。同时，异重流具有多种不同的形式：异重流可以是雷诺数很小的岩浆流和雷诺数很大的大气流等；由于泥沙的沉积和侵蚀，异重流的运动过程可以是质量非守恒形式；异重流可以有流体之间密度差异较小的布辛奈斯克形式（Boussinesq）（如海风等）和密度差异较大的非布辛奈斯克形式（non - Boussinesq）（如雪崩等）；异重流也可以演变为非牛顿流体的形式（如泥石流等）；由于周围环境水体的层化，可以形成上层异重流（异轻流、羽状流）、中层异重流（侵入流）和下层异重流（潜流）等；根据产生条件的不同，异重流的运动也可分为开闸式，如堤坝溃决、短时暴雨、海啸地震等原因造成的滑坡泥石流等和连续入流式，如电厂排出的温水注入湖泊等。

本书只讨论水流携带泥沙而形成的、基于牛顿流体力学特性的泥沙异重流。这种异重流常以浑水在清水下面流动即所谓下层异重流（潜流）形式出现，水库及河渠中的异重流，都属于这种类型。流体之间的密度差异是产生异重流的根本原因，设想位于垂直交界面两侧的流体分别为清水和浑水，显然交界面上任一点所承受的压力两侧是不同的。因浑水的重度较清水而言更大，浑水一侧的压力大于清水一侧的压力，这种压力差的存在必然促使浑水向清水一侧流动。由于两侧的压力差越接近底部越大，因此浑水必然以潜入的方式流向清水底部，这便是产生泥沙异重流的物理实质。

10.1.1 异重流的结构

一个典型的异重流的结构通常包括引领异重流运动的近似椭圆形的头部和随后的身体及细长的尾部，如图 10.1 (a) 所示。在异重流前端，由于底部摩擦力的作用，其头部会形成一个微微抬升的"鼻子"状结构。在异重流与环境水体的交界面，由于存在速度差及密度差，交界面处剪切失稳从而形成一系列的开尔文-亥姆霍兹不稳定性结构（Kelvin - Helmholtz instability 或 K - H instability）[图 10.1 (a)]。上交界面处的开尔文-亥姆霍兹不稳定性结构对异重流与周围环境之间的物质交换和水体卷吸掺混（entrainment）有着重要的意义。在异重流的展向结构上，由于运动过程中头部位置处较轻的周围流体被压在较重流体的下方，导致异重流前端由于重力失稳从而形成了一系列凸凹的"耳垂"和"裂缝"结构 [图 10.1 (b)]。

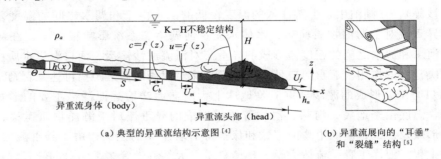

(a) 典型的异重流结构示意图[4]　　(b) 异重流展向的"耳垂"和"裂缝"结构[5]

图 10.1　异重流的结构

10.1.2 异重流的有效重力

与一般的明渠挟沙水流相同，维持异重流运动的动力仍是重力。所不同的是，由于泥沙异重流是在清水下部运动，必然受到清水的浮力作用，使异重流的重力作用减小，其有效重度为

$$\Delta\gamma = (\rho_m - \rho_w)g \tag{10.1}$$

式中：ρ_w 为水的密度；$\rho_m = \rho_w(1-c_s) + \rho_s c_s$ 为异重流层的密度；ρ_s 为泥沙的密度；c_s 为异重流层的深度平均的体积含沙量；g 为重力加速度。

若令 g' 为有效重力加速度，则下层异重流的有效重度也可写成

$$\Delta\gamma = \rho_m g' \tag{10.2}$$

与式 (10.1) 对比可得

$$g' = \frac{\rho_m - \rho_w}{\rho_m}g = \frac{\rho_s - \rho_w}{\rho_m}c_s g = Rc_s g = \eta_g g \tag{10.3}$$

式中：$R = (\rho_s - \rho_w)/\rho_m$；$\eta_g = c_s(\rho_s - \rho_w)/\rho_m$，$\eta_g$ 为重力修正系数，表明异重流重力加速度 g' 受含沙量影响，需要根据含沙量进行重力修正。如果以 g' 来代替 g，则许多描述明渠挟沙水流运动规律的公式都可用于异重流。由于一般河流的含沙量并不大，清水和浑

水的密度差较小，因而重力修正系数 η_g 相对很小。故对异重流而言，相对于一般明渠挟沙水流，重力作用的减低是十分显著的，这是异重流的重要特性之一。

10.1.3 异重流流速与含沙量的垂向分布

异重流流速与含沙量的垂向分布规律是异重流研究的重要内容，多位国内外学者都对此开展了深入研究[6-12]。普遍认为，异重流潜入后的流速和含沙量分布与明渠挟沙水流完全不同。异重流的流速分布接近抛物线形（图 10.2），其最大流速点出现在交界面以下，一般认为其在异重流高度的 $0.2 \sim 0.3$ 倍之间，这与异重流交界面的确定方法有关，也与床面粗糙度有关，当床面粗糙程度较大时最大流速点的位置会相应提高，因为受到下边界的阻力作用增强。异重流含沙量的垂向分布较为复杂，与泥沙粒径、浓度以及冲淤状态均有关系，一般而言，含沙量在交界面突然增大，然后比较均匀增加，直至底部。参考水槽实验的结果，Altinakar 等[10]认为异重流的流速垂向分布类似贴壁射流（wall jet），以异重流最大流速点为分界点，异重流沿垂向可分为近底区（wall region）和射流区（jet region），因此针对近底区和射流区分别建立了流速和含沙量分布公式；Cantero - Chinchilla 等[12]则建立了较为复杂的统一分布公式。

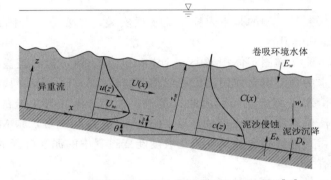

图 10.2 异重流流速和含沙量垂向分布示意图[12]

本书只简要介绍 Altinakar 等[10]所给出的异重流流速和含沙量垂向分布公式，因篇幅所限，对于其他公式不作介绍，有兴趣的读者可以参考相关文献。假设异重流最大流速点的高程 $z = h_m$，流速 $u = U_m$。

当 $z < h_m$ 时，异重流处于近底区，流速服从指数分布：

$$\frac{u(z)}{U_m} = \left(\frac{z}{h_m}\right)^{1/6} \tag{10.4}$$

当 $z > h_m$ 时，异重流处于射流区，流速近似于高斯分布：

$$\frac{u(z)}{U_m} = \exp\left[-\alpha\left(\frac{z - h_m}{h - h_m}\right)^2\right] \tag{10.5}$$

式中：α 为经验系数，需要通过实验资料率定，Altinakar 等[10]给出 $\alpha \simeq 1.412 \pm 0.065$（$r^2 = 0.96$）；$h$ 为异重流层的厚度。

同样，含沙量垂向分布可以分为近底区和射流区。近底区的含沙量服从线性分布：

$$\frac{c_s(z) - c_m}{c_b - c_m} = \frac{h_m - z}{h_m} \tag{10.6}$$

式中：c_m 为高程 $z=h_m$ 处的含沙量；c_b 为近底含沙量。

射流区的含沙量分布近似高斯分布：

$$\frac{c_s(z)}{c_m}=\exp\left[-\beta\left(\frac{z-h_m}{h-h_m}\right)^{4/3}\right] \tag{10.7}$$

式中：β 为经验系数，需要通过实验资料率定，Altinakar 等[10]给出 β 的平均值约为 2.4。

10.2 异重流基本方程 Ⅰ （上层清水静止条件下）

异重流研究方法主要有野外观测、物理模型和数学模拟等。野外观测不仅可验证理论分析与实验研究的结论，还可为异重流研究不断提出新的课题。泥沙异重流的实地观测最早在 Lake Geneva，但野外观测研究还相对较少，因为异重流的野外观测较为困难，尤其是海底异重流对仪器的损害非常大[3]。相对而言，水槽实验（物理模型）和数学模拟对于异重流研究较为广泛和成熟。水槽实验可以很好地控制环境变量和观察记录，而且通过水槽试验和模型试验，不仅可为理论分析提供定量数据，也是解决工程中异重流课题的重要手段。

物理模型实验研究最典型的是室内异重流水槽实验，主要分为开闸式（lock release）和恒定入流式（constant flux）。

（1）开闸式异重流又称固定体积（fixed volume）异重流，指的是盛有清水的水槽中，一定体积密度大于水的均匀混合体用挡板闸门将其与清水分开，当闸门瞬间抽离时，混合体由于重力作用在清水底部流动而形成的异重流。关于开闸式异重流的实验研究较为成熟，对于影响异重流流动演化的环境物质交换经验式研究也较多，如 Menard 等[13]发现异重流的水跃现象，其通过高含沙异重流在坡度陡变过程中的泥沙沉降的实验，得出泥沙的沉降可能与水跃有关。

（2）恒定入流式异重流又指持续性异重流（sustained turbidity currents，STC），一般是指水槽清水底部，密度较大的流体以固定流速流出而在水槽底部形成的异重流。此类水槽往往设有相关的泄流区，以保持水位的固定。相关实验也较多，如 Parker 等[14]模拟海底异重流末端的运动、泥沙沉积厚度、粒径分级，以及泥沙侵蚀和水卷吸等经验公式的确定；Baas 等[15]模拟分析高浓度泥沙异重流沉积形态结构及纹理。

异重流数学模拟也日渐成熟，主要是应用流体力学的原理和方法探讨异重流形成、运动等问题的力学机理和计算方法，着眼于建立异重流的各种数学模型。异重流数学模型可分为三方程模型（TEM）和四方程模型（FEM）。三方程模型主要包括异重流连续性方程、运动方程和泥沙连续方程，四方程模型则额外考虑了能量守恒方程。然而，由于能量守恒方程对于湍动能等计算的复杂性和不确定性，计算效率较低，四方程模型并没有体现太多优势。异重流四方程模型是 Parker 等[9]针对三方程模型在模拟自加速异重流时不能保证能量平衡而提出的。然而，Hu 等[16]通过严格的理论推导和数值实验发现，三方程模型并没有以往所认识的破坏自加速异重流能量平衡这一缺陷。因此本书所介绍的异重流数学方程均基于三方程模型框架建立。本章将首先简要介绍基于异重流上层的清水层静止且无限深的假定，Hu 等[17]建立的异重流一维深度平均水沙床耦合数学模型。

10.2.1 控制方程

基于静压假定并考虑异重流有效重力，应用控制体即可以得到异重流一维深度平均水沙床耦合数学模型，控制方程包括异重流质量守恒方程、动量守恒方程、泥沙连续方程和床面变形方程。

质量守恒方程：
$$\frac{\partial \rho_m h_s}{\partial t} + \frac{\partial \rho_m h_s u_s}{\partial x} = \rho_w e_w u_s + \rho_0 \frac{E-D}{1-p} \tag{10.8}$$

动量守恒方程：
$$\frac{\partial \rho_m h_s u_s}{\partial t} + \frac{\partial}{\partial x}\left(\rho_m h_s u_s^2 + \frac{1}{2}\rho_m g' h_s^2\right)$$

$$= -\rho_m g' h_s \frac{\partial z_b}{\partial x} - (\tau_b + \tau_w) \tag{10.9}$$

泥沙连续方程：
$$\frac{\partial \rho_s h_s c_s}{\partial t} + \frac{\partial \rho_s h_s c_s u_s}{\partial x} = \rho_s (E-D) \tag{10.10}$$

床面变形方程：
$$\frac{\partial z_b}{\partial t} = -\frac{E-D}{1-p} \tag{10.11}$$

式中：h_s 为异重流厚度；u_s 为异重流深度平均速度；e_w 为水卷吸经验公式；c_s 为异重流层的深度平均的体积含沙量；z_b 为河床高程；p 为河床孔隙率；$E = \omega E_s$ 和 $D = \omega c_b$ 分别为河床界面上的泥沙上扬和沉降通量，其中 E_s 为泥沙侵蚀系数，$c_b = r_b c_s$，为近底泥沙浓度；r_b 为近底与水深平均泥沙浓度比值；τ_b 为床面阻力；τ_w 为清水层和异重流层的交界面阻力；ρ_w、ρ_s 分别为水和泥沙的密度；$\rho_m = \rho_w(1-c_s) + \rho_s c_s$，为异重流层的密度；$\rho_0 = \rho_w p + \rho_s(1-p)$，为床沙饱和湿密度。

10.2.2 经验公式

异重流在传播过程与周围环境发生物质交换：在其上界面，异重流卷吸环境水体；在其下界面，异重流侵蚀或落淤泥沙。物质交换改变异重流与环境流体之间的密度差（即驱动力），直接影响异重流演化。准确量化异重流与环境之间的物质交换是合理模拟和预测异重流传播演化的关键。

针对异重流卷吸环境水体的量化研究由来已久。Hallworth 等[18]基于开闸式（lock-release）试验塑造了酸性水环境下碱性底流，通过量测酸碱中和程度来估算底流头部的卷吸水量，并将卷吸原因归结为剪切不稳定以及底流向前传播时吞噬环境水体。Hallworth 等[18]认为底流主体部分卷吸可以忽略，但 Hacker 等[19]通过试验发现，水卷吸能显著发生在底流主体部分。早在 20 世纪 50 年代，Ellison 等[20]就建立了异重流主体部分卷吸水量与 Richardson 数之间的经验式，并激发了一系列类似研究[9]。Ellison 等[20]指出，异重流流态较缓时，卷吸水量可忽略。Bonnecaze 等[21]则认为，当异重流持续时间较长时，缓流条件下卷吸水体能达到显著的量级。又有针对野外观测和实验数据的分析认为，缓流异重流上界面的卷吸水量受底床糙率影响，并基于湍动能守恒方程推导得到了水卷吸公式[22]。Dallimore[22]的半经验式很好地体现了底床摩擦和剪切不稳定对水卷吸的相对重要性：当阻力系数较大时，底床摩擦开始主导水卷吸；反之则是剪切不稳定主导。综上可知，目前已经建立了许多水卷吸经验公式。表 10.1 列举了三个典型的水卷吸系数经验公式。

表 10.1 水卷吸系数经验公式

e_w 86 经验公式[9]	$e_w = 0.00153/(0.0204 + Ri)$
e_w 87 经验公式[14]	$e_w = 0.075/\sqrt{1 + 718Ri^{2.4}}$
e_w 01 经验公式[22]	$e_w = \dfrac{2.2c_D^{3/2} + 1 \times 10^{-4}}{Ri + 10(2.2c_D^{3/2} + 1 \times 10^{-4})}.$

注 Ri 为理查德数；c_D 为颗粒绕流阻力系数；$F_{rp} = u_s/\sqrt{\eta_g gh_s}$，为修正弗劳德数。

相比丰富的异重流水卷吸研究，异重流下界面泥沙侵蚀的研究则因为缺乏对物理机制的深刻认识而较少[14,23]。现有数学模型对异重流泥沙侵蚀的量化大部分直接借鉴明渠挟沙水流研究成果，如 Parker[14]经验公式、Garcia[23]经验公式、Smith[24]经验公式和 Wright[25]经验公式。其中，泥沙侵蚀经验式拟合时包含了异重流数据的只有 Parker[14]和 Garcia[23]两项成果。然而，Parker[14]的经验公式拟合异重流数据时有较大偏差；Garcia 等[23]改进了测量手段，得到了新的经验式并被采用。表 10.2 列举了现有与异重流相关的泥沙侵蚀系数经验公式，可以直接或者适当改进后尝试应用于涉及异重流的实际工程问题。

表 10.2 泥沙侵蚀系数经验公式

E_s 86 经验公式[9]	$E_s = \begin{cases} 0.3 & Z_m \geq 13.0 \\ 3 \times 10^{-12} Z_m^{10}(1 - 5/Z_m) & 5 < Z_m < 13.0, \ Z_m = Re_p^{0.5} u_* /w \\ 0 & Z_m \leq 5 \end{cases}$
E_s 87 经验公式[14]	$E_s = \dfrac{3 \times 10^{-11} Z_m^7}{1 + 1 \times 10^{-10} Z_m^7}, Z_m = Re_p^{0.75} u_* /\omega.$
E_s 93 经验公式[23]	$E_s = \dfrac{1.3 \times 10^{-7} Z_m^5}{1 + 4.3 \times 10^{-7} Z_m^5}, Z_m = \begin{cases} Re_p^{0.6} u_* /\omega & Re_p \geq 3.5 \\ 0.586 Re_p^{1.23} u_* /\omega & 1 < Re_p < 3.5 \end{cases}.$
E_s 77 经验公式[24]	$E_s = \dfrac{0.65\gamma_0 S_0 v}{1 + \gamma_0 S_0}, \begin{cases} S_0 = \dfrac{(\tau - \tau_c)}{\tau_c}, \begin{cases} \tau_c = \rho u_{*c}^2 = \theta_c R\rho gd \\ \tau = \rho u_*^2, u_* = c_D u^2 \end{cases}, \theta_c = \dfrac{u_{*c}^2}{Rgd} = 0.0 \\ \gamma_0 = 2.4 \times 10^{-3}; v_s = \omega(1-c)^m, m = 2.39 \end{cases}$
E_s 04 经验公式[25]	$E_s = \dfrac{7.8 \times 10^{-7} Z_m^5}{1 + 7.8 \times 10^{-7} Z_m^5/0.3}, Z_m = u_* /\omega Re_p^{0.6}(u_* /gh)^{0.08}.$

注 $Re_p = \sqrt{Rgd}\, d/\nu$，为颗粒雷诺数；$u_*$ 为摩阻流速；ν 为水体运动黏度；d 为泥沙粒径。

异重流运动过程中受到的阻力主要包括床面阻力 τ_b 和交界面阻力 τ_w。异重流的阻力项一般有两种处理方法，一种是参照明渠挟沙水流阻力的计算办法，采用曼宁公式计算底部阻力和交界面阻力系数计算交界面阻力[26]：

$$\tau_b = \rho_m g' h_s S_f \tag{10.12}$$

$$\tau_w = \rho_m \frac{f}{8} u_s^2 \tag{10.13}$$

式中：f 为交界面阻力系数；S_f 的计算方法与明渠挟沙水流相同，即 $S_f = n^2 u_s^2/h_s^{4/3}$。

但是，在异重流厚度很小时，按照 S_f 的表达形式计算的阻力会非常大，尤其是对于传播过程中的异重流头部。为避免阻力过大引起计算不稳定，Parker 等[9]提出了另一种计算方法，即采用床面阻力系数计算床面阻力：

$$\tau_b = \rho_m c_D u_s^2 \tag{10.14}$$

交界面阻力 $\tau_w = r_w \tau_b$，r_w 为交界面阻力与底部阻力的比例。

10.2.3　守恒型异重流的交界面曲线方程

考虑恒定非均匀异重流运动，假定上层清水静止，并忽略交界面上的清水渗混作用和底部边界的泥沙交换，则异重流质量守恒方程、动量守恒方程、泥沙连续方程、床面变形方程可写为

$$\frac{\partial h_s u_s}{\partial x} = 0 \tag{10.15}$$

$$\frac{\partial}{\partial x}(h_s u_s^2) = -g' h_s \frac{\partial h_s}{\partial x} - g' h_s \frac{\partial z_b}{\partial x} - \frac{(\tau_b + \tau_w)}{\rho_m} \tag{10.16}$$

$$\frac{\partial h_s c_s u_s}{\partial x} = 0 \tag{10.17}$$

$$\frac{\partial z_b}{\partial x} = 0 \tag{10.18}$$

由方程式（10.15）可得

$$q_s = h_s u_s = \text{const} \tag{10.19}$$

结合方程式（10.19），可以对方程式（10.16）的左端项进行简化：

$$\frac{\partial}{\partial x}(h_s u_s^2) = h_s u_s \frac{\partial u_s}{\partial x} + u_s \frac{\partial h_s u_s}{\partial x} = h_s u_s \frac{\partial u_s}{\partial x} = -\frac{q_s^2}{h_s^2} \frac{\partial h_s}{\partial x} = -u_s^2 \frac{\partial h_s}{\partial x} \tag{10.20}$$

将上式代入方程（10.16）可得

$$\frac{\partial h_s}{\partial x} = \frac{S_b - S_f'}{1 - F_{rp}^2} \tag{10.21}$$

式中：$S_b = -\frac{\partial z_b}{\partial x}$；$S_f' = \frac{(\tau_b + \tau_w)}{\rho_m g' h_s}$，$F_{rp} = \frac{u_s}{\sqrt{g' h_s}}$。式（10.21）与明渠恒定、非均匀流的相应方程类似，可见有关明渠水力学的教程。

同样地，对于泥沙连续方程（10.17），可得 $\frac{\partial c_s}{\partial x} = 0$。

需要明确的是，上述守恒型异重流方程是在一系列假设的前提下而获得的，描述的是理想化的异重流，与自然界的异重流相去甚远，难以反映实际的流动。

10.3　异重流基本方程Ⅱ（上层清水运动条件下）

实际上，异重流是一类明渠强分层挟沙水流，包括上层清水层和下层挟沙层，而且上、下两层之间以及下层与可冲积河床之间存在强烈的相互作用。10.2 节中介绍的模型在推导过程中均假定异重流上层的清水层静止且无限深，这一假设会忽略上层水体对异重

流运动的影响,例如,水库异重流常由于来水来沙条件变化造成的潜入点迁移,库水位较大幅度的升降,在潜入点与坝前之间存在一定比降。因此,双层积分数学模型在模拟异重流这类强分层挟沙水流方面具有巨大的优势,相较于立面二维和全三维模式,它极大地提高了计算效率,而相对于单层深度积分数学模式(如 10.2 节中介绍的数学模型),它能够表征流体的分层结构。然而以往的双层积分数学模型全部或者部分忽略了强分层挟沙水流的基本力学特征,其简化的控制方程系不满足流体力学守恒定律,因此并不适用强分层挟沙水流。早期的模式假设两层流体互不交换而且下层挟沙层的密度保持不变[27-28],近来有学者在模型中考虑了上下两层间的交换,但是依然假设下层挟沙层的密度不变[29-30]。最近,Li 等[31]和 Cao 等[32]建立了普遍适用于动床条件下的分层挟沙水流的双层积分平均数学模型,充分考虑了上、下两层之间以及下层与可冲积河床之间的相互作用。本节简要介绍异重流双层积分平均(一维)数学模型(二维模型见 Cao 等[32])。

10.3.1 控制方程

本节将应用控制体直接建立异重流一维双层深度积分数学模型,如图 10.3 所示,以沿底坡方向为 x 轴方向,取宽度 B 和两个距离为无限小量 Δx 的过水断面之间的河段作为控制体,该控制体包含上层清水层、下层异重流层和河床。图中 η 为水面高程,η_s 为清水层和异重流层的交界面高程,h_w 为清水层厚度,u_w 为清水层的深度平均速度,h_s 为异重流层的厚度,u_s 为异重流层的深度平均速度,c_s 为异重流层的深度平均体积含沙量,z_b 为河床高程,c_b 为河床的深度平均体积含沙量,$p=1-c_b$ 为河床孔隙率,E 和 D 分别为河床界面上的泥沙上扬和沉降通量,E_w 为清水层和异重流层的交换通量。

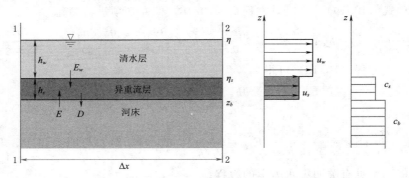

图 10.3 异重流双层深度积分数学模型结构示意图[31]

根据质量守恒定律,控制体的质量变化等于质量净流入量。相应地,上层清水层、下层异重流层以及异重流层中的泥沙的质量守恒方程分别为

$$\frac{\partial \rho_w h_w B \Delta x}{\partial t} = (\rho_w u_w h_w B)|_x - (\rho_w u_w h_w B)|_{x+\Delta x} - \rho_w E_w B \Delta x \tag{10.22}$$

$$\frac{\partial \rho_m h_s B \Delta x}{\partial t} = (\rho_m h_s u_s B)|_x - (\rho_m h_s u_s B)|_{x+\Delta x} - \rho_w E_w B \Delta x + \rho_0 \frac{E-D}{1-p} B \Delta x \tag{10.23}$$

$$\frac{\partial \rho_s h_s c_s B \Delta x}{\partial t} = (\rho_s h_s c_s B)|_x - (\rho_c h_s c_s u_s B)|_{x+\Delta x}$$

$$+\rho_s\frac{E-D}{1-p}B\Delta x\quad\frac{\partial\rho_w h_w}{\partial t}+\frac{\partial\rho_w h_w u_w}{\partial x}=-\rho_w E_w \tag{10.24}$$

式中：ρ_w、ρ_s 分别为水和泥沙的密度；$\rho_m=\rho_w(1-c_s)+\rho_s c_s$，为异重流层的密度；$\rho_0=\rho_w p+\rho_s(1-p)$，为床沙饱和湿密度。

根据动量守恒定律（牛顿第二运动定律），控制体的动量变化等于动量净流入量和外力总和。外力主要包括重力、压力、界面阻力和床面阻力等。因此，上层清水层和下层异重流层的动量方程分别为

$$\frac{\partial\rho_w h_w B\Delta x u_w}{\partial t}=(\rho_w u_w^2 h_w B)|_x-(\rho_w u_w^2 h_w B)|_{x+\Delta x}-\rho_w E_w u_w B\Delta x$$
$$+F_{Gw}-\tau_w B\Delta x+F_{Pw}|_x-F_{Pw}|_{x+\Delta x} \tag{10.25}$$

$$\frac{\partial\rho_m h_s u_s B\Delta x}{\partial t}=(\rho_m u_s^2 h_s B)|_x-(\rho_m u_s^2 h_s B)|_{x+\Delta x}+\rho_w E_w u_w B\Delta x$$
$$+F_{Gs}+(\tau_w-\tau_b)B\Delta x+F_{Ps}|_x-F_{Ps}|_{x+\Delta x} \tag{10.26}$$

式中：$F_{Gw}=-\rho_w g h_w B\Delta x\dfrac{\partial\eta_s}{\partial x}$ 和 $F_{Gs}=-\rho_c g h_s B\Delta x\dfrac{\partial z_b}{\partial x}$ 为上层清水层和下层异重流层的重力在 x 方向上的投影；τ_w 为作用于清水层和异重流层的界面剪切阻力；τ_b 为河床界面剪切阻力；F_{Pw} 和 F_{Ps} 分别为上层清水层和下层异重流层的压力。

在静水假定的前提下，流体压力可按如下公式求得

$$P=\begin{cases}\rho_w g(\eta-z)&\text{if }\eta\geqslant z>\eta_s\\\rho_w g h_w+\rho_c g(z_b+h_s-z)&\text{if }\eta_s>z\geqslant z_b\end{cases} \tag{10.27}$$

因此，$F_{Pw}=B\displaystyle\int_{\eta_s}^{\eta}P\mathrm{d}z=\frac{1}{2}\rho_w g h_w^2 B$，$F_{Ps}=B\displaystyle\int_{z_b}^{\eta_s}P\mathrm{d}z=\left(\rho_w g h_w h_s+\frac{1}{2}\rho_c g h_s^2\right)B$。

将公式中的积分计算出来，可以得到用深度平均参数表示的微分方程。上层清水层的质量和动量守恒方程为

$$\frac{\partial\rho_w h_w}{\partial t}+\frac{\partial\rho_w h_w u_w}{\partial x}=-\rho_w E_w \tag{10.28}$$

$$\frac{\partial\rho_w h_w u_w}{\partial t}+\frac{\partial}{\partial x}\left(\rho_w h_w u_w^2+\frac{1}{2}\rho_w g h_w^2\right)=-\rho_w g h_w\frac{\partial(z_b+h_s)}{\partial x}-\tau_w-\rho_w E_w u_w \tag{10.29}$$

异重流层的质量和动量守恒方程为

$$\frac{\partial\rho_m h_s}{\partial t}+\frac{\partial\rho_m h_s u_s}{\partial x}=\rho_w E_w+\rho_0\frac{E-D}{1-p} \tag{10.30}$$

$$\frac{\partial\rho_m h_s u_s}{\partial t}+\frac{\partial}{\partial x}\left(\rho_m h_s u_s^2+\frac{1}{2}\rho_m g h_s^2\right)=-\rho_m g h_s\frac{\partial z_b}{\partial x}-\frac{\partial}{\partial x}(\rho_w g h_w h_s)+\tau_w-\tau_b+\rho_w E_w u_w \tag{10.31}$$

泥沙质量守恒方程为

$$\frac{\partial\rho_s h_s c_s}{\partial t}+\frac{\partial\rho_s h_s c_s u_s}{\partial x}=\rho_s(E-D) \tag{10.32}$$

此外，双层积分数学模式还包括河床变形方程，该方程与 10.3 节中介绍的不考虑上

层清水运动条件下的异重流运动方程组中的河床变形方程形式相同，即

$$\frac{\partial z_b}{\partial t}=-\frac{E-D}{1-p} \tag{10.33}$$

10.3.2 经验关系

床面阻力 τ_b 以及泥沙上扬通量 E 和沉降通量 D 可按照 10.3 节中介绍的封闭模式计算。清水层和异重流层的界面阻力 τ_w 需要考虑两层流体间的相对速度，参考曼宁公式可得

$$\tau_w=\rho_w g n_w^2 (u_w-u_s)|u_w-u_s|/h_w^{1/3} \tag{10.34}$$

式中：n_w 为上层和下层界面上的曼宁糙率。

两层之间的水量交换通量 E_w 按 Parker 等[9]提出的公式计算：

$$E_w=-e_w(u_s-u_w) \tag{10.35}$$

其中交换系数 e_w 通过 Richardson 数 $Ri=Rgc_sh_s/(u_w-u_s)^2$ 计算：

$$e_w=\frac{0.00153}{0.0204+Ri} \tag{10.36}$$

10.4 水库异重流排沙

在水库蓄水期，水库水位较高，携带大量泥沙的水流进入水库后，粗颗粒泥沙首先发生淤积，细颗粒泥沙随水流继续前进。在运行过程中，由于挟沙水流密度大于水库中的清水，因此在一定的条件下，这种浑水水流可能在一定的位置潜入库底，以异重流的形式向前运动。如果洪水洪量较大且能够持续一定的时间，库底又有足够的坡降，那么异重流就可能运行到坝前。此时若及时打开水库的底孔闸门，异重流就可以排出库外。

水库运行管理经验证明，利用异重流排沙是减少水库淤积的一条有效途径。特别是多沙河流上的水库，只要调度得当，异重流的排沙效果往往会很好。

水库异重流排沙过程如图 10.4 所示。

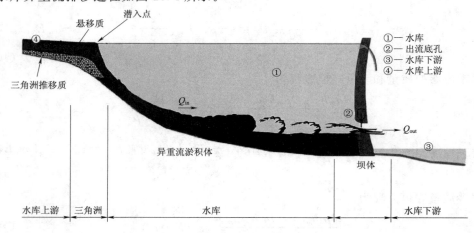

图 10.4 水库异重流排沙过程[33]

10.4.1 异重流潜入条件

异重流的潜入是异重流形成的标志，异重流的潜入条件表征潜入点处水沙要素之间的关系。建立异重流潜入条件，对水库调水调沙预案编制、水库优化调度及多沙河流水库规划设计等方面具有重要意义。

异重流潜入过程如图 10.5 所示。

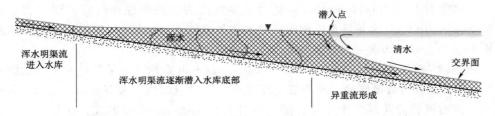

图 10.5 异重流潜入过程[34]

潜入现象发生后，异重流的水面线出现一个拐点，近似认为在该拐点处的交界面比降趋近于无穷大，这相当于明渠水流中缓流转入急流的临界状态。因此，该处的修正弗劳德数 $Fr_p=1$；而潜入点水深大于该处水深，故可知潜入点处修正弗劳德数 $Fr_p<1$。范家骅[7]根据室内水槽实验资料，分析得出潜入点处的修正弗劳德数满足：

$$Fr_p=\frac{u_s}{\sqrt{g'h_s}}=0.78 \tag{10.37}$$

Egashira 等[35]通过水槽实验，分析得出异重流潜入点处的水深公式为

$$h_p=0.356\sqrt[3]{q^2/g'S_b} \tag{10.38}$$

式中：h_p 为异重流潜入点出的水深；q 为异重流单宽流量。

曹如轩[8]进行了含沙量 $6.5\sim715\text{kg/m}^3$ 的浑水潜入实验，根据含沙量在 30kg/m^3 以下的资料得 $Fr_p=0.55\sim0.75$。而浑水含沙量大于 100kg/m^3 时，Fr_p 值较小，且随着含沙量的增加 Fr_p 值减小。含沙量在 $100\sim360\text{kg/m}^3$ 时，$Fr_p=0.4\sim0.2$。Lee 等[11]用高岑土和石英沙挟沙水流以及盐水进行异重流潜入水槽实验，观察到潜入点向下游移动至一定处趋于稳定的现象，且平均 $Fr_p\approx0.71$；同时通过沿程流速测量与分析，计算得潜入后异重流流量沿程增加的现象。国外学者也开展了很多关于异重流潜入点的研究[32,36-37]，所建立的公式多与范家骅建立的公式相似，无非是临界值不同而已。以上研究一般以修正弗劳德数为判别潜入能否发生的参数，并且大部分潜入条件只适用于低含沙量异重流。

近年来，不少学者利用小浪底水库的实测资料，开展高含沙量异重流潜入点参数的研究。比如，Xia 等[38]提出了潜入点修正弗劳德数 Fr_p 和含沙量的半理论半经验关系式，该公式显式表达了含沙量对潜入点水力条件的影响，在参数率定时采用了部分高含沙异重流的实验数据，具有更广的适用范围。

$$Fr_p=0.148c_s^{-0.204} \tag{10.39}$$

以上研究表明，在高含沙量异重流潜入点处，含沙量值有一定的影响。

10.4.2 异重流水跃

与明渠挟沙水流类似，异重流也会出现水跃现象。一般而言，当异重流受到边界条件

的改变，如底坡的纵向变化从陡坡接以缓坡，或受到阻碍物的阻挡，造成异重流由急流状态过渡到缓流状态时，会出现异重流水面突然跃起的现象，即在较短的时间内异重流的厚度急剧增加而且流速迅速减小。因此，在异重流重新接触底部边界的附近位置，会出现异重流含沙量减小并淤积于床面的现象。

如何解释水下高含沙量浊流转变为低含沙量异重流对异重流研究有着重要意义。许多学者曾尝试解释此现象，Hampton[39]认为是异重流头部的掺混和稀释导致了含沙量减小；Morgenstern[40]认为是异重流卷吸环境水体导致的；Menard[22]则提出异重流水跃是关键，但是以上解释均缺乏水槽实验或野外观测支撑。

Weirich[41]在位于洛杉矶以东 80km 处的 San Dimas 森林开展了长达 6 个月的野外观测。San Dimas 森林坡度陡峭，平均坡度高度 68%，并且时常出现强降雨，导致该处产沙量极高，因而极易诱发高含沙量泥石流，并侵入 San Dimas 水库形成含沙量较低的异重流。1984 年 12 月，San Dimas 森林发生了一次短历时暴雨，诱发了泥石流并侵入水库形成异重流；此后，San Dimas 森林再未发生暴雨诱发泥石流的事件。Weirich[41]通过分析1984 年 12 月的异重流淤积物发现，在距离三角洲前缘近 160m 的距离内，异重流的淤积体保存着相对恒定的厚度（约等于 0.3m），表明异重流的流态比较稳定。而后，在河道弯道下游的区域，异重流淤积体平均厚度由 0.3m 陡增至 1m，如此突变表明异重流自身流态也发生了突变。这样的流态突变应是由于水跃导致，而非异重流头部的掺混或者异重流卷吸环境水体这样的渐变过程导致。通过分析渠道边壁的沉积物，Weirich[41]推测出了异重流的厚度变化，结果表明，异重流厚度在长达 160m 的距离内基本保持不变，而后在 10m 的水平距离内，异重流厚度由 0.5m 陡增至 2m。异重流厚度和异重流淤积物厚度的突变都证实了异重流水跃的存在。随后，基于 Yih[42]通过理论分析所得出的异重流水跃方程，Weirich[41]分析得出发生水跃前，异重流的弗劳德数高达 3.2，速度为 3.9m/s，发生水跃后，异重流弗劳德数低于 1.0 而速度接近 1.0m/s Weirich[41]证实异重流水跃的存在具有重要意义。

10.4.3 异重流排沙减淤

异重流形成后要向坝前推进，这需要有稳定的、足以克服沿程阻力的动力，即要有源源不断的后续异重流进行补充。然而，一旦后续异重流停止补充，那么前面运动的异重流将会很快停止运动并逐渐消失，所挟带的泥沙也会全部淤积在水库内。

一般来讲，水库异重流的形成和运动均是在单一水库中进行的，因入库高含沙洪水是自然过程，故洪水流量、历时、含沙量等因子均不可控。这样，在水库中形成的异重流有时能够排出库外，有时则因后续动力或单宽流量不足而不能排出库外。根据异重流形成和运动的规律，若对入库高含沙洪水因子进行人工调控，则可以实现异重流的排沙出库，从而实现水库的减淤，延长其拦沙库容使用年限。

黄河中游河段是高含沙洪水多发河段，这一河段目前已建成的具有调节能力的水库有3 座，自上而下分别位于万家寨、三门峡、小浪底。其中，小浪底水利枢纽是一座以防洪（包括防凌）、减淤为主，兼顾供水、灌溉、发电、除害兴利、综合利用的枢纽工程，在黄河治理开发的总体布局中具有重要的战略地位。由于工程位于黄河中游下端，控制黄河80% 以上的水量、近 100% 的输沙量，故水库泥沙问题是制约水库综合效益得以充分发挥的首要问题。为提高黄河洪水泥沙管理水平，探索水库、河道减淤的有效途径和措施，自

2004 年开始，在汛前调水调沙生产运行过程中，黄河水利委员会连续开展了 6 次基于万家寨、三门峡、小浪底 3 座水库联合调度的人工塑造异重流实践，成功实现了人工塑造异重流排沙出库，减少了水库淤积；同时，利用进入下游河道水流富余的挟沙能力，在黄河下游"二级悬河"及主槽淤积最为严重的卡口河段实施了河床泥沙扰动，减轻了下游淤积并增强了下游河道的主槽过洪能力。

　　人工塑造异重流的思路是：首先利用小浪底水库泄流冲刷下游河道主河槽前期淤积的泥沙，然后利用三门峡水库泄流冲刷小浪底水库库尾及库区上段的前期淤积泥沙，在小浪底库区形成异重流；再利用万家寨水库泄流冲刷三门峡水库非汛期淤积的泥沙并与三门峡水库泄流过程相衔接，为小浪底库区异重流向坝前推进并排出库外提供后续动力。小浪底水库异重流排沙出库后，大部分可以输送至渤海，可允许少部分淤积在主河槽中，等待下一轮小浪底水库下泄清水时将其冲刷入海。

　　李国英[43]对 2004—2010 年黄河汛前调水调沙期间万家寨、三门峡、小浪底水库联合调度在小浪底库区形成异重流并排沙出库的情况进行了研究，结果表明：影响小浪底水库异重流排沙减淤的重要因素有入库水沙动力、动力作用时机、库区地形条件等。

　　（1）入库水沙动力。小浪底水库的入库水沙动力可由入库平均输沙率和入库洪水历时表示。这一因素在小浪底库区塑造异重流时起控制作用。因此，为了显著增大小浪底水库异重流排沙比，需要三门峡水库泄水以较大的下泄流量、较长的历时、较大的输沙率进入小浪底水库，同时还要借助万家寨水库的补水，在三门峡水库敞泄期间，保证在较长时间内维持大于 1000m³/s 的来水并持续进入小浪底水库，增强小浪底水库形成异重流的后续动力。

　　（2）动力作用时机。小浪底水库入库水沙动力的作用时机可用三门峡水库泄流与小浪底水库的对接水位表示。该因素在小浪底库区塑造异重流时起重要作用。在对接水位明显低于三角洲顶点的 2010 年汛前调水调沙中，三门峡水库下泄的洪峰及潼关来水在小浪底库区三角洲洲面发生沿程冲刷和溯源冲刷，补充了异重流潜入的沙源，明显增大了异重流排沙比。

　　（3）库区地形条件。小浪底库区地形条件主要由库区比降表示。该因素对小浪底库区异重流排沙有直接影响。库区比降较大，有利于异重流的形成与运动。

10.4.4　水库异重流数值模拟

　　根据异重流垂向解析与否，可将水库异重流数学模型分为深度积分/平均（depth-integrated/averaged）水沙数学模型和深度解析（depth-resolving）水沙数学模型。深度解析模型依据维度又可分为立面二维和全三维模型，可以求解分析水流垂向的分布规律。作为一种分层流，异重流的本质特征是流速、含沙量沿垂向的不均匀分布，立面二维[44-45]和三维[37]异重流数学模型可以较好地表现这种垂向结构。这类模型大部分涉及湍流封闭，也有一部分采用直接数值模拟[5]。深度平均数学模型是指其控制方程是沿水深方向积分平均所得，其基于浅水长波假设和静水压强假设，适用于波长远大于水深的水流过程，同样适用于本文所关注的异重流过程。相较之下，深度平均模型有着在计算效率方面的显著优势和理论上的合理性，在异重流研究和相关工程应用中广泛应用。

　　异重流深度平均数学模型的发展开始于 20 世纪 70 年代末。Pantin[46]首先出了异重流层平均控制方程，但只对方程进行了简单分析描述。1980 年，研究者们开始采用恒定流假设将方程转化为常微分方程求解[9]。1990 年以来，非恒定异重流数学模型得到发展[36]，但这些模型均属于水沙非耦合模型。这里"耦合"是指异重流、泥沙输移、底床地貌形态以及底床变形之间存在相互作用。Hu 等[17]首先建立了异重流一维深度平均水沙床耦合数学模型，并随后将其拓展至二维[47]，并应用于模拟小浪底水库人工塑造异重流的传播过程；Wang 等[48]建立了考虑明渠挟沙水流、异重流、干支流倒回灌运动的水库一维水沙耦合数学模型，并应用于小浪底水库调水调沙模拟，但是该模型依赖于预先假定的潜入点判别条件[38]，动态确定异重流的上游边界位置和边界条件，由此带来了不确定性。Cao 等[32]建立了双层二维水沙床耦合数学模型，首次实现了小浪底水库人工塑造异重流形成，传播以及到达坝前后排出的全过程模拟，并解析了上下游水沙边界条件对异重流的影响，该模型无需依赖异重流潜入点判别条件，代表了当今水库异重流数学模拟的发展水平。图 10.6 通过不同时刻沿深泓线的水面、交界面和河床高程呈现了小浪底水库异重流形成、传播和消退的全过程：$t=4h$ 时［图 10.6（b）］，由于上游不断释放浑水，整个水库分为上游的明渠挟沙水流和下游的清水；$t=8h$ 时［图 10.6（c）］，挟沙水流已潜入库底形成异重流；$t=20h$ 时［图 10.6（d）］，异重流已运动至坝前，并开始通过排沙底孔排出水库外［图 10.6（e）］，约 88h 后［$t=108h$，图 10.6（f）］，大量的异重流排出水库外，同时潜入点也向下游移动，可以预料，随着水库不断向下游排水排沙，异重流会最终消退。图 10.7 通过冲刷深度[$\Delta z_b = z_b(x,y,0) - z_b(x,y,t)$]呈现了小浪底水库异重流演化过程中床面冲淤变化过程，在初期，由于异重流具备较高的能量而侵蚀床面，随着异重流抵到坝前并排出水库，其动力不断降低，异重流携带的泥沙逐渐淤积于床面。图 10.8 呈现了从上游输入的泥沙体积 V_{si}，通过排沙底孔输出的泥沙体积 V_{so}，床面冲淤变化产生的泥沙体积 V_{sb}，包含于水库中的泥沙体积 V_{sc} 以及残余 $R_s = V_{si}(t) - V_{so}(t) + V_{sb}(t) - V_{sc}(t) + V_{sc}(t=0)$ 随时间的变化，可见小浪底水库泥沙总体质量基本守恒，并进一步体现了 Cao[32] 模型的优良性能。

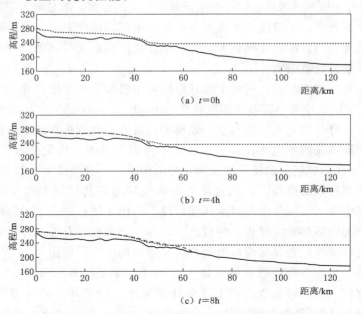

图 10.6（一）　小浪底水库人工塑造异重流形成、传播和消退过程[32]

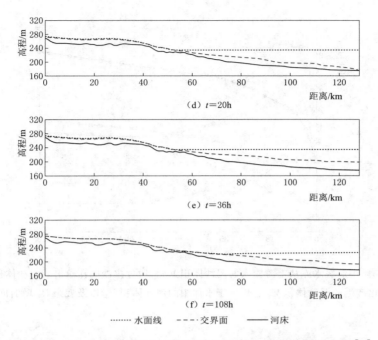

（d）$t=20\mathrm{h}$

（e）$t=36\mathrm{h}$

（f）$t=108\mathrm{h}$

·········· 水面线　　－－－ 交界面　　—— 河床

图 10.6（二）　小浪底水库人工塑造异重流形成、传播和消退过程[32]

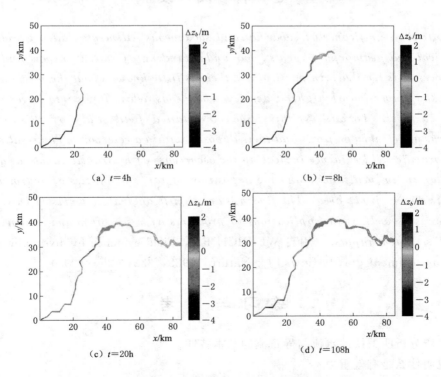

（a）$t=4\mathrm{h}$

（b）$t=8\mathrm{h}$

（c）$t=20\mathrm{h}$

（d）$t=108\mathrm{h}$

图 10.7　小浪底水库异重流演化过程中床面冲淤变化过程[32]

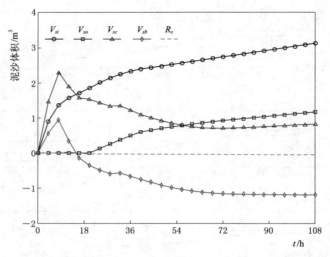

图 10.8　小浪底水库从上游输入的泥沙体积 V_{si}、通过排沙底孔输出的泥沙体积 V_{so}、床面冲淤变化产生的泥沙体积 V_{sb}、包含于水体中的泥沙体积 V_{sc} 以及残余 R_s 随时间的变化[32]

延 伸 阅 读

Despite the significance of subaerial and subaqueous sediment-laden gravity flows as geological and geomorphic agents, our understanding of such transport and depositional processes is limited. In particular, there is little known about the mechanisms involved in the conversion of higher-density subaqueous debris flows into lower-density turbidity currents. To address this issue, a detailed field study of this conversion process was undertaken on flows and their deposits within a reservoir. The results presented here provide field evidence indicating the occurrence of hydraulic jumps as a conversion mechanism in such flows, and the deposition of large quantities of sediment in the immediate down-jump area. The findings are significant both in terms of basic geological processes as well as in applications to problems of reservoir management in areas with high sediment inputs. （引自 WEIRICH FH，Field evidence for hydraulic jumps in subaqueous sediment gravity flows [J]. Nature，1988，332：626－629.）

练 习 与 思 考

1. 比较分析明渠挟沙水流与异重流的基本特性。
2. 说明什么是有效重力？
3. 影响水库异重流排沙减淤的重要因素有哪些？
4. 结合水流、泥沙质量守恒方程，说明为什么水跃附近水下挟沙水流含沙量变低？

参 考 文 献

［1］ 张瑞瑾. 河流泥沙动力学［M］. 2 版. 北京：中国水利水电出版社，1998.

［2］ SIMPSON J E. Gravity Currents：in The Environment and The Laboratory［M］. Cambridge：Cambridge University Press，1999.

［3］ MEIBURG E，KNELLER B. Turbidity currents and their deposits［J］. Annual Review of Fluid Mechanics，2010，42（1）：135－156.

［4］ ALTINAKAR M S，GRAF W H，HOPFINGER E J. Weakly depositing turbidity current on a small slope［J］. Journal of Hydraulic Research，1990，28（1）：55－80.

［5］ NECKER F，HÄRTEL C，KLEISER L，et al. High－Resolution Simulations of Particle－Driven Gravity Currents［J］. International Journal of Multiphase Flow，2002，28（2）：279－300.

［6］ 钱宁，范家骅. 异重流［M］. 北京：水利出版社，1958.

［7］ 范家骅. 异重流的研究和应用［M］. 北京：水利电力出版社，1959.

［8］ 曹如轩，任晓枫，卢文新. 高含沙异重流的形成与持续条件分析［J］. 泥沙研究，1984，2：1－10.

［9］ PARKER G，FUKUSHIMA Y，PANTIN H M. Self－accelerating turbidity currents［J］. Journal of Fluid Mechanics，1986，171：145－181.

［10］ ALTINAKAR M S，GRAF W H，HOPFINGER E J. Flow structure in turbidity currents［J］. Journal of Hydraulic Research，1996，34（5）：713－718.

［11］ LEE，H Y，YU W S. Experimental study of reservoir turbidity current［J］. Journal of Hydraulic Engineering，1997，123（6）：520－528.

［12］ CANTERO－CHINCHILLA F N，DEY S，CASTRO－ORGAZ O，et al. Hydrodynamic Analysis of Fully Developed Turbidity Currents Over Plane Beds Based on Self－Preserving Velocity and Concentration Distributions［J］. Journal of Geophysical Research：Earth Surface，2015，120（10）：2176－2199.

［13］ MENARD，H W. Marine Geology of the Pacific［M］. McGraw－Hill，1964.

［14］ PARKER G，GARCIA M，FUKUSHIMA Y，et al. Experiments on turbidity currents over an erodible bed［J］. Journal of Hydraulic Research，1987，25（1）：123－147.

［15］ BAAS J H，VAN KESTEREN W，POSTMA G. Deposits of depletive high－density turbidity currents：a flume analogue of bed geometry，structure and texture［J］. Sedimentology，2004，51（5）：1053－1088.

［16］ HU P，PÄHTZ T，HE Z. Is it appropriate to model turbidity currents with the three－equation model?［J］. Journal of Geophysical Research：Earth Surface，2015，120（7）：1153－1170.

［17］ HU P，CAO Z. Fully coupled mathematical modeling of turbidity currents over erodible bed［J］. Advances in Water Resources，2009，32（1）：1－15.

［18］ HALLWORTH M A，PHILLIPS J C，HUPPERT H E，et al. Entrainment in Turbulent Gravity Currents［J］. Nature，1993，362（6423）：829－831.

［19］ HACKER J，LINDEN P F，DALZIEL S B. Mixing in lock－release gravity currents［J］. Dynamics of Atmospheres and Oceans，1996，24：183－195.

［20］ ELLISON T H，TURNER J S. Turbulent entrainment in stratified flows［J］. Journal of Fluid Mechanics，1959，6（3）：423－448.

［21］ BONNECAZE R T，LISTER J R. Particle－driven gravity currents down planar slopes［J］. Journal of Fluid Mechanics，1999，390：75－91.

[22] DALLIMORE C, IMBERGER J, ISHIKAWA T. Entrainment and turbulence in saline underflow in lake ogawara [J]. Journal of Hydraulic Engineering, 2001, 127 (11): 937 – 948.

[23] GARCIA M, PARKER G. Experiments on the entrainment of sediment into suspension by a dense bottom current [J]. Journal of Geophysical Research: Oceans, 1993, 98 (C3): 4793 – 4807.

[24] SMITH J D, MCLEAN S R. Spatially averaged flow over a wavy surface [J]. Journal of Geophysical Research, 1977, 82 (12): 1735 – 1746.

[25] WRIGHT S, PARKER G. Flow Resistance and Suspended Load in Sand – Bed Rivers: Simplified Stratification Model [J]. Journal of Hydraulic Engineering, 2004, 130 (8): 796 – 805.

[26] CANESTRELLI A, FAGHERAZZI S, LANZONI S. A mass – conservative centered finite volume model for solving two – dimensional two – layer shallow water equations for fluid mud propagation over varying topography and dry areas [J]. Advances in Water Resources, 2012, 40: 54 – 70.

[27] HALLWORTH M, HUPPERT H E, UNGARISH M. On inwardly propagating high – Reynolds – number axisymmetric gravity currents [J]. Journal of Fluid Mechanics, 2003, 494: 255 – 274.

[28] LA ROCCA M, ADDUCE C, SCIORTINO G, et al. A two – layer shallow – water model for 3D gravity currents [J]. Journal of Hydraulic Research, 2012, 50 (2): 208 – 217.

[29] SPINEWINE B. Two – layer flow behaviour and the effects of granular dilatancy in dam – break induced sheet – flow [D]. Dissertation for Doctoral Degree. Belgium, Université Catholique de Louvain, 2005.

[30] SAVARY C, ZECH Y. Boundary conditions in a two – layer geomorphological model: application to a hydraulic jump over a mobile bed [J]. Journal of Hydraulic Research, 2007, 45 (3): 316 – 332.

[31] LI J, CAO, Z X, PENDER G, et al. A double layer – averaged model for dam – break flows over mobile bed [J]. Journal of Hydraulic Research, 2013, 51 (5): 518 – 534.

[32] CAO Z X, LI J, PENDER G, et al. Whole – process modelling of reservoir turbidity currents by a double layer – averaged model [J]. Journal of Hydraulic Engineering, 2015, 141 (2): 04014069.

[33] CHAMOUN S, DE CESARE G, SCHLEISS A J. Managing reservoir sedimentation by venting turbidity currents: A review [J]. International Journal of Sediment Research, 2016, 31 (3): 195 – 204.

[34] SINGH B, SHAH C R. Plunging phenomenon of density currents in reservoirs [J]. La Houille Blanche, 1971, (1): 59 – 64.

[35] EGASHIRA S, ASHIDA K. Condition that suspended load plunges to form a gravity current [C]. 19th Proc. Of The Conference On Natural Disaster Science. Japan, 1978.

[36] AKIYAMA J, STEFAN H. Turbidity current with erosion and deposition [J]. Journal of Hydraulic Engineering, 1985, 111 (12): 1473 – 1496.

[37] DE CESARE G, BOILLAT J L, SCHLEISS A J. Circulation in stratified lakes due to flood – induced turbidity currents [J]. Journal of Environmental Engineering, 2006, 132 (11): 1508 – 1517.

[38] XIA J, LI T, WANG Z, et al. Improved criterion for plunge of reservoir turbidity currents [J]. Proceedings of the institution of civil engineers – water management, 2016, 170 (3): 139 – 149.

[39] HAMPTON M A. The role of subaqueous debris flow in generating turbidity currents [J]. Journal of Sedimentary Research, 1972, 42 (4): 775 – 793.

[40] MORGENSTERN N R. Submarine slumping and the initiation of turbidity currents [J]. Marine Geotechnique, 1967, 189 – 220.

[41] WEIRICH F H. Field evidence for hydraulic jumps in subaqueous sediment gravity flows [J]. Nature, 1988, 332 (6165): 626 – 629.

[42] YIH C S, GUHA C R. Hydraulic jump in a fluid system of two layers [J]. Tellus, 1955, 7 (3):

358 - 366.

[43] 李国英. 黄河干流水库联合调度塑造异重流 [J]. 人民黄河，2011，33 (4)：1 - 8.

[44] BOURNET P E，DARTUS D，TASSIN B，et al. Numerical investigation of plunging density current [J]. Journal of Hydraulic Engineering，1999，125 (6)：584 - 594.

[45] HUANG H，IMRAN J，PIRMEZ C. Numerical Modeling of Poorly Sorted Depositional Turbidity Currents [J]. Journal of Geophysical Research，2007，112 (C1) .

[46] PANTIN H M. Interaction Between Velocity and Effective Density in Turbidity Flow：Phase - Plane Analysis，with Criteria for Auto - suspension [J]. Marine Geology，1979，31 (1)：59 - 99.

[47] HU P，CAO Z，PENDER G，et al. Numerical modelling of turbidity currents in the xiaolangdi reservoir，yellow river，china [J]. Journal of Hydrology，2012，464 - 465 (0)：41 - 53.

[48] WANG Z，XIA J，LI T，et al. An integrated model coupling open - channel flow，turbidity current and flow exchanges between main river and tributaries in Xiaolangdi Reservoir，China [J]. Journal of Hydrology，2016，543：548 - 561.